冶金工业出版社

普通高等教育"十四五"规划教材

PLC 控制技术与程序设计

主　编　王鹏飞　李旭

副主编　刘　丰　王葛

主　审　华长春

北　京

冶金工业出版社

2022

内 容 提 要

本书以广泛应用的西门子 S7-300 系列 PLC 为例，详细讲述了 PLC 控制技术及程序设计方法，具体包括电气控制基础、PLC 的硬件系统、软件基础、基本指令、接口技术、通信技术以及编程方法。本书由浅入深，力求通俗易懂，注重实际应用，引入了大量典型的 PLC 控制系统设计实例。

本书可作为高等院校机械类、电气类及自动化类专业教材，也可作为相关工程技术人员的参考用书。

图书在版编目（CIP）数据

PLC 控制技术与程序设计/王鹏飞，李旭主编. —北京：冶金工业出版社，2022.5

普通高等教育"十四五"规划教材

ISBN 978-7-5024-9082-9

Ⅰ.①P… Ⅱ.①王… ②李… Ⅲ.①PLC 技术—程序设计—高等学校—教材 Ⅳ.①TM571.61

中国版本图书馆 CIP 数据核字（2022）第 038842 号

PLC 控制技术与程序设计

出版发行	冶金工业出版社	**电　话**	(010)64027926
地　址	北京市东城区嵩祝院北巷 39 号	**邮　编**	100009
网　址	www.mip1953.com	**电子信箱**	service@ mip1953.com

责任编辑　卢　敏　姜恺宁　美术编辑　彭子赫　版式设计　郑小利
责任校对　梁江凤　责任印制　禹　蕊
北京印刷集团有限责任公司印刷
2022 年 5 月第 1 版，2022 年 5 月第 1 次印刷
787mm×1092mm　1/16；15.25 印张；367 千字；230 页
定价 **46.00** 元

投稿电话　(010)64027932　投稿信箱　tougao@cnmip.com.cn
营销中心电话　(010)64044283
冶金工业出版社天猫旗舰店　yjgycbs.tmall.com
（本书如有印装质量问题，本社营销中心负责退换）

序　言

　　长期以来，PLC 始终处于工业自动化控制领域的主战场，为各种各样的自动化控制设备提供了非常可靠的控制应用。在以改变几何形状和机械性能为特征的制造工业和以物理变化和化学变化将原料转化成产品为特征的过程工业中，除了以连续量为主的反馈控制外，特别在制造工业中，存在大量以开关量为主的开环顺序控制，它按照逻辑条件进行顺序动作或按照时序动作；另外还有与顺序、时序无关的按照逻辑关系进行连锁保护动作的控制，以及大量的开关量、脉冲量、计时、计数器、模拟量的越限报警等状态量为主的离散数据采集监视。为了满足这些控制和监视的要求，PLC 取代继电器控制应运而生，并发展成了以顺序控制和逻辑控制为主的产品。随着集成电路技术和计算机技术的发展，从 1969 诞生第一台 PLC，到目前已发展到第五代 PLC 产品了。如果你已经在使用或正在考虑使用 PLC，你或许认为这种已经出现了 50 多年的技术是非常成熟的，并且鲜有空间去创新；但是，正如其他消费类电子领域的产品从未停止过改进一样，PLC 产品也以更快、更小及更高效的进步让人充满希望。

　　从一开始，当 PLC 开始大批量地替代继电器和计时器时，对于未来 PLC 的发展趋势，就持续存在着一种减少自动控制系统尺寸以及简化维护工作的推动力。随着大规模和超大规模集成电路等微电子技术的发展，PLC 已由最初 1 位机发展到现在的以 32 位和 64 位微处理器构成的微机化 PC，而且实现了多处理器的多通道处理。如今，PLC 技术已非常成熟，不仅控制功能增强，功耗和体积减小，成本下降，可靠性提高，编程和故障检测更为灵活方便，而且随着远程 I/O 和通信网络、数据处理以及图像显示的发展，使 PLC 向用于连续生产过程控制的方向发展，成为实现工业生产自动化的一大支柱。

　　目前，世界上有 200 多家 PLC 生产厂家，400 多品种的 PLC 产品，按地域可分为美国、欧洲和日本三个流派产品，各流派 PLC 产品都各具特色。其中，美国是 PLC 生产大国，有 100 多家 PLC 厂商，著名的有 AB 公司、通用电气（GE）公司、莫迪康（MODICON）公司。欧洲 PLC 产品主要制造商有德国的西门子（SIEMENS）公司、瑞典的 ABB 公司、AEG 公司、法国的 TE 公司。日本也有许多 PLC 制造商，如三菱、欧姆龙、松下、富士等，韩国有三星（SAMSUNG）、LG 等，这些生产厂家的产品占有 80% 以上的 PLC 市场份额。经过多年的发展，国内 PLC 生产厂家也达到三十余家。

PLC 产品主要应用在汽车制造、食品加工、化学/制药、冶金/矿山、纸浆/造纸等行业。冶金行业各控制环节要求精度高，控制点数多，故而是大中型 PLC 应用的主要行业。冶金作为大型 PLC 最大的应用行业，占据了大约 1/4 的市场。

PLC 可谓是工业自动化控制领域的常青树，即使是在工业转型升级的智能制造年代，它仍然足够胜任各种控制要求和通信要求。但它早已不再是三四十年前只能完成逻辑控制、顺序控制的继电逻辑系统的替代物，它已完成了由经典 PLC 向现代 PLC 的蜕变。继承了高性价比、高可靠性、高易用性的特点，再具有了分布式 I/O、嵌入式智能和无缝联接的性能，尤其是在强有力的 PLC 软件平台的支持下，我们完全可以相信 PLC 将持久不衰地活跃在工业自动化的世界中。

《PLC 控制技术与程序设计》一书的作者长期从事工业自动化控制方面的科研与教学工作，以广泛应用的西门子 S7-300 系列 PLC 产品为例，结合常见工业自动化控制实例展开讲述，详尽介绍了逻辑控制、顺序控制、运动控制、安全控制等基本控制环节，对读者了解并掌握 PLC 的程序设计方法及控制技术有很大帮助，对促进我国 PLC 控制技术领域的人才培养也具有重要意义。

2022 年 2 月

前　言

PLC（Programmable Logic Controller）即可编程逻辑控制器，是专为工业环境应用而设计的一种计算机。它采用一类可编程的存储器，用于其内部存储程序，执行逻辑运算、顺序控制、定时、计数与算术操作等面向用户的指令，并通过数字量或模拟量的输入/输出来控制各种类型的机械或生产过程。相比于传统的继电器控制系统，PLC 具有体积小、编程简单、抗干扰能力强、可靠性高等优点，广泛应用于各种工业自动化控制过程。随着我国经济的快速发展，工业化进程也越来越深入。在工业自动化技术中得到广泛应用的 PLC 控制技术，可以进行多变量、多参数的实时计算与高效通信，实现生产过程的最优化、信息化与智能化控制，从而促使工业自动化控制效果得到全面提升。

目前 PLC 控制器的种类有很多，本书选择在工业控制领域中取得广泛应用的西门子 S7-300 系列 PLC 作为教学对象，进行 PLC 控制技术及程序设计的介绍与讲述。西门子 S7-300 系列 PLC 具有模块化结构，易于实现分布式的配置。另外，其性价比高、电磁兼容性强、抗震动冲击性能好的优点，使其在工业控制领域中取得了广泛的应用。为了降低机械类、冶金类、化工类及能源类等非电专业学生的阅读门槛，本书采用循序渐进和由浅入深的编写方式，并辅以大量典型的控制实例。本书每章均附有课后习题，可供学生对课程进行理论和上机训练。全书分为 8 章，第 1 章对可编程控制器进行了概述，介绍了可编程控制器的基本原理、主要特点、基本功能及工作方式；第 2 章介绍了常用的配电电器、控制电器、执行电器、主令电器以及保护电器的工作原理与作用，并介绍了电气原理图的阅读和绘制方法；第 3 章~第 8 章均以西门子 S7-300 系列

PLC 为教学对象进行讲述。第 3 章介绍了 S7-300 PLC 控制器的硬件模块与通信接口类型；第 4 章介绍了西门子 PLC 控制器组态和编程软件包 Step 7 的操作基础；第 5 章介绍了 S7-300 PLC 控制器的基本指令，包括数据类型、寻址方式、位逻辑指令、定时器指令、计数器指令等基本指令的编程使用方法；第 6 章介绍了数字量控制与模拟量控制的程序设计方法；第 7 章介绍了组织块 OB、中断 OB、功能 FC 及功能块 FB 的编程方法；第 8 章介绍了 PLC 控制器的通信基础知识，包括多点通信、现场总线通信以及工业以太网通信的特点及编程方法。

本书由燕山大学王鹏飞和东北大学李旭担任主编，燕山大学刘丰和王葛担任副主编。第 1 章由东北大学李旭编写；第 2 章和第 6 章由燕山大学刘丰编写；第 3 章由东北大学秦皇岛分校张欣编写；第 4 章由燕山大学王葛编写；第 5 章、第 7 章及第 8 章的 8.1、8.2 节由燕山大学王鹏飞编写；第 8 章的 8.3、8.4 节由燕山大学陈树宗编写。全书由王鹏飞和李旭定稿，由燕山大学华长春主审。书中部分内容涉及相关科研项目的研究成果获得国家自然科学基金项目（52074242）、河北省自然科学基金项目（E2020203068）的大力支持。

在本书的编写过程中，得到燕山大学国家冷轧板带装备及工艺工程技术研究中心彭艳主任和李明副主任的热情支持与帮助，此外，燕山大学张永顺、研究生李洋、闫朝鹏、邓金坤等参加了书稿的文字校对与程序调试工作，本书还参考了有关文献和资料，编者在此一并表示衷心感谢。

由于编者水平所限，书中不妥之处，诚恳希望广大读者批评指正。

编　者
2021 年 5 月

目　　录

1 可编程控制器概述

1.1 PLC 概述

可编程控制器（Programmable Controller，PC）是新一代的工业控制装置，是工业自动化的基础平台，目前已被广泛应用到石油、化工、电力、机械制造、汽车、交通等各个领域。早期的工业控制装置只能用于逻辑控制，因此被称为可编程逻辑控制器（Programmable Logic Controller，PLC）。随着现代技术的发展，可编程控制器用微处理器作为其控制的核心部件，其控制的功能也远远超过了逻辑控制的范围，于是被称为可编程控制器。但是为了避免与个人计算机相混淆，可编程控制器仍然被简称为 PLC。

1.1.1 PLC 发展的历史背景

1.1.1.1 继电器接触器控制系统的不足

在各种生产过程中，有大量的数字量、模拟量以及各种物理量需要被控制，例如电磁阀的开闭、电机的运行停止、产量的计量，温度、压力、流量、速度、转速、位移等物理量的控制等等，过去这些控制过程通常是用继电器、接触器、限位开关、时间继电器等低压电器元件构成的控制电路来实现的。到 20 世纪 60 年代，这种传统的继电器接触器控制系统已经发展到了一个较高的水平，各种控制电器种类、功能非常繁多，已把布尔代数、真值表、卡诺图等数学工具广泛地应用到控制电路的设计当中。随着人们对生产过程自动化水平的要求越来越高，同时人们使用继电器接触器控制电路时也发现了一些不足。继电器接触器控制系统是用电线把继电器、接触器、时间继电器、限位开关等电器的触点、线圈等按控制逻辑的要求进行串、并联后组成的，这种控制系统有以下的缺点。

（1）电路连接复杂、体积庞大、耗电量大及耗费大量的自然资源，如铜铝制成的电线等。

（2）难满足柔性制造的要求，对生产工艺适应性差，如生产工艺发生变化时，控制系统必须相应改变连接电路和增减相关的电器元件并重新调试，此过程浪费大量的时间、人力和财力。

（3）灵活性和可扩展性较差。电器元件的物理触点数量有限，如一般的继电器最多只有 4 对触点，当控制逻辑关系稍微复杂一点，触点数量就不够用了，必须增加过渡用的中间继电器。

（4）可靠性差，维修维护困难。继电器控制电路中使用了大量的机械触点，机械触点寿命有限，易被电弧损坏，从而造成系统误动作。触点间用大量的电线连接，难以查找、排除故障。

（5）控制系统响应速度、工作频率不高。继电器和接触器的触点导通、断开的机械滞后时间一般是几十至上百毫秒，不适合响应要求快、动作频率高的场合。

（6）控制系统工作精度不高。有些电器如时间继电器等，会受环境因素的影响，精度不高。

1.1.1.2 PLC 的出现

基于继电器接触器控制系统的缺点，人们对控制系统提出了易设计调试、易扩展、易维护、更通用、更可靠、更经济的要求。

1968 年，美国最大的汽车公司——通用汽车公司（GM），为了满足汽车生产柔性制造的要求，提出要开发新型控制器来取代传统的继电器接触器控制系统的要求，为此制定了公开招标的十大技术指标：

（1）编程方便，易于调试，可现场修改程序。

（2）采用插件式结构，维修方便。

（3）可靠性高于继电器接触器控制装置。

（4）体积小于继电器控制盘。

（5）数据可直接送入管理计算机。

（6）成本可与继电器控制盘竞争。

（7）输入可为市电。

（8）输出可为市电，容量要求在 2A 以上，可直接驱动接触器、电磁阀等。

（9）扩展或更改工艺时，原有系统只需做很小的改动。

（10）用户程序存储器容量至少可以扩展到 4KB。

其核心的技术要求就是用计算机电子系统代替继电器接触器控制电路，用程序逻辑代替硬接线逻辑，而且要求其输入输出部分和原来的电气设备相兼容并易于扩展。

1969 年，美国数字设备公司（DEC）根据招标要求研制出世界上第一台可编程控制器——PLC（PDP-14 型），并成功应用在通用汽车公司的生产线上。这种新型的工控装置，以其体积小、可靠性高、使用寿命长、简单易懂、操作维护方便等一系列优点，很快就在美国许多行业里得到推广和应用，同时也受到了世界上许多国家的高度重视。1971 年，日本从美国引进了这项新技术，并研制出了日本第一台 PLC。1973 年西欧一些国家也研制出了自己的 PLC。我国从 20 世纪 70 年代中期开始研制 PLC，1977 年我国采用美国 Motorola 公司的集成芯片研制成功了国内第一台有实用价值的 PLC。

1.1.2 PLC 的定义

1987 年国际电工委员会（International Electrotechnical Commission，IEC）在可编程控制器国际标准草案中对可编程控制器作了如下定义：可编程序控制器是一种数字运算操作的电子系统，专为在工业环境下应用而设计。它采用可编程序的存储器，用来在其内部存贮执行逻辑运算、顺序控制、定时、计数和算术运算等操作的指令，并通过数字式、模拟式的输入和输出，控制各种类型的机械或生产过程。可编程序控制器及其有关设备，都应按易于与工业控制系统形成一个整体，易于扩充其功能的原则设计。

由 PLC 的定义可以看出，PLC 具有和计算机相类似的结构，也是一种工业通用计算机，只不过 PLC 为适应各种较为恶劣的工业环境而设计，具有很强的抗干扰能力，这也是 PLC 区别于一般微机控制系统的一个重要特征，并且 PLC 必须经过用户二次开发编程才能使用。

1.1.3 PLC 的功能

PLC 的主要功能包含以下几个方面。

（1）控制功能。

1）逻辑控制：在继电器控制中，利用各电气元件机械触点的串、并联组合成逻辑控制，采用硬线连接，连线多而复杂，使以后的逻辑修改、增加功能很困难；在 PLC 控制中，逻辑控制以程序的方式存储在内存中，改变程序，便可改变逻辑，连线少、体积小、方便可靠。

2）顺序控制：在继电器控制中，利用时间继电器的滞后动作来完成时间上的顺序控制，时间继电器内部的机械结构易受环境温度和湿度变化的影响，造成定时的精度不高。在 PLC 控制中，由半导体电路组成的定时器以及由晶体振荡器产生的时钟脉冲计时，定时精度高，使用者根据需要，定时值在程序中可设置，灵活性大，定时时间不受环境影响。

3）计数控制：在继电器控制中，不具备计数的功能。在 PLC 控制中，内部有特定的计数器，可实现对生产设备的步进控制。利用编程软件实现的计数功能使用方便灵活，便于修改。

4）PID 控制：指通过 PID 子程序或使用智能 PD 模块实现对模拟量的闭环控制过程。

（2）数据处理功能。现代 PLC 具有很强的数据处理能力，能实现数据采集、分析和处理等功能。它不仅能实现四则运算、函数运算、字逻辑运算、浮点数运算等数字运算功能，还有数据传送、数据转换、数据比较、数据显示、查表排序等功能。

（3）输入/输出接口调理功能。具有 A/D、D/A 转换功能，通过 I/O 模块完成对模拟量的控制和调节。

（4）通信和联网功能。PLC 能以通信方式和其他智能控制设备（如变频器、运动控制器、智能仪表等）配合使用，可以节约成本，提高控制水平。PLC 还能组成网络、控制远程 I/O、执行和上位计算机的数据通信任务，以实现"集中管理、分散控制"的多级分布式控制方式，提高工厂自动化水平。

（5）人机界面功能。可实现基于面板的可视化和基于 PC 的单用户和多用户站，显著提高效率。

（6）编程、调试等功能。使用复杂程度不同的手持、便携和桌面式编程器、工作站和操作屏，进行编程、调试、监视、试验和记录，并通过打印机打印出程序文件。

1.1.4 PLC 的特点

PLC 具有优越的性能，其主要特点包括以下几个方面。

（1）可靠性和抗干扰能力。PLC 是用于工业环境的，需能克服强电磁干扰、机械振动、电压波动、极端高温低温和湿度大等不利因素。在设计和制造 PLC 时，就已经着重强化了抗干扰能力和耐环境性。在 PLC 内部硬件方面，采取了屏蔽电磁干扰、I/O 光电隔离、滤波、电压调整、自诊断电路等措施，严格筛选元器件并采用大规模集成电路技术和先进的生产制造工艺；在 PLC 内部系统软件方面，采取了故障软件检测报警、程序检查、警戒时钟、数据备份、信息保存恢复等措施；在 PLC 的外部控制电路方面，PLC 构成的控制系统与继电器接触器系统相比，连接电线和接点能减少90%以上，故障率因此大大降低。以上各方面的措施使得以 PLC 为核心的控制系统具有极高的可靠性和抗干扰能力。

（2）灵活性和扩展性。在继电器控制中，系统安装后，受电气设备触点数目的有限性和连线复杂等原因的影响，系统今后的灵活性、扩展性很差。在 PLC 控制中，具有专用的输入与输出模块，连线少，灵活性和扩展性好。

（3）编程方法简单易学。设计 PLC 时就已经考虑到它的使用人员主要是电气工程技术人员，因此 PLC 一般都支持梯形图编程语言，梯形图编程语言的图形符号与表达方式和继电器控制电路非常相似，表达电路原理清晰直观，并且为广大电气技术人员所熟悉，非常方便操作人员学习和编程使用，让不熟悉计算机原理、汇编语言的人员也能使用。

（4）运行速度快。在继电器控制中，依靠机械触点的吸合动作来完成控制任务，工作频率低，工作速度慢。在 PLC 控制中，采用程序指令控制半导体电路来实现控制，稳定、可靠，运行速度大大提高。

（5）减少设计、施工的工作量，易于维修维护，利于柔性制造。PLC 用软件逻辑取代继电器电路的硬接线逻辑，能大量减少控制电路的外部连线，减少了设计施工的工作量；PLC 的自诊断报警、故障信息提示等功能能帮助操作人员维护维修控制系统；当控制工艺变化时，不改变控制电路硬件，只修改用户程序就能适应工艺的变化，有利于实现柔性制造。

（6）体积小，质量轻，功耗低。PLC 与继电器控制电路相比，体积减小95%以上，功耗减少70%以上。由于体积小、功耗小，抗干扰能力强，易于安装在机械设备内部，是实现机电一体化的理想控制设备。

（7）产品线全，功能完善，通用性强。PLC 发展至今，各种规模、结构、品牌的产品线都非常齐全。I/O 点数范围覆盖了从 32～256 点的微型小型 PLC，256～4096 点的中大型 PLC，一直到 8192 点的巨型 PLC；除了逻辑处理功能以外，PLC 还具有数学运算、定时、计数、通信等功能，还能提供位置控制、温度控制、模拟量、高速计数、通信联网等各种模块让用户选用，能满足控制系统的各种要求。

1.1.5　PLC 的技术性能指标

PLC 的技术性能指标包含以下几个方面。

（1）扫描速度。扫描速度是指 PLC 执行程序的速度，是衡量 PLC 性能的重要指标之一。一般以执行 1000 步指令所需的时间来衡量，单位为 ms/千步；有时也以执行一步指令的时间计算，单位为 s/步。扫描速度越快，PLC 的响应速度也越快，对系统的控制也就越及时、准确、可靠。

（2）存储容量。PLC 中的存储器包括系统存储器和用户程序存储器。这里的存储容量是指用户程序存储器的容量。用户程序存储器容量越大，可存储的程序就越大，可以控制的系统规模也就越大。

（3）输入/输出点数。I/O 点数即 PLC 面板上的输入、输出端子的个数。I/O 点数越多，外部可接的输入器件和输出器件就越多，控制规模也就越大。

（4）指令的数量和功能。用户编写的程序所完成的控制任务，取决于 PLC 指令的多少。编程指令的数量和功能越多，PLC的处理能力和控制能力就越强。

（5）内部器件的种类和数量。内部器件包括各种继电器、计数器、定时器、数据存储器等。其种类和数量越多，存储各种信息的能力和控制能力就越强。

（6）可扩展性。在选择PLC时，需要考虑其可扩展性。它主要包括输入、输出点数的扩展，存储容量的扩展，联网功能的扩展和可扩展模块的多少。

1.1.6　PLC的应用和发展前景

PLC技术在国内外已广泛应用于石油、化工、冶金、电力、机械制造、汽车、交通和生活等各个领域。目前随着大规模和超大规模集成电路等微电子技术的发展，PLC应用领域日益扩大，PLC技术及其产品结构都在不断改进，功能日益强大，性价比越来越高，长远来看，未来PLC会有更好的应用和发展前景。

1.1.6.1　PLC的应用

（1）开关量的逻辑控制。这是PLC最基本、最广泛的应用领域，它取代传统的继电器电路，实现逻辑控制、顺序控制，既可用于单台设备的控制，也可用于多机群控及自动化流水线。如注塑机、印刷机、订书机械、组合机床、磨床、包装生产线、电镀流水线等。

（2）运动控制。PLC可以用于圆周运动或直线运动的控制。从控制机构配置来说，早期直接用于开关量I/O模块连接位置传感器和执行机构，现在一般使用专用的运动控制模块。如可驱动步进电机或伺服电机的单轴或多轴位置控制模块。世界上各主要PLC厂家的产品几乎都有运动控制功能，广泛用于各种机械、机床、机器人、电梯等场合。

（3）过程控制。过程控制是指对温度、压力、流量等模拟量的闭环控制。作为工业控制计算机，PLC能编制各种各样的控制算法程序，完成闭环控制。PID调节是一般闭环控制系统中用得较多的调节方法。大中型PLC都有PID模块，目前许多小型PLC也具有此功能模块。PID处理一般是运行专用的PID子程序。过程控制在冶金、化工、热处理、锅炉控制等场合有非常广泛的应用。

（4）数据处理。现代PLC具有数学运算（含矩阵运算、函数运算、逻辑运算）、数据传送、数据转换、排序、查表、位操作等功能，可以完成数据的采集、分析及处理。这些数据可以与存储在存储器中的参考值比较，完成一定的控制操作，也可以利用通信功能传送到别的智能装置，或将它们打印制表。数据处理一般用于大型控制系统，如无人控制的柔性制造系统；也可用于过程控制系统，如造纸、冶金、食品工业中的一些大型控制系统。

（5）通信及联网。PLC通信含PLC间的通信及PLC与其他智能设备间的通信。随着计算机控制的发展，工厂自动化网络发展得很快，各PLC厂商都十分重视PLC的通信功能，纷纷推出各自的网络系统。新近生产的PLC都具有通信接口，通信非常方便。

1.1.6.2　PLC的发展前景

从控制点数规模、产品系列、性能价格比方面看，PLC会同时向超小型微型和巨型两个方向发展；特殊功能模块、产品规格系列会更多、更全，周边相关产品线也会越来越丰富；性价比越来越高，能更加恰当而不浪费地满足控制系统的要求。

从技术发展、通信联网功能发展方向看，新的集成电路技术、计算机技术等都会推动可编程控制器在设计和制造工艺上的不断进步，各生产厂家会持续开发出运行更快、容量更大、功能更强、更智能化的 PLC；PLC 网络、现场总线、工业以太网也已成为可编程控制器重要的技术发展方向，随着计算机通信技术的发展，PLC 作为自动控制系统的核心组成部分，将在生产控制和生产管理等方面发挥越来越大的作用。

总之，PLC 已成为解决自动控制问题的最有效工具，在产业升级大背景下，必将越来越广泛地受到人们的关注。

1.2　PLC 的基本结构

编程逻辑控制器实质是一种专用于工业控制的计算机，其硬件结构基本上与微型计算机相同，软件结构与传统的微型计算机存在较大差别。

1.2.1　PLC 的结构分类

从结构上分，PLC 分为整体式和模块式两种。

1.2.1.1　一体化紧凑型 PLC

一体化紧凑型 PLC 是将电源、CPU、I/O 接口等部件都集中装在一个机箱内，具有结构紧凑、体积小、价格低的特点。小型 PLC 一般采用这种整体式结构，如西门子 S7-200 系列，图 1-1 为西门子 S7-200CN CPU 端子和硬件介绍。

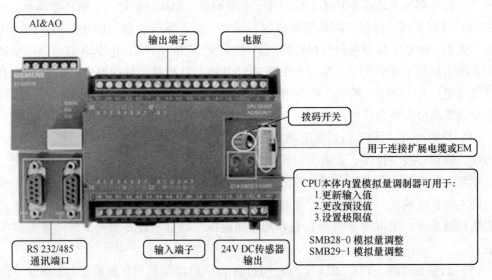

图 1-1　S7-200CN CPU 端子和硬件介绍

1.2.1.2　标准模块式结构化 PLC

标准模块式结构化 PLC 是将 PLC 各组成部分，分别作成若干个单独的模块，如电源模块（有的含在 CPU 模块中）、CPU 模块、I/M 模块、I/O 模块，以及各种功能模块。模块式 PLC 由框架或基板和各种模块组成。模块装在框架或基板的插座上。这种模块式 PLC 的特点是配置灵活，可根据需要选配不同规模的系统，而且装配方便，便于扩展和维修。大、中型 PLC 一般采用模块式结构。图 1-2 为西门子 S7-1500。

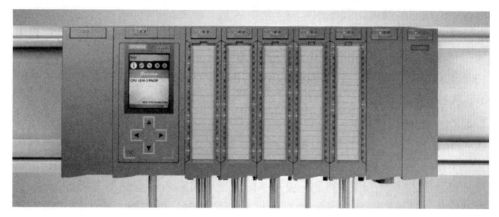

图 1-2 西门子 S7-1500

1.2.2 硬件结构

不同厂商生产的 PLC 在硬件组成上基本相同，核心部件主要包括 CPU 模块、存储器模块、I/O 模块、编程器、电源等。PLC 硬件结构如图 1-3 所示，下面依次对各部分进行介绍。

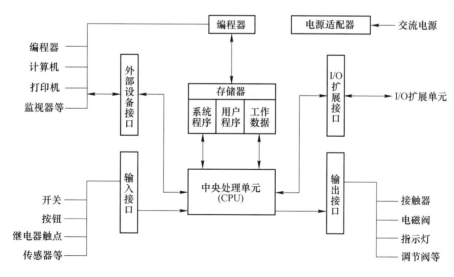

图 1-3 PLC 硬件结构

1.2.2.1 CPU 模块

CPU 是 PLC 的核心部件，由运算器和控制器组成。主要用于：接收并存储从编程器输入的用户程序；检查编程过程是否出错；进行系统诊断；解释并执行用户程序；完成通信及外设的某些功能。

1.2.2.2　存储器模块

（1）系统程序存储器。用于存放系统程序，这些程序在 PLC 出厂前就已经固化到只读存储器 ROM 中。第一部分为系统管理程序；第二部分为用户指令解释程序；第三部分为标准程序模块与系统调用程序。

（2）用户程序存储器。用于存储 PLC 用户的应用程序，在调试阶段，用户程序存放在读写存储器 RAM 中，可由备用电池保存 2~3 年。

（3）工作数据存储器。工作数据存储器用来存储工作数据，即用户程序中使用的 ON/OFF 状态、数值数据等。

1.2.2.3　I/O 模块

输入/输出接口是 PLC 与外界连接的接口。输入接口用来接收和采集两种类型的输入信号，一类是按钮、选择开关、行程开关、继电器触点、接近开关、光电开关、数字拨码开关等开关量输入信号；另一类是电位器、测速发电机和各种变送器等模拟量输入信号。输出接口用来连接被控对象中各种执行元件，如接触器、电磁阀、指示灯、调节阀（模拟量）、调速装置（模拟量）等。

1.2.2.4　编程器模块

编程器是 PLC 最重要的外围设备，也是 PLC 不可缺少的部分。编程器的作用是输入和编辑用户程序、调试程序和监控程序的执行过程。编程器一般有两种类型：简易编程器和智能编程器。简易编程器体积小，便宜，使用方便，对于小型控制系统或不需要在线编程的系统，一般选用价格便宜的简易编程器；对于由中、高档 PLC 构成的复杂系统或需要在线编程的 PLC 系统，可以选配功能强、编程方便的智能编程器，但智能编程器价格较贵。如果有现成的个人计算机，也可以选用 PLC 的编程软件，在个人计算机上实现编程器的功能。

1.2.2.5　电源模块

PLC 内部配有开关式稳压电源的电源模块，用来将外部供电电源转变成供 PLC 内部的 CPU、存储器和 I/O 接口等电路工作所需要的直流电源。另外，为防止在外部电源发生故障的情况下，PLC 内部程序和数据等重要信息的丢失，PLC 还带有锂电池作为后备电源。

1.3　PLC 的工作原理

当 PLC 投入运行后，其工作过程一般分为三个阶段，即输入采样、用户程序执行和输出刷新三个阶段。完成上述三个阶段称作一个扫描周期。在整个运行期间，PLC 的 CPU 以一定的扫描速度重复执行上述三个阶段。扫描工作过程如图 1-4 所示。

（1）输入采样阶段。PLC 以扫描方式依次地读入所有输入状态和数据，并将它们存入 I/O 映象区中相应的单元内。输入采样结束后，转入用户程序执行和输出刷新阶段。在这两个阶段中，即使输入状态和数据发生变化，I/O 映象区中相应单元的状态和数据也不会改变。因此，如果输入是脉冲信号，则该脉冲信号的宽度必须大于一个扫描周期，才能保证在任何情况下，该输入均能被读入。

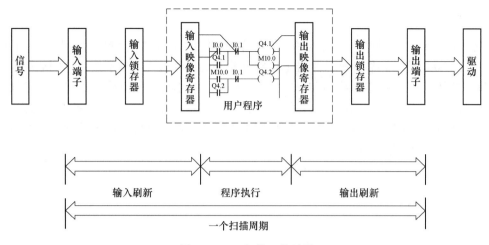

图 1-4 PLC 扫描工作过程

（2）用户程序执行阶段。PLC 总是按由上而下的顺序依次地扫描用户程序（梯形图）。在扫描每一条梯形图时，又总是先扫描梯形图左边的由各触点构成的控制线路，并按先左后右、先上后下的顺序对由触点构成的控制线路进行逻辑运算，然后根据逻辑运算的结果，刷新该逻辑线圈在系统 RAM 存储区中对应位的状态；或者刷新该输出线圈在 I/O 映像区中对应位的状态；或者确定是否要执行该梯形图所规定的特殊功能指令。即在用户程序执行过程中，只有输入点在 I/O 映象区内的状态和数据不会发生变化，而其他输出点和软设备在 I/O 映象区或系统 RAM 存储区内的状态和数据都有可能发生变化，而且排在上面的梯形图，其程序执行结果会对排在下面的凡是用到这些线圈或数据的梯形图起作用；相反，排在下面的梯形图，其被刷新的逻辑线圈的状态或数据只能到下一个扫描周期才能对排在其上面的程序起作用。

（3）输出刷新阶段。当扫描用户程序结束后，PLC 就进入输出刷新阶段。在此期间，CPU 按照 I/O 映象区内对应的状态和数据刷新所有的输出锁存电路，再经输出电路驱动相应的外设。这时，才是 PLC 的真正输出。同样的若干条梯形图，其排列次序不同，执行的结果也不同。另外，采用扫描用户程序的运行结果与继电器控制装置的硬逻辑并行运行的结果有所区别。当然，如果扫描周期所占用的时间对整个运行来说可以忽略，那么两者之间就没有什么区别了。

1.4 PLC 的编程语言

PLC 的用户程序是设计人员根据控制系统的工艺控制要求，通过 PLC 编程语言的编制设计的。根据国际电工委员会制定的工业控制编程语言标准（IEC1131-3）。PLC 的编程语言包括以下五种：梯形图（Ladder Diagram，LAD）、语句表（Statement List，STL）、功能块图（Function Block Diagram，FBD）、顺序功能图（Seauential Function Chart，SFC）及结构化文本（Structured Text，ST）。

1.4.1　梯形图

梯形图（LAD）是国内使用最多的 PLC 编程语言。梯形图与继电接触器控制电路图很相似，直观易懂，很容易被熟悉继电接触器控制的工厂电气人员掌握，特别适用于开关量逻辑控制梯形图由触点、线圈和用方框表示的功能块组成。触点代表逻辑输入条件，如外部的开关、按钮和内部条件等。线圈通常代表逻辑输出结果，用来控制外部的指示灯、交流接触器和内部的输出条件等。功能块用来表示定时器、计数器或者数学运算等附加指令。图 1-5 为梯形图编程示例。

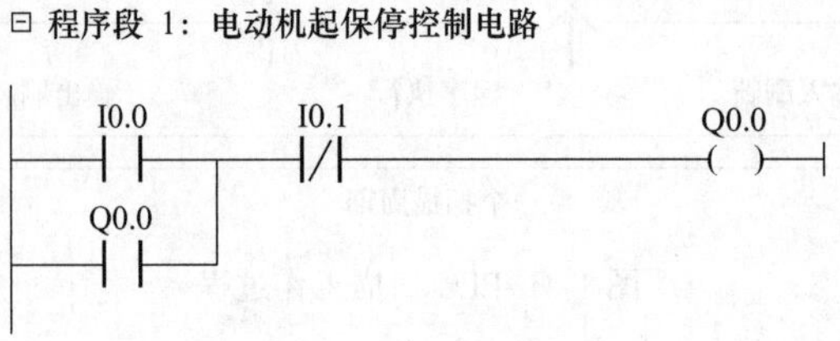

⊟ 程序段 1：电动机起保停控制电路

```
      I0.0          I0.1                    Q0.0
      ┤├            ┤/├                    ─( )─┤
      Q0.0
      ┤├
```

图 1-5　梯形图编程示例

1.4.2　语句表

Step 7 系列 PLC 将指令表称为语句表（STL），它是一种与微机汇编语言的指令相似的助记符表达式，类似于机器码。每条语句对应 CPU 处理程序中的一步，CPU 执行程序时按每一条指令一步一步地执行。为方便编程，语句表已进行了扩展，还包括一些高层语言结构（如结构数据的访问和块参数等）。

语句表编程示例语句表比较适合熟悉可编程序控制器和逻辑程序设计的经验丰富的程序员。指令表编程语言与梯形图编程语言图一一对应，在 PLC 编程软件下可以相互转换。图 1-6 是与图 1-5 PLC 梯形图对应的指令表编程语言的表达方式。

⊟ 程序段 1：电动机起保停控制电路

```
A(
O    I    0.0
O    Q    0.0
)
AN   I    0.1
=    Q    0.0
```

图 1-6　语句表编程示例

1.4.3　功能块图

功能块图编程语言功能块图（FBD）是一种类似于数字逻辑门电路的编程语言，有数字电路基础的人很容易掌握。该编程语言用类似与门、或门的方框来表示逻辑运算关系，方框的左侧为逻辑运算的输入变量，右侧为输出变量，输入、输出端的小圆圈表示"非"运算，方框被"导线"连接在一起，信号自左向右流动。图 1-7 是与图 1-5 PLC 梯形图对应的功能模块图编程语言的表达方式。

⊟ 程序段 1：电动机起保停控制电路

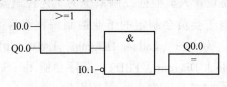

图 1-7　功能块编程示例

1.4.4　顺序功能图

　　顺序功能流程图语言是为了满足顺序逻辑控制而设计的编程语言。编程时将顺序流程动作的过程分成步和转换条件，根据转移条件对控制系统的功能流程顺序进行分配，一步一步地按照顺序动作。每一步代表一个控制功能任务，用方框表示。在方框内含有用于完成相应控制功能任务的梯形图逻辑。这种编程语言使程序结构清晰，易于阅读及维护，大大减轻编程的工作量，缩短编程和调试时间。用于系统的规模较大、程序关系较复杂的场合。图1-8是一个简单的功能流程编程语言的示意图。

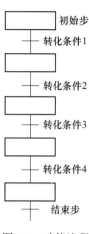

图 1-8　功能流程
编程语言示意图

　　顺序功能流程图编程语言的特点：以功能为主线，按照功能流程的顺序分配，条理清楚，便于对用户程序理解；避免梯形图或其他语言不能顺序动作的缺陷，同时也避免了用梯形图语言对顺序动作编程时，由于机械互锁造成用户程序结构复杂、难以理解的缺陷；用户程序扫描时间也大大缩短。

1.4.5　结构化文本

　　结构化文本语言是用结构化的描述文本来描述程序的一种编程语言。它是类似于高级语言的一种编程语言。在大中型的 PLC 系统中，常采用结构化文本来描述控制系统中各个变量的关系。主要用于其他编程语言较难实现的用户程序编制。

　　结构化文本编程语言采用计算机的描述方式来描述系统中各种变量之间的各种运算关系，完成所需的功能或操作。大多数 PLC 制造商采用的结构化文本编程语言与 BASIC 语言、PASCAL 语言或 C 语言等高级语言相类似，但为了应用方便，在语句的表达方法及语句的种类等方面都进行了简化。

　　结构化文本编程语言的特点：采用高级语言进行编程，可以完成较复杂的控制运算；需要有一定的计算机高级语言的知识和编程技巧，对工程设计人员要求较高。直观性和操作性较差。

　　不同型号的 PLC 编程软件对以上五种编程语言的支持种类是不同的，早期的 PLC 仅仅支持梯形图编程语言和指令表编程语言。目前的 PLC 对梯形图、指令表功能模块图编程语言都已支持，比如 SIMATIC Step 7 V5.6。

习　题

1-1　简述 PLC 的定义。

1-2　简述 PLC 的功能。

1-3　PLC 的主要特点有哪些？

1-4　简述 PLC 的技术性能指标。

1-5　PLC 主要由哪些部分组成？简述每一部分的作用。

1-6　简述 PLC 的工作原理。

1-7　PLC 的编程语言有哪几种？

2 电气控制基础

2.1 常用低压电器

电器是指根据外部机械的、电气的或其他物理量的信号，能自动或手动导通或断开电路，可控地改变电路工作状态和参数，从而实现对电路或非电气设备的检测、控制、调节、保护等功能的电气设备。按照电器工作电压的高低，可分为高压电器和低压电器。交流额定电压 1200V 以下或直流电压 1500V 以下的电器称为低压电器。

根据低压电器在电路中所处的地位和作用将其分为配电电器、控制电器、执行电器、主令电器和保护电器等大类。

配电电器是指正常或事故状态下接通或断开用电设备和供电电网所用的电器，如刀开关、低压断路器、熔断器等；控制电器是指用于各种控制电路和控制系统的电器，如转换开关、按钮、接触器、继电器、电磁阀、熔断器等；执行电器是指用于完成某种动作或传送功能的电器，如电磁铁、电磁离合器等；主令电器是指用于发送控制指令的电器，如按钮、主令开关、行程开关、主令控制器等；保护电器是指对电路及用电设备进行保护的电器，如熔断器、热继电器、电压继电器、电流继电器等。

2.1.1 刀开关

刀开关又称闸刀开关，是手控电器中结构简单而使用又较广泛的一种低压电器。刀开关在电路中的主要作用是隔离电源，以确保电路和设备维修的安全。

作为隔离开关的刀开关容量比较大，其额定电流在 100~1500A 之间，主要用于供配电线路的电源隔离。隔离开关没有灭弧功能，只能在没有负荷电流的情况下分开或连通电路。

常用的刀开关有 HD 型单投刀开关、HS 型双投刀开关、HR 型熔断器式刀开关、HZ 型组合开关、HK 型闸刀开关、HY 型倒顺开关和 HH 型铁壳开关等。

2.1.1.1 HD 型单投刀开关

HD 型单投刀开关适用于交流 50Hz、额定电压至 380V、直流电压至 220V、额定电流为 1500A 的成套配电装置中，作为不频繁地手动接通和分断交、直流电路或作为隔离开关使用。HD 型单投刀开关按极数可分为 1 极、2 极、3 极、4 极。HD 型单投刀开关实物图和图形符号如图 2-1 所示。

2.1.1.2 HS 型双投刀开关

HS 型双投刀开关的作用和单投刀开关类似，常用于双电源或双供电线路的切换，其实物图和图形符号如图 2-2 所示。双投刀开关具有机械互锁的结构特点，因此可以防止双电源的并联运行和两条供电线路同时供电。

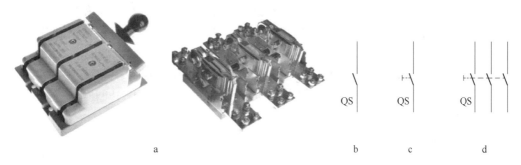

图 2-1　HD 型单投刀开关实物图和图形符号

a—实物图；b— 一般图形符号；c—手动符号；d—三级单投刀开关符号

图 2-2　HS 型双投刀开关实物图和图形符号

2.1.1.3　HR 型熔断器式刀开关

HR 型熔断器式刀开关也称刀熔开关，是将刀开关和熔断器组合成一体的开关电器。刀熔开关操作方便，并简化了供电线路，在供配电线路上应用很广泛，其实物图和图形符号如图 2-3 所示。熔断器可切断故障电流，但是闸刀不能带负荷切断正常的电流，所以合闸及带闸操作时理论上不可以带负荷操作。

图 2-3　HR 型熔断器式刀开关实物图和图形符号

2.1.1.4　组合开关

组合开关又称转换开关，实质上是一种特殊刀开关。一般刀开关的操作手柄是在垂直于安装面的平面内向上或向下转动，而转换开关的操作手柄是在平行于其安装面的平面内向左或向右转动。它具有多触头、多位置、体积小、性能可靠、操作方便、安装灵活等特点。它多用在机床电气控制线路中作为电源的引入开关，也可用作不频繁地接通和断开电路、换接电源和负载以及控制小容量异步电动机的正反转。

　　组合开关由动断路器、静断路器、绝缘连杆转轴、手柄、定位机构和外壳等部分组成。它的动、静断路器分别叠装于数层绝缘壳内，当转动手柄时，每层的动触片随转轴转动。

　　常用的产品有 HZ5、HZ10 和 HZ15 系列。HZ5 系列是类似万能转换开关的产品，其结构与一般转换开关有所不同。组合开关的实物图和图形符号如图 2-4 所示。

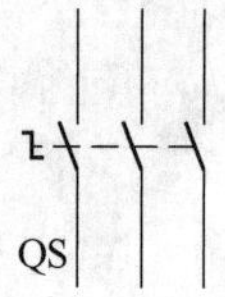

图 2-4　组合开关的实物图和图形符号

2.1.2　主令电器

　　主令电器主要用来接通、分断和切换控制电路，即用它来控制接触器、继电器等电器的线圈得电与失电，从而控制电力拖动系统的启动与停止以及改变系统的工作状态。主令电器种类繁多，常用的主令电器有控制按钮、行程开关、万能转换开关、主令控制器等。

2.1.2.1　控制按钮

　　控制按钮俗称按钮，是一种结构简单，应用广泛的主令电器。控制按钮由按钮帽、复位弹簧、桥式触点和外壳等组成，其实物图和图形符号如图 2-5 所示。一般情况下它不直接控制主电路的通断，而是在控制电路中手动发出控制信号去控制接触器、继电器等电器，再由它们去控制主电路。

图 2-5　按钮实物图和图形符号

a—实物图；b—常开按钮；c—常闭按钮；d—复合按钮

　　常开（动合）按钮开关，未按下时，触头是断开的，按下时触头闭合接通；当松开后，按钮开关在复位弹簧的作用下复位断开。

　　常闭（动断）按钮开关与常开按钮开关相反，未按下时，触头是闭合的，按下时触头断开；当手松开后，按钮开关在复位弹簧的作用下复位闭合。

　　复合按钮开关是将常开与常闭按钮开关组合为一体的按钮开关。未按下时，常闭触头是闭合的，常开触头是断开的。

　　控制按钮的实物图和结构图如图 2-6 所示。

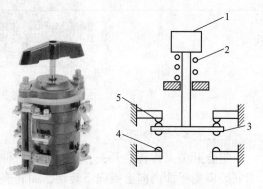

图 2-6　按钮开关的实物图和结构图

1—按钮帽；2—位弹簧；3—动触点；
4—常开静触点；5—常闭静触点

2.1.2.2 行程开关

行程开关作用与按钮开关作用相同，用于对控制电路发出接通、断开、信号转换等指令。行程开关工作原理与按钮类似，但不同的是其触头动作不是靠人力完成，而是利用生产机械运动部件的机械力来使触头动作。除了能够实现控制需求之外，还可以利用行程开关实现对机械运动部件运行到极限位置时的保护，此时行程开关被称为限位开关。行程开关实物图和图形符号如图2-7所示。

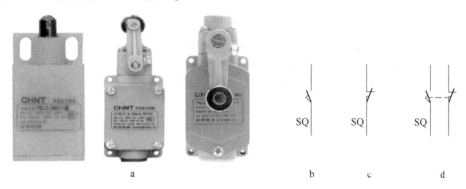

图 2-7 行程开关的实物图和图形符号

a—实物图；b—动合触点；c—动断触点；d—复合触点

行程开关按结构可分为直动式、滚轮式、微动式和组合式，其结构图如图2-8所示。

直动式行程开关的结构如图2-8a所示，其结构与动作原理与按钮开关相同，主要区别是为适应机械力的撞击以及生产现场的恶劣环境，使用了金属外壳以及防水和防尘措施。

滚轮式行程开关的结构如图2-8b所示，当被控机械上的撞块撞击滚轮时，撞杆转向左边，带动凸轮转动，压下推杆，使微动开关中的触头迅速动作；当运动机械返回时，在复位弹簧的作用下，各部分动作部件复位。

微动式行程开关的结构如图2-8c所示，它的操作力和动作行程均很小。这种开关具有弯片式弹簧顺动机构，动作时推杆被压下，弹簧变形，储存能量；当推杆向下到达顶点位置时，弹簧连同动触头产生瞬时跳跃，以实现触头的动作。微动式行程开关具有触头动作灵敏、动作速度快的优点，其缺点是触头电流容量小、操作头的行程短和易损坏。

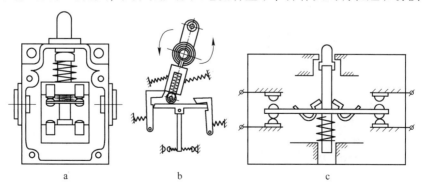

图 2-8 行程开关结构

a—直动式；b—滚动式；c—微动式

2.1.2.3 接近开关

接近开关又称无触点位置开关，是非接触式的检测装置，当运动着的物体接近它到一定距离时，它就能发出信号。接近开关的用途除行程控制和限位保护外，还可作为检测金属体的存在、高速计数、测速、定位、变换运动方向、检测零件尺寸、液面控制及用作无触点按钮等。它具有工作可靠、寿命长、功耗低、操作频率高以及适应恶劣工作环境等特点，其实物图和图形符号如图2-9所示。

图2-9　接近开关实物图和图形符号

接近开关按工作原理可分为高频振荡型、霍尔效应型、电容型、超声波型等，其中以高频振荡型最常用，占全部接近开关产量的80%以上。

电路形式多样，但电路结构不外乎由振荡、检测及晶体管输出等部分组成。接近开关工作基础是高频振荡电路状态的变化。当金属物体进入以一定频率稳定振荡的线圈磁场时，由于该物体内部产生涡流损耗，使振荡回路电阻增大，能量损耗增加，以致振荡减弱直至终止。因此，在振荡电路后面接上放大电路与输出电路，就能检测出金属物体存在与否，并能给出相应的控制信号去控制继电器，以达到控制的目的。

2.1.3　接触器

接触器属于控制类电器，是一种适用于远距离频繁接通和分断交、直流主电路和大容量控制电路，实现远距离自动控制，并具有欠（零）电压保护功能的电器。接触器的主要控制对象是电动机，也可用于其他电力负载，如电热器、电焊机等。接触器具有欠压保护、零压保护、控制容量大、工作可靠、寿命长等优点，它是自动控制系统中应用最多的一种电器，其实物图和图形符号如图2-10所示。

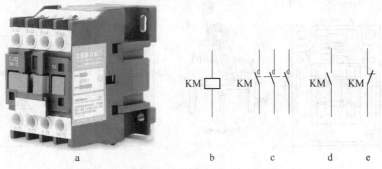

a　　　　　b　　b　c　　　d　　　e

图2-10　交流接触器的实物图和图形符号

a—实物图；b—线圈；c—主触头；d—辅助常开触点；e—辅助常闭触点

2.1.3.1 交流接触器的组成

交流接触器由电磁机构、断路器系统、灭弧装置以及一些辅助部件组成。交流接触器的电磁机构由线圈、衔铁和静铁芯组成。断路器系统包括主触点（触头）和辅助触点，主触点用于通断主电路，有3对或4对常开触点；辅助触点用于控制电路，起电气联锁或控制作用，通常有两对常开两对常闭触点。容量在10A以上的接触器都有灭弧装置，对于小容量的接触器常采用双断口桥形断路器以利于灭弧；对于大容量的接触器常采用纵缝灭弧罩及栅片灭弧结构。辅助部件包括反作用弹簧、缓冲弹簧、断路器压力弹簧、传动机构及外壳等。

2.1.3.2 交流接触器的工作原理

交流接触器的工作原理是利用电磁铁吸力及弹簧反作用力配合动作，使触头接通或断开，工作原理如图2-11所示。当吸引线圈通电时，铁芯被磁化，吸引衔铁向下运动，使得常闭触头断开，常开触头闭合；当线圈断电时，磁力消失，在反力弹簧的作用下，衔铁回到原来位置，也就使触头恢复到原来状态。

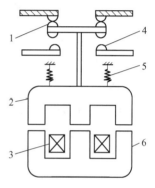

图2-11　交流接触器工作原理图
1—动触头；2—衔铁；3—吸引线圈；
4—静触头；5—弹簧；6—静铁芯

2.1.4 继电器

继电器是根据某种输入信号接通或断开小电流控制电路，实现远距离自动控制和保护的电器。继电器的输入信号可以是电流、电压等电量，也可以是温度、速度、时间、压力等非电量，而输出通常是触点的接通或断开。

继电器与接触器的区别在于继电器用于控制电路，电流小，没有灭弧装置，可在电量或非电量的作用下动作，而接触器用于主电路，电流大，有灭弧装置，一般只能在电压作用下动作。

继电器的种类很多，按输入信号的性质可分为电压继电器、电流继电器、时间继电器、温度继电器、速度继电器、压力继电器等；按工作原理可分为电磁式继电器、感应式继电器、电动式继电器、热继电器和电子式继电器等；按用途可分为控制继电器、保护继电器、中间继电器；按动作时间可分为瞬时继电器、延时继电器；按输出形式可分为有触点继电器、无触点继电器。

2.1.4.1 电磁式继电器

电磁式继电器是应用最早同时也是应用最多的一种继电器。它具有结构简单、价格低廉、使用维护方便、触点容量小（一般在5A以下）、触点数量多且无主辅之分、无灭弧装置、体积小、动作迅速、准确、控制灵敏、可靠等特点，广泛地应用于低压控制系统中。常用的电磁式继电器有电流继电器、电压继电器、中间继电器以及各种小型通用继电器等，其实物图和图形符号如图2-12所示。

当线圈通电后，线圈的励磁电流就产生磁场，从而产生电磁吸力吸引衔铁。一旦磁力大于弹簧反作用力，衔铁就开始运动，并带动与之相连的触点向下移动，使动触点与静触

图 2-12　电磁式继电器的实物图和图形符号

a—实物图；b—吸引线圈；c—常开触点；d—常闭触点

点吸合。若在衔铁处于最终位置时切断线圈电源，磁场便逐渐消失，衔铁会在弹簧反作用力的作用下脱离，并带动动触点脱离静触点，返回到初始位置。电磁式继电器的工作原理如图 2-13 所示。

2.1.4.2　时间继电器

继电器的感测元件在感受外界信号后，经过一段时间才使执行部分动作，这类继电器称为时间继电器。时间继电器的种类很多，按其动作原理与构造的不同可分为电磁式、电动式、空气阻尼式和电子式等类型；按延时方式可分为通电延时和断电延时两种类型。

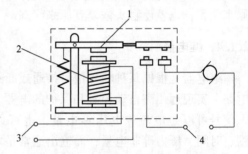

图 2-13　电磁式继电器的工作原理图

1—衔铁；2—电磁铁；3—电源 A；4—电源 B

以空气阻尼式时间继电器为例来说明通电延时和断电延时两种类型工作原理。通电延时继电器示意图如图 2-14 所示；断电延时继电器示意图如图 2-15 所示。

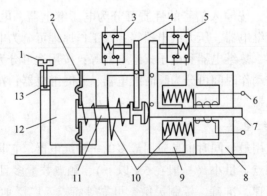

图 2-14　通电延时继电器示意图

1—延时调节螺钉；2—橡胶膜；3—通电延时触点；4—杠杆；5—瞬动触点；6—线圈；7—传动杆；
8—静铁芯；9—衔铁；10—弹簧；11—活塞杆；12—气室；13—进气口

图 2-14 为通电延时型时间继电器线圈不得电时的情况，当线圈通电后，衔铁吸合，

带动 L 形传动杆向右运动，使瞬动触点受压，其触点瞬时动作。活塞杆在塔形弹簧的作用下，带动橡胶膜向右移动，弱弹簧将橡胶膜压在活塞上，橡胶膜左方的空气不能进入气室，形成负压，通过进气孔进气，因此活塞杆只能缓慢地向右移动，其移动的速度和进气孔的大小有关（通过延时调节螺钉调节进气孔的大小可改变延时时间）。经过一定的延时后，活塞杆移动到右端，通过杠杆压动微动开关（通电延时触点），使其常闭触点断开，常开触点闭合，起到通电延时作用。

如果将通电延时型时间继电器的电磁机构反向安装，就可以改为断电延时型时间继电器，如图 2-15 所示。线圈不得电时，塔形弹簧将橡胶膜和活塞杆推向右侧，杠杆将延时接点压下，当线圈通电时，动铁芯带动 L 形传动杆向左运动，使瞬动触点瞬时动作，同时推动活塞杆向左运动，活塞杆向左运动不延时，延时触点瞬时动作。线圈失电时动铁芯在反力弹簧的作用下返回，瞬动触点瞬时动作，延时触点延时动作。

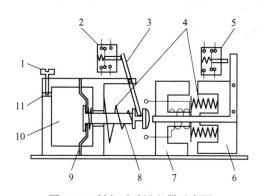

图 2-15　断电延时继电器示意图

1—延时调节螺钉；2—断电延时触点；3—杠杆；4—弹簧；5—瞬动触点；6—衔铁；
7—静铁芯；8—活塞杆；9—橡胶膜；10—气室；11—进气口

时间继电器的图形符号如图 2-16 所示，文字符号用 KT 表示。

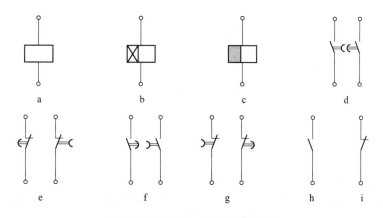

图 2-16　时间继电器的图形符号

a—线圈一般符号；b—通电延时线圈；c—断电延时线圈；d—延时闭合常开触点；e—延时断开常闭触点；
f—延时断开常开触点；g—延时闭合常闭触点；h—瞬动常开触点；i—瞬动常闭触点

2.1.4.3　热继电器

电动机在实际运行中，经常遇到过载的情况。若过载电流不太大且过载时间较短，电动机绕组温升不超过允许值，这种过载是允许的，但若过载电流大且过载时间长，电动机绕组温升就会超过允许值，这将会加剧绕组绝缘的老化，缩短电动机的使用年限，严重时会使电动机绕组烧毁，这种过载是电动机不能承受的。因此，常用热继电器做电动机的过载保护。热继电器的实物图和图形符号如图2-17所示。

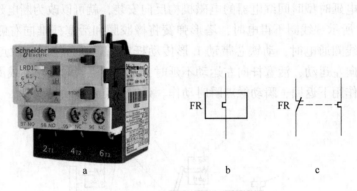

图 2-17　热继电器的图形和文字符号
a—实物图；b—热元件；c—动断触点

2.1.5　熔断器

熔断器是一种结构简单、使用维护方便、体积小、价格便宜的保护电器，一般由绝缘底座、熔体、熔断管、填料及导电部件组成，广泛用于照明电路中的过载和短路保护及电动机电路中的短路保护，其实物图和图形符号如图2-18所示。

图 2-18　熔断器实物图和图形符号

熔断器串接于被保护电路中，电流通过熔体时产生的热量与电流平方和电流通过的时间成正比，电流越大，则熔体熔断时间越短，这种特性称为熔断器的反时限保护特性或安秒特性，如图2-19所示。图中 I_{fN} 为熔断器额定电流。

2.1.6　断路器

低压断路器又称自动空气开关，用于正常情况下的接通和分断操作以及严重过载、短

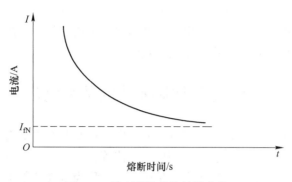

图 2-19 熔断器的保护特性曲线

路及欠压等故障时自动切断电路。在分断故障电流后，一般不需要更换零件，且具有较大的接通和分断能力，其实物图和图形符号如图 2-20 所示。

图 2-20 断路器实物图和图形符号

断路器主要由 3 个基本部分组成，即触点、灭弧系统和各种脱扣器，其工作原理如图2-21 所示。

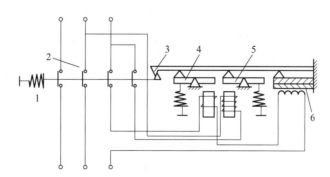

图 2-21 断路器的工作原理图

1—弹簧；2—主触头；3—搭钩；4—电磁脱扣器；5—欠电压脱扣器；6—热脱扣器

低压断路器的主触点是靠手动操作或电动合闸的。主触点闭合后，自由脱扣机构将主触点锁在合闸位置上。热脱扣器的热元件与主电路串联，欠电压脱扣器的线圈和电源并联。当电路过载时，热脱扣器的热元件发热使双金属片上弯曲，推动自由脱扣机构动作；

当电路欠电压时，欠电压脱扣器的衔铁释放，使自由脱扣机构动作。电磁脱扣器用作远距离控制，在正常工作时，其线圈是断电的，在需要远距离控制时，按下启动按钮，使线圈通电，衔铁带动自由脱扣机构动作，使主触点断开。

2.2　电气控制系统的基本电路

电气控制系统由电气设备及电器元件按照一定的控制要求连接而成。为了表达电气控制系统的组成结构、工作原理、安装、调试、维修等技术要求，需要用统一的工程语言即用工程图的形式来表达，这种工程图是一种电气图，称为电气控制系统图。电气控制系统图是根据国家电气制图标准，用规定的图形符号、文字符号以及规定的画法绘制的。

电气控制系统图一般分为电气原理图、电气安装图、框图三种类型。其中，电气原理图是为便于阅读与分析控制线路，根据简单、清晰原则，采用电器元件展开的形式绘制而成的图样。它表明电气元件和接线端子点之间的相互关系，并不按各电气元件的实际布置位置和实际接线情况来绘制。

2.2.1　电气原理图的基本结构

电气原理图由主电路、控制电路和辅助电路三部分组成，其结构如图 2-22 所示。

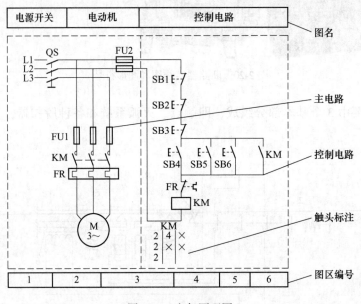

图 2-22　电气原理图

主电路是指电气控制线路中有强电流通过的部分，包括电动机以及与它相连接的电器元件（如组合开关、热继电器的热元件、接触器的主触头、熔断器等）所组成的线路图。

控制电路由按钮、接触器、继电器的吸引线圈和辅助触头以及热继电器的触头所构成的电路，实现所需的控制功能。因为控制电路通过的电流是弱电流，所以控制电路中都是弱电电器。

　　照明电路、信号电路及保护电路都属于辅助电路。辅助电路中通过的电流同样是弱电流。

2.2.2　电气文字符号

　　国家标准规定了电气工程图中的文字符号，它分为基本文字符号和辅助文字符号。

　　基本文字符号分为单字母符号和双字母符号两种。每个单字母符号表示一个电器大类，如 R 表示电阻类，C 表示电容类；双字母符号由一个表示大类的单字母与另一表示器件某些特性的字母组成，如 MD 表示电动机类元件中的直流电动机，MA 表示电动机类元件中的交流电动机。辅助文字符号用来进一步表示电气设备、装置和元器件的功能、状态和特征。部分常用基本文字符号见表 2-1。

表 2-1　部分常用基本文字符号

名称	文字符号	名称	文字符号
电动机	M	电磁铁	YA
直流电动机	MD	电磁阀	YV
交流电动机	MA	电磁吸盘	YH
电压表	PV	变压器	T
电流表	PA	电流互感器	TA
电阻器	R	电力互感器	TM
电容器	C	照明灯	EL
电抗器	L	信号灯	HL
刀开关	Q	半导体二极管	V
单极开关	Q	半导体三极管	V
三极隔离开关	QS	扬声器	B
控制开关	SA	传声器	B
选择开关	SA	电喇叭	HA
按钮开关	SB	蜂鸣器	HA
行程开关	SQ	模拟元件	N
三极电源开关	QK	稳压元件	D
低压断路器	QF	接插器	X
接触器	KM	滤波器	Z
熔断器	FU	限幅器	Z
时间继电器	KT	均衡器	Z
速度继电器	KV	整流器	U
热继电器	FR	变频器	U

2.2.3　电气原理图的绘制与识别方法

2.2.3.1　绘制方法

　　电器原理图可水平布置，也可垂直布置，在绘制原理图时要遵守以下绘制原则。

（1）主电路、控制电路和辅助电路应分开绘出。

（2）在电气原理图中，所有电气元件的图形符号和文字符号必须采用国家规定的统一标准。

（3）同一电器的各元件采用同一文字符号标明。

（4）所有电路元件的图形符号，均按电器未接通电源和没有受外力作用时的原始状态绘制。

（5）主电路的电源电路一般绘制成水平线，受电的动力装置（电动机）及其保护电器支路用垂直线绘制在图的左侧。

（6）原理图中，无论是主电路还是辅助电路，各电气元件一般按动作顺序从上到下，从左到右依次排列，可水平布置，也可垂直布置。

（7）原理图中，两线交叉连接时的电气连接点要用黑圆点标出。

（8）为阅图方便，图中自左向右或自上而下表示操作顺序，并尽可能减少线条和避免线条交叉。

2.2.3.2　识别方法

（1）主电路分析。先分析执行元件的线路。一般先从电机着手，即从主电路看有哪些控制元件的主触头和附加元件，根据其组合规律大致可知该电动机的工作情况（是否有特殊的启动、制动要求，要不要正反转，是否要求调速等），这样分析控制电路时就可以有的放矢。

（2）控制电路分析。在控制电路中，由主电路的控制元件、主触头文字符号找到有关的控制环节以及环节间的联系，将控制线路"化整为零"，按功能不同划分成若干单元控制线路进行分析。

（3）辅助电路分析。实际应用时，辅助电路中很多部分由控制电路中元件进行控制，所以常将辅助电路和控制电路一起分析，不再将辅助电路单独列出分析。

（4）联锁与保护环节分析。生产机械对于系统的安全性、可靠性均有很高的要求，实现这些要求，除了合理的选择控制方案外，在控制线路中还设置了一系列电气保护和必要的电气联锁。在电气原理图的分析过程中，电气联锁与电气保护环节是一个重要的内容，不能遗漏。

（5）特殊控制环节分析。在某些控制线路中，还设置了一些与主电路、控制电路关系不密切的控制环节，如产品计数器装置、自动检测系统等。这些部分往往自成一个小系统，其识图分析方法可以参照上述分析过程，并灵活运用电子技术、自控系统等知识逐一分析。

（6）整体检查。经过"化整为零"，逐步分析各单元电路工作原理及各部分控制关系之后，还需用"集零为整"的方法检查整个控制线路，看是否有遗漏。特别要从整体角度进一步检查和理解各控制环节之间的联系，以清楚地理解原理图中每一个电气元件的作用、工作过程以及主要参数。

2.3　基本典型电气原理图

工业生产过程中，电气设备种类繁多，控制线路复杂多样，复杂线路绘制方案的制订成为一大难题。复杂的电路都是由多个基本典型电路组合而成，只有先了解和掌握基本电路才能更好地绘制和识读复杂电路。

2.3.1 三相异步电动机全压启动控制

三相异步电动机全压启动的电气原理如图 2-23 所示，其中熔断器 FU 用于短路保护。电路的优点是控制简单、经济、实用；缺点是保护不完善，操作不方便。此电路可应用于控制三相电风扇和砂轮机。

三相异步电动机全压启动的手动控制操作方法为手动合上 QS，电动机 M 工作；手动切断 QS，电动机 M 停止工作。

2.3.2 电动机的点动控制

电动机点动控制的电气原理如图 2-24 所示，其中熔断器 FU 用于短路保护。电路的优点是可实现即开即停，而且停、开时间长短可控制；缺点是起、停电流较大，会引起周边用电户的电压波动，电机及电器易损坏。

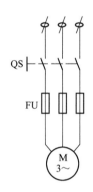

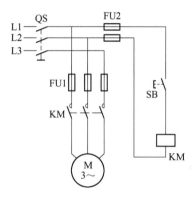

图 2-23　三相异步电动机全压启动原理图　　　图 2-24　电动机点动控制原理图

点动控制的动作顺序为启动时合上开关 QS，接着按下启动按钮 SB 使接触器 KM 线圈得电，KM 主触点闭合，从而电动机 M 启动运行；停止时松开按钮 SB 使得接触器 KM 线圈失电，KM 主触点断开，从而电动机 M 失电停转。

2.3.3 电动机的连续控制电路

电动机连续控制的电气原理如图 2-25 所示，其中熔断器 FU 用于短路保护，热继电器 FR 用于过载保护，失电压保护用自锁触点 KM 和自复位式启动按钮 SB2 实现。此电路适用于控制不频繁启动的小容量电动机，可以控制电机长时间连续工作，但不能远距离控制和自动控制。电动机连续控制电路常用于一些控制要求不高的简单机械，如小型台钻、砂轮机、冷却泵等。

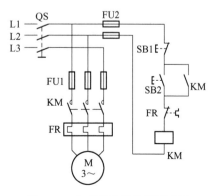

图 2-25　电动机连续控制原理图

　　连续控制的动作顺序为启动时合上开关 QS，按下启动按钮 SB2，接触器 KM 线圈得电，其主触点 KM 闭合使电动机通电启动，与此同时并联在 SB2 两端的辅助触点 KM 也闭合实现自锁；停止时，按下停止按钮 SB1，接触器 KM 线圈断电，其主触点断开使电动机停止工作，辅助触点断开解除自锁。

2-1　为什么热继电器不能作短路保护而只能作长期过载保护，而熔断器则相反？

2-2　为什么电动机要设有零电压和欠电压保护？

2-3　什么是自锁，为什么说接触器自锁控制线路具有欠压和失压保护？

2-4　选用接触器时应注意哪些问题，接触器和中间继电器有何差异？

2-5　试设计一台异步电动机的控制线路。要求：

　　（1）能实现启停的两地控制；

　　（2）能实现点动调整；

　　（3）能实现单方向的行程保护；

　　（4）要有短路和长期过载保护。

3 S7-300 系列 PLC 的硬件与接口

3.1 S7-300 系列 PLC

S7-300 系列 PLC 是模块化的中小型 PLC 系统，集成了开关量控制、模拟量控制、高速计数器、闭环控制、运动控制和通信联网等功能，CPU 和模块种类丰富，几乎涵盖了所有的应用领域。它具有紧凑的、无槽位限制的模块化结构，集成了系统诊断功能，具有高可用性和可靠性。此外，使用者还可以使用微型存储卡进行程序备份和数据存储，即使停电也无须使用备份电池。因此使得 S7-300 在很多工业行业中实施各种控制任务时，成为一种既经济又切合实际的解决方案。

3.1.1 S7-300 系列 PLC 的特点

S7-300 系列 PLC 的特点如下：

(1) 编程方法简单易学；

(2) 具有高速的指令处理功能；

(3) 具有很强的诊断功能；

(4) 具有很高级别的安全加密和口令保护功能；

(5) 可以自由扩展，且维护简便；

(6) 通信联网功能灵活、简单实用；

(7) 在复杂工业环境情况下抗干扰能力力强、可靠。

3.1.2 S7-300 的分类

S7-300 系列 PLC 按 CPU 模块大致分为以下几类。

(1) 紧凑型 CPU。CPU 312C、CPU 313C、CPU 313C-2PtP、CPU 313C-2DP、CPU 314C-2PtP 和 CPU 314C-2DP。

(2) 标准型 CPU。CPU 313、CPU 314、CPU 315、CPU 315-2DP 和 CPU 316-2DP。

(3) 革新型 CPU。CPU 312（新型）、CPU 314（新型）、CPU 315-2DP（新型）、CPU 317-2DP 和 CPU 318-2DP。

(4) 户外型 CPU。CPU 312 IFM、CPU 314 IFM、CPU 314（户外型）。

(5) 故障安全型 CPU。CPU 315F、CPU 315F-2DP 和 CPU 317F-2DP。

(6) 特种型 CPU。CPU 317T-2DP 和 CPU 317-2 PN/DP。

图 3-1 为不同类型的 CPU 模块。

图 3-1   不同类型的 CPU 模块

a—紧凑型；b—非紧凑型；c—标准型

3.2   S7-300 系列 PLC 模块

S7-300 系列 PLC 是模块式 PLC，一般由电源模块、中央处理单元（CPU）模块、接口模块、模拟量模块、数字量模块、功能模块、特殊模块和通信模块组成，如图 3-2 所示。各种模块相互独立，并安装在固定的机架（导轨）构成一个完整的 PLC 应用系统。

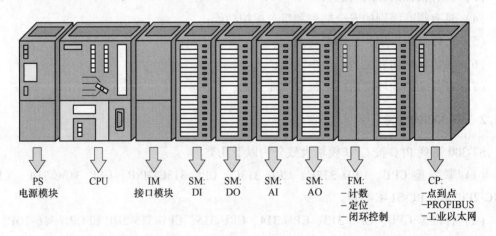

图 3-2   S7-300 模块

3.2.1   中央处理单元模块

S7-300 系列的 CPU 模块一般包括：后备电池、DC 24V 连接器、模式选择开关、状态及故障指示灯、RS-485 编程接口、MPI。S7-300 系列的 CPU 还配有微型存储器卡（MMC），没有后备电池，减少了成本和维护费用。另外，其宽度由原来的 80mm 减小到

40mm，即控制器及开关柜更为紧凑。由于采用更大容量的结构（如大容量的 RAM），因此为面向任务的 Step 7 工程工具的应用构建了一个平台，如 SCL 高级语言和 Easy Motion Control；提供更强的联网能力，允许更多的 CPU 及操作员控制和监视设备连接在一起。不同时期的 CPU 314 面板如图 3-3 所示。

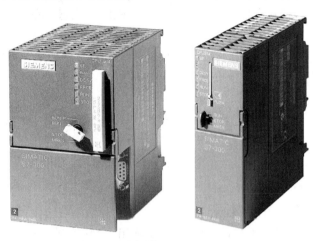

图 3-3 不同时期的 CPU 314 面板

3.2.1.1 CPU 的面板介绍

A 卡槽

Flash EPROM 微存储卡用于在断电时保存用户程序和某些数据，它可以扩展 CPU 的存储器容量，也可以将有些 CPU 的操作系统包括在 MMC（Micro Memory Card，微存储卡）中，这对于操作系统的升级是非常方便的。MMC 用作装载存储器或便携式保存媒体，它的读写直接在 CPU 内进行，不需要专用的编程器。

由于 S7-300 的 CPU 没有安装集成的装载存储器，在使用 CPU 时必须插入 MMC，因此必须在购买 CPU 的同时也配置 MMC，CPU 与 MMC 是分开订货的，否则 CPU 将无法工作。插入存储卡前，把 CPU 切换到 STOP 状态，或关断电源。

B 运行模式

RUN-P：可编程运行模式。在此模式下，CPU 不仅可以执行用户程序，在运行的同时，还可以通过编程设备（如装有 Step 7 的 PG、PC 等）读出、修改、监控用户程序。

RUN：运行模式。在此模式下，CPU 执行用户程序，还可以通过编程设备读出、监控用户程序，但不能修改用户程序。

STOP：停机模式。在此模式下，CPU 不执行用户程序，但可以通过编程设备（如装有 Step 7 的 PG、装有 Step 的计算机等）从 CPU 中读出或修改用户程序。在此位置可以拔出钥匙。

MRES：存储器复位模式。该位置不能保持，当开关在此位置释放时将自动返回到 STOP 位置。将钥匙从 STOP 模式切换到 MRES 模式时，可复位存储器，使 CPU 回到初始状态。

C 运行指示灯

SF（红色）：系统出错/故障指示灯。CPU 硬件或软件错误时亮。

BATF（红色）：电池故障指示灯（只有 CPU 313 和 314 配备）。当电池失效或未装入时，指示灯亮。

DC 5V（绿色）：+5V 电源指示灯。CPU 和 S7-300 总线的 5V 电源正常时亮。

FRCE（黄色）：强制作业有效指示灯。至少有一个 I/O 被强制状态时亮。

RUN（绿色）：运行状态指示灯。CPU 处于"RUN"状态时亮；LED 在"Startup"状态以 2Hz 频率闪烁；在"HOLD"状态以 0.5Hz 频率闪烁。

STOP（黄色）：停止状态指示灯。CPU 处于"STOP"或者"HOLD"或"Startup"状态时亮；在存储器复位时 LED 以 0.5Hz 频率闪烁；在存储器置位时 LED 以 2Hz 频率闪烁。

BUS DF（BF）（红色）：总线出错指示灯（只适用于带有 DP 接口的 CPU）。出错时亮。

SF DP：DP 接口错误指示灯（只适用于带有 DP 接口的 CPU）。当 DP 接口故障时亮。

3.2.1.2　CPU 模块存储器

A　PLC 使用的物理存储器

（1）随机存取存储器（RAM）。CPU 可以读出 RAM 中的数据，也可以将数据写入 RAM，因此，RAM 又叫作读/写存储器。RAM 具有易失性，即电源中断后，储存的信息会丢失。

RAM 的工作速度快，价格便宜，改写方便。在切断 PLC 的外部电源后，可以用锂电池来保存 RAM 中存储的用户程序和数据。需要更换锂电池时，由 PLC 发出信号，通知用户。

（2）只读存储器（ROM）。ROM 的内容只能读出，不能写入。它具有非易失性，即电源消失后，仍能保存存储的内容。ROM 一般用来存放 PLC 的操作系统。

（3）快闪存储器（Flash EPROM）和 EEPROM 快闪存储器简称为 FEPROM，可电擦除可编程的只读存储器简称为 EEPROM。它们具有非易失性，可以用编程装置对它们编程，兼有 ROM 的非易失性和 RAM 的随机存取优点，但是将信息写入它们所需的时间比 RAM 长得多。它们用来存放用户程序和断电时需要保存的重要数据。

B　微存储卡

基于 FEPROM 的微存储卡简称为 MMC，用于在断电时保存用户程序和某些数据。

MMC 用来作为 S7、C7 和 ET200S 的 CPU 的装载存储器，程序和数据下载后保存在 MMC 内。如果 CPU 未插 MMC，不能下载 Step 7 的程序和数据。应当注意，不能带电插拔 MMC，否则会丢失程序或损坏 MMC。西门子的 PLC 必须使用西门子专用的 MMC，不能使用数码产品使用的通用型 MMC。

如果对 MMC 中的项目加了密码，但是忘了密码，只能用西门子专用编程器上的读卡槽或西门子带 USB 接口的读卡器来删除 MMC 上的程序、数据和密码，这样 MMC 就可以作为一个未加密的空卡使用了。

C　CPU 的存储区

CPU 的存储区由装载存储器、工作存储器和系统存储器组成。工作存储器类似于计算机的内存条，装载存储器类似于计算机的硬盘。

（1）装载存储器。CPU的装载存储器用于保存不包含符号地址和注释的逻辑块、数据块和系统数据（硬件组态、连接和模块的参数等）。下载程序时，用户程序（逻辑块和数据块）被下载到装载存储器，符号表和注释保存在编程设备中。在PLC上电时，CPU把装载存储器中的可执行部分复制到工作存储器。在CPU断电时，需要保存的数据被自动保存在装载存储器中。

（2）工作存储器。工作存储器是集成在CPU中的高速存取的RAM存储器，用于存储CPU运行时的用户程序和数据，例如组织块、功能块、功能和数据块。为了保证程序执行的快速性和不过多地占用工作存储器，只有与程序执行有关的块被装入工作存储器。用模式选择开关复位CPU的存储器时，RAM中的程序被清除，FEPROM中的程序不会被清除。

（3）系统存储器。系统存储器是CPU为用户程序提供的RAM区，用于存放用户程序的操作数据，例如过程映象输入、过程映像输出、位存储器、定时器和计数器、块堆栈、中断堆栈和中断缓冲区等。系统存储器还包括临时存储器（局部数据堆栈），在程序块被调用时用来存储临时变量。在执行程序块时它的临时变量才有效，执行完后可能被覆盖。

3.2.2　电源模块

3.2.2.1　功能

电源模块提供了机架和CPU内部的供电电源，必须将其配置在1号机架的位置。电源模块用于将SIMATIC S7-300连接到120/230V交流电源，或者连接到直流电源。电源模块将120/230V交流电压或者24/48/72/96/110V直流电源转换为PLC所需的24V直流工作电压。PS307是S7-300 PLC专配的DC 24V电源。PS307系列模块有2A、5A、10A三种（见图3-4），用户可以根据选择的PLC和现场供电情况来选择相应的电源模块。

电源模块是通过电缆和CPU及其他模块之间进行连接供电的，而不是通过背板总线与其他模块进行连接。

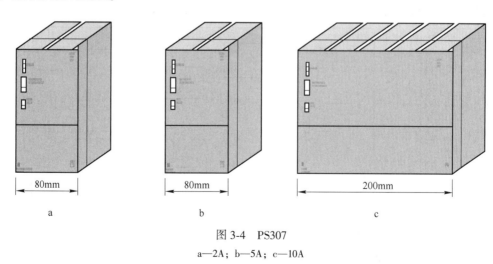

图3-4　PS307

a—2A；b—5A；c—10A

3.2.2.2　电源

S7-300系列PLC的电源模块，将电源电压转换为DC 24V工作电压，为CPU和外围控制电路甚至负载提供可靠的电源。输出电流有 2A、5A 和 10A 三种。电源模块不仅可以单个供电，也可并联冗余扩充系统容量，进一步提高系统的可靠性。

　　S7-300 中，除了使用 CPU 模块的电源外，其他模块所需的电源是由背板总线提供的，一些模块还需从外部负载电源供电。在组建 S7-300 应用系统时，考虑每个模块的电流耗损和功率耗损是非常重要的。

　　一个实际的 S7-300 PLC 系统，在确定所有的模块后，要选择合适的电源模块。要保证所选择的电源模块的输出功率必须大于 CPU 模块、所有 I/O 模块和其他模块总消耗的功率之和，并且要留有 30% 左右的裕量。而且，当同一电源模块同时为主机单元和扩展电源供电时，要保证从主机电源到最远一个扩展电源的线路压降不超过 0.25V。通常，对于多机架系统，每个机架有一个电源模块。

3.2.3　信号模块

　　输入/输出模块统称为信号模块（SM），包括数字量（开关量）输入（DI）模块、数字量（开关量）输出（DO）模块、数字量（开关量）输入/输出（DI/DO）模块、模拟量输入（AI）模块、模拟量输出（AO）模块和模拟量输入/输出（AI/AO）模块。下面介绍 S7-300 系列 PLC 信号模块的特性和应用。

3.2.3.1　数字量模块

　　A　数字量输入模块

　　数字量输入模块用于采集现场过程的数字信号电平，并把它转换为 PLC 内部的信号电平。一般数字量输入模块连接外部的机械触点和电子数字式传感器。数字量模块的输入输出电缆最大长度为 1000m（屏蔽电缆）或 600m（非屏蔽电缆）。

　　SM 321 是一种典型的数字量输入模块。SM 321 有四种型号的模块可供选择，分别是 AC8 点输入、AC16 点输入、DC16 点输入和 DC32 点输入模块。模块上的每个输入点的输入状态是用一个绿色的发光二极管来显示的，输入开关闭合即有输入电压，二极管点亮。直流 32 点数字量输入模块的内部电路及外部端子接线图如图 3-5 所示。

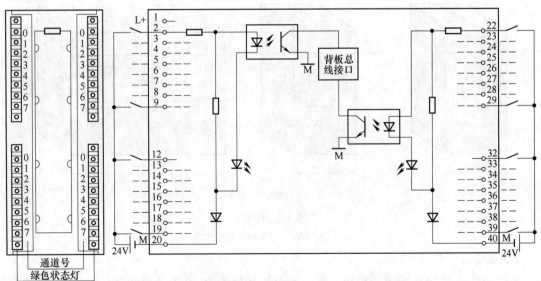

图 3-5　直流 32 点数字量输入模块的内部电路及外部端子接线图

B　数字量输出模块

数字量输出模块将 PLC 内部信号电平转换成外部过程所需的信号电平，同时具有隔离和功率放大的作用。该模块能连接继电器、电磁阀、接触器、小功率电动机、指示灯和电动机软启动等负载。

比较典型的有数字量输出模块 SM 322，它有多种型号输出模块可供选择，常用的模块有 8 点晶体管输出、16 点晶体管输出、32 点晶体管输出、8 点晶闸管输出、16 点晶闸管输出、8 点继电器输出和 16 点继电器输出。模块的每个输出点有一个绿色发光二极管显示输出状态，输出逻辑 "1" 时，二极管点亮。32 点数字量晶体管输出模块的内部电路及外部端子接线图如图 3-6 所示。

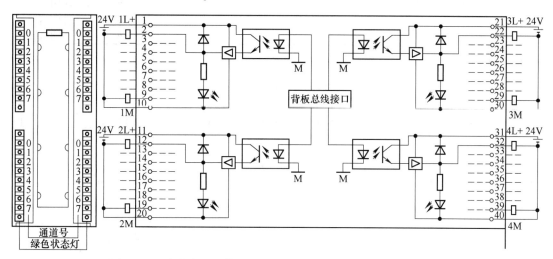

图 3-6　32 点数字量晶体管输出模块的内部电路及外部端子接线图

C　数字量输入输出模块

SM 323/SM 327 数字量输入/输出模块同时具有数字量输入模块和数字量输出模块的功能。

其中 SM 323 模块有两种类型：一种是带有 8 个共地输入端和 8 个共地输出端；另一种是带有 16 个共地输入端和 16 个共地输出端，两种特性相同。图 3-7 是 16 个共地输入端、输出端 SM 323 模块的端子连接及电气原理图，端子 1~20 用于输入，端子 21~40 用于输出。I/O 额定负载电压 DC 24V，输入电压 "1" 信号电平为 13~30V，"0" 信号电平为 -30~5V，I/O 通过光耦与背板总线隔离。在额定输入电压下，输入延迟为 1.2~4.8ms。输出具有电子短路保护功能。

3.2.3.2　模拟量模块

A　模拟量输入模块

模拟量输入模块 SM 331 用来实现 PLC 与模拟量过程信号的连接，将从过程发过来的模拟信号转换成供 PLC 内部处理用的数字信号。用于连接电压和电流传感器、热电偶、电阻和热电阻。SM 331 模拟量输入模块有 AI8×12、AI8×13、AI8×14、AI8×16（7NF10）、AI8×16（7NF00）、AI8×RTD、AI8×TC、AI6×TC、AI2×12 等 9 种型号，它们的输入点数、

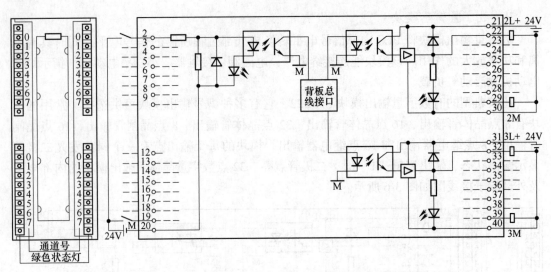

图 3-7　SM 323 DI 16/DO16×DC 24V/0.5A 内部电路及外部端子接线图

分辨率、背板电流、测量类型等均不相同。下面着重介绍 AI8×13 位模拟量输入模块，如图 3-8 所示。

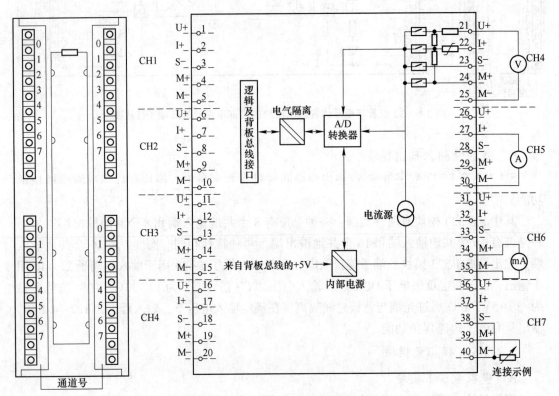

图 3-8　SM 331 AI8×13 位模拟量输入模块

AI8×13 位具有 8 个通道组中 8 点输入，背板总线电流 90mA，具有几位的分辨率。它可以通过电压、电流、电阻、温度进行测量，不支持等时同步模式和可编程诊断，输入之间的最大电位差为 DC 2.0V，使用 PTC 和硅温度传感器进行电动机保护。

　　B　模拟量输出模块

　　模拟量输出模块 SM 332 将 PLC 的数字信号转换成过程所需的模拟量信号，用于连接模拟量执行器，对其进行调节和控制。

　　目前有 5 种规格型号，即 AO8×12 位、AO4×16 位、AO4×12 位、AO2×12 位和 AO8×0/4~20Ma HART，分别为 8 个输出通道、4 个通道组中 4 点输出、4 个输出通道、2 个输出通道和 8 个输出通道。下面着重介绍 AO4×12 位模拟量输出模块，如图 3-9 所示。

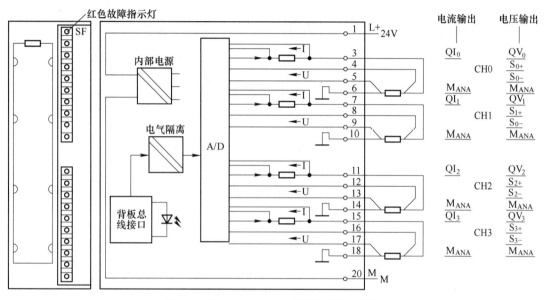

图 3-9　SM 332 AO4×12 位模拟量输出模块

　　模拟量输出模块 AO4×12 位具有 4 个输出通道，每个输出通道可以编程为电压输出或电流输出，具有 12 位的分辨率，支持可编程诊断、可编程诊断中断和可编程替代值输出，可以隔离底板总线接口和负载电压的特性。

　　C　模拟量输入输出模块

　　SM 334/SM 335 模拟量输入/输出模块的模拟量输入和输出集成在一起，用于连接模拟量传感器和执行器。

　　SM 334 模拟量输入/输出模板 AI4/AO2×8/8 位如图 3-10 所示，有 4 输入通道和 2 输出通道，分辨率精度 8 位，不能参数化，测量设置与输出类型与布线方式有关。测量范围 0~10V 或 0~20mA，输出范围 0~10V 或 0~20mA，不带隔离的负载电压。

　　SM 335 是高速模拟量输入/输出模块，具有高速模拟量输入/输出通道、10V/25mA 的编码器电源和 1 个计数器输入（24V/500Hz）。它包含两种特殊模式，第一种是比较器：在该模式下，SM 335 将设定值与模拟量输入通道所测量的模拟量值进行比较，适用于模拟量值的快速比较；第二种是仅测量：该模式下，将连续测量模拟量输入，而不刷新模拟量输出，适用于快速测量模拟量值。

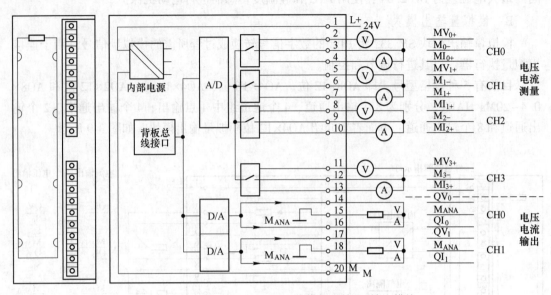

图 3-10　SM 334 AI4/AO2×8/8 位模拟量输入/输出模块

3.2.4　接口模块

接口模块用于连接中央机架和扩展机架，对 CPU 机架进行扩展。接口模块必须成对使用，一个作为发送 IM，一个作为接受 IM。它可分为 IM360、IM361 和 IM365 接口模块。其中，IM360/IM361 用于配置一个中央控制器和三个扩展机架；IM365 用于配置一个中央控制器和一个扩展机架。

以 IM365 接口模块为例，其前视图如 3-11 所示，其技术规格如表 3-1 所示。

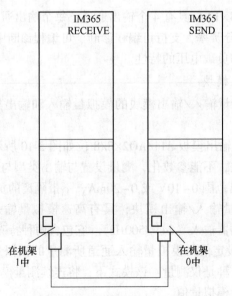

图 3-11　IM365 接口模板的前视图

表 3-1 IM365 接口模块技术规格

技术规格		
产品参数	订货号	6ES7 365-0BA01-0AA0
电源电压	额定值	DC 24V
电流消耗	总电源	1.2A
	每个机架最大电流	0.8A
	从背板总线供电	100mA
组态	每 CPU 接口模块数，最大	2

3.2.5 功能模块

功能模块可以实现某些特殊应用，这些应用可能单靠 CPU 无法实现或不容易实现。而功能模块集成处理器可以独立处理与应用相关的功能。

（1）计数器模块。

计数器模块的计数器均为 0~32 位或±31 位加减计数器，可以判断脉冲的方向。计数器模块包括 FM 350-1 和 FM 350-2。模块连接的编码器由模块供电。计数器的启动和停止通过门功能进行控制。

以 FM 350-1 为例，它是单通道计数器模块，可以检测最高达 500kHz 的脉冲，有连续计数、单向计数和循环计数三种工作模式。其有设定计数器、门计数器和用门功能控制计数器的启/停三种特殊功能。

（2）位置控制与位置检测模块。

位置控制与位置检测模块在运动控制系统中实现设备的定位。常用的位置控制模块有 FM 351 双通道定位模块用于控制变极调速电动机或变频器；FM 353 是步进电机定位模块；FM 354 伺服电动机定位模块用于要求动态性能快、精度高的定位系统；FM 357 用于最多 4 个插补轴的协同定位，既能用于伺服电动机，也能用于步进电动机。

常用的位置检测模块有 FM 352 高速电子凸轮控制器用于顺序控制，采用增量式编码器或绝对式编码器，有 32 个凸轮轨迹，13 个集成的数字输出端用于动作的直接输出。

（3）闭环控制模块。

闭环控制模块有 4 个闭环控制通道，用于实现温度、压力和流量等的闭环控制，有自由化温度控制算法和 PID 算法，包括 FM 355 和 FM 355-2。

3.2.6 通信模块

通信模块称为通信处理器，它的主要作用是提供与网络之间的物理连接以便实现与其他串行通信设备的数据交换，例如打印机、扫描仪、智能仪表、第三方 MODBUS 主从站、Data Highway、变频器、USS 站等。通信模块包括 CP340、CP341、CP343-1 Lean、CP343-1、CP343-1 Advanced、CP343-1 IT、CP343-1 PN、CP343-2、CP343-2 P、CP342-5、CP342-5 FO 和 CP343-5。

不同的 PLC 通信模块支持不同的通信协议和服务，通信模块选型时主要根据实际应用中所需的通信协议和服务进行选择。以 CP340 为例，它有 RS-232 接口、TTY 接口和

RS-422/485 接口，可以实现串行通信、多点通信和打印机驱动等服务；以 CP342-5 为例，它提供 PROFIBUS-DP V0、PG/OP 通信、S7 通信和 S5 兼容通信服务，通过 PROFIBUS-DP 接口进行通信；以 CP343-1 为例，通过 RJ45 可以将 SIMATIC-300 连接到工业以太网，并具有 10/100Mbit/s 和全/半双工传输速度，可对传输协议 TCP 与 UDP 实现多协议运行，具有可调节的 Keep Alive，可以使用 TCP/IP 和 UDP 传送报文，具有 PG/OP、S7、S5 兼容通信，可用于 UDP 的多点传送等。

3.2.7　特殊模块

特殊模块包括 SM374 仿真模块、DM370 占位模块和称重模块 SIWAREX。

其中，仿真模块可以通过开关仿真传感器信号，通过 LED 显示输出时信号状态，用于在启动和运行时调试程序。其技术规格见表 3-2 所示。

表 3-2　SM374 仿真模块技术规格

技术规格	
从背板总线 DC 5V 消耗（最大）	80mA
功率消耗（典型值）	0.35W
数字量输入点数	16 个开关
数字量输出点数	16 个指示灯

占位模块用来给参数化的信号模块保留插槽，当用一个信号模块替换时，将保持结构和地址分配。

SIWAREX U 是紧凑型电子秤，用于化学工业和食品等行业测定料仓和斗的料位，对起重机载荷进行监控，对传送带载荷进行测量或对工业提升机、轧机超载进行安全防护等。该模块有以下功能：衡器的校准、质量值的数字滤波、质量测定、衡器置零、极限值监控和模块的功能监视。

SIWAREX M 是有校验能力的电子称重和配料单元，可以用它组成多料秤称重系统，可以用它准确无误地关闭配料阀，达到最佳的配料精度。该模块有以下功能：置零和称皮重、自动零点追踪、设置极限值、操纵配料阀、称重静止报告和配料误差监视。

3.3　硬件的安装和扩展

S7-300 系列 PLC 采用紧凑的、无槽位限制的模块结构。一个 S7-300 系统由多个模块组成，所有模块安装在机架上，根据需要选择合适的模块组建 S7-300 系统。S7-300 系列 PLC 既可以水平安装，也可以垂直安装。其中有一些必须遵守的约定，CPU 和电源必须安装在左侧（水平安装）或底部（垂直安装），即插槽 1 分配给电源模板，不占用分配地址；插槽 2 分配给 CPU 模板，紧靠电源模板，也不分配地址，如图 3-12 所示。

3.3.1　模块安装步骤

（1）安装机架（导轨）。安装导轨时应注意，其周围应留有足够的空间，用于散热和

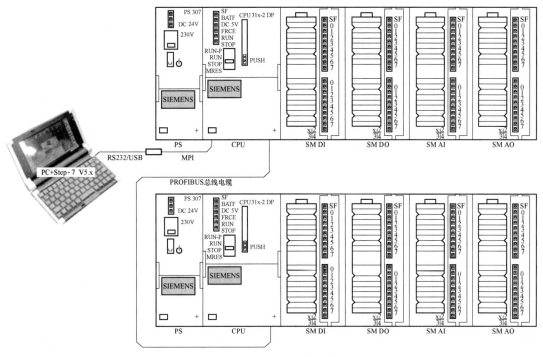

图 3-12 S7-300 系统结构

安装其他元器件和模块。尤其在系统中有扩展机架时，更应该注意每个机架的位置安排。

（2）将模块安装在机架上。安装顺序按照电源模块、CPU 模块、接口模块、信号模块、功能模块、通信模块的顺序进行，如图 3-2 所示。

（3）分配槽号。模块安装在机架上后，需要给模块分配槽号，以方便在 Step 7 组态表中指定模块地址。其中 1 号安装电源模块，2 号槽安装 CPU，3 号槽安装接口模块 IM；4~11 号槽则安装 I/O 模块、功能模块和通信模块。

（4）接线。对电源模块、CPU 模块和信号模块进行接线。在对 S7-300 系统进行接线时，必须切断电源。

3.3.2 模块扩展

若中央机架上没有足够的空间安装 I/O 模块，或者需要远距离安装模块，或是需要将模拟模块和数字模块分离，则需要为站点增加一个或多个扩展机架。

S7-300 系统最多可以增加三个扩展机架，每个机架最多可以安装 8 个模块（信号模块、功能模块和通信模块），最大扩展能力为 32 个模块。

如图 3-13 所示，IMS 表示具有发送功能的接口模块，IMR 表示具有接收功能的接口模块。IM365 接口模块间可传送电源，不需要单独供电，而 IM360/IM361 的接口间不传送电源，需要 24V 电源供电，扩展的接口模块向背板总线供电。

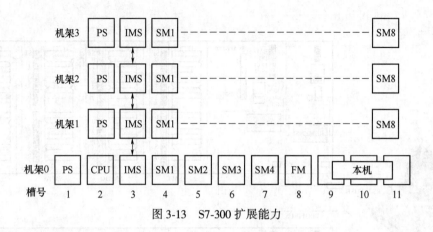

图 3-13 S7-300 扩展能力

3.4 信号模块 I/O 编址

在编程时，首先需要对 PLC I/O 模块中的每一个 I/O 点进行编址。这是为了在程序执行时可以唯一地识别每一个 I/O 点。

（1）数字量编址。S7-300 的数字量地址由地址标识符（I 和 Q）、地址的字节和位组成。其中，地址标识符 I 表示输入，Q 表示输出。字节由 0~7 共 8 位组成。例如 Q1.2，Q 表示数字量输出，1 为字节地址，. 为字节号和位号的分隔点，2 表示位号。

（2）模拟量编址。S7-300 的模拟量地址由地址标志域（I 和 Q）、数字长度标志（W）和字节地址（0~30 之间的十进制偶数）组成。其中 I 表示模拟量输入，Q 表示模拟量输出。例如 IW8，I 表示模拟量输入，W 说明数据长度为字，字节地址为 8。

由图 3-14 可知，组态的 PLC 设备的 I/O 数字量模块 DI24/DP16，其输入地址为 I136.0~I138.7，输出地址为 Q136.0~Q137.7。模拟量模块 AI5/AO2 输入地址为 IW800、IW802、…、IW808，输出地址为 QW800 和 QW802。

插...	▮ 模块	订货号	固件	MPI 地址	I 地址	Q 地址	注释
1							
2	▮ CPU 314C-2 PN/D	6ES7 314-6EH04-0AB0	V3.3	2			
X1	▮ MPI/DP			2	2047*		
X2	▮ PN-IO				2046*		
X2	▮ Port 1				2045*		
X2	▮ Port 2				2044*		
2.5	▮ DI24/DO16				136...138	136...137	
2.6	▮ AI5/AO2				800...809	800...803	
2.7	▮ Count				816...831	816...831	
2.8	▮ Position				832...847	832...847	

图 3-14 设备概览

3.5 通信接口类型

可编程模块之间的数据交换称为通信，为了满足单元层（时间要求不严格）和现场层（时间要求严格）的不同要求，SIMATIC 提供了不同的通信接口类型。其传输速度、传输容量等具有不同的优劣，在工厂实际应用时，可以灵活搭配选用。

3.5.1 多点通信（MPI）

多点通信是当通信要求速率不高时，可以采用的一种简单经济的通信方式。多点通信物理接口符合 PROFIBUS RS-485（EN 50170）接口标准。多点通信网络的通信速率为 19.2k~12Mbit/s，S7-300 通常默认设置为 187.5kbit/s，只有能够设置为 PROFIBUS 接口的 MPI 网络才支持 12Mbit/s 的通信速率。

PLC 通过多点通信能同时连接编程器/计算机（PG/PC）、人机界面（HMI）、SIMATIC S7、M7 和 C7。每个 CPU 可以使用的 MPI 连接总数与 CPU 的型号有关，为 6~64 个。

图 3-15　MPI 电缆

为了实现 PLC 与计算机的通信，计算机应配置一块多点通信卡，或使用 PC/MPI、USB/MPI 适配器，如图 3-15 所示。应为每个多点通信节点设置多点通信地址（0~126），编程设备、人机界面和 CPU 的默认地址分别为 0、1、2。多点通信网络最多可以连接 125 个站。

3.5.2 现场总线通信（PROFIBUS DP）

PROFIBUS 是 Process Field Bus（过程现场总线）的缩写。PROFIBUS 是目前世界上通用的现场总线标准之一，它以其独特的技术特点、严格的认证规范、开放的标准而得到众多厂商的支持和不断的发展。PROFIBUS 广泛应用在制造业、楼宇、过程控制和电站自动化，尤其 PLC 的网络控制，是一种开放式、数字化、多点通信的底层控制网络。而 PRO-FIBUS DP（Decentralized Periphery）是主站和从站之间采用轮询的通信方式，通信结构精简，传输速度很高且稳定，可实现基于分布式 I/O 的高速数据交换，非常适合 PLC 与现场分散的 I/O 设备之间的通信。

3.5.2.1 设备分类

每个 DP 系统均由不同类型的设备组成，这些设备分为三类。

（1）1 类 DP 主站（DPM1）。这类 DP 主站循环地与 DP 从站交换数据。DPM1 有主动的总线存取权，它可以在固定的时间读取现场设备的测量数据（输入）和写执行机构的设定值（输出）。

（2）2 类 DP 主站（DPM2）。这类设备是工程设计、组态或操作设备，如上位机。它们在系统投运期间执行，主要用于系统维护和诊断、组态所连接的设备、评估测量值和参数，以及请求设备状态等。

（3）从站。从站是外围设备，如分布式 I/O 设备、驱动器、HMI、阀门、变送器、分析装置等。它们读取过程信息或用执行主站的输出命令。也有一些设备只处理输入或输出信息。

3.5.2.2 DP 主站系统中的地址

（1）站点地址。PROFIBUS 子网中的每个站点都有一个唯一的地址，这个地址是用于区分子网中的每个不同的站点。

（2）物理地址。DP 从站的物理地址是集中式模块的槽地址。

（3）逻辑地址。使用逻辑地址可以访问紧凑型 DP 从站的用户数据。

（4）诊断地址。对于那些没有用户数据但却具有诊断数据的模块（如 DP 主站或冗余电源），可以试试使用诊断地址来寻址。

3.5.2.3　PROFIBUS 网络连接设备

PROFIBUS 网络连接组网所需的硬件包括 PROFIBUS 电缆和 PROFIBUS 网络连接器两种。通过 PROFIBUS 电缆连接网络插头，构成总线型网络结构。

网络编程器主要分为两种类型：带编程口和不带编程口。不带编程口的插头用于一般联网；带编程口的插头可以在联网的同时仍然提供一个编程连接端口，用于编程或者连接 HMI 等。

3.5.3　工业以太网通信（Industrial Ethernet）

工业以太网是应用于工业控制领域的以太网技术，与 MPI、PROFIBUS 通信方式相比，工业以太网通信适合对数据传输速率高、交换数据量大的、主要用于计算机与 PLC 连接的子网，它的优势主要体现在以下几方面。

（1）应用广泛。以太网是应用最广泛的计算机网络技术，几乎所有的编程语言如 Visual C++、Java、VisualBasic 等都支持以太网的应用开发。

（2）通信速率高。目前，10/100Mbit/s 的快速以太网已开始广泛应用，1Gbit/s 以太网技术也逐渐成熟，而传统的现场总线最高速率只有 12Mbit/s。显然，以太网的速率要比传统现场总线快得多，完全可以满足工业控制网络不断增长的带宽要求。

（3）资源共享能力强。随着 Internet 的发展，连入互联网的任何一台计算机都能浏览工业控制现场的数据，实现"管控一体化"，这是其他任何总线无法替代的。

（4）可持续发展潜力大。随着各种智能技术的引入和发展，都要求通信网络具有更高的带宽和性能，通信协议有更高的灵活性，这些要求以太网都能很好地满足。

习　题

3-1　S7-300 由哪些模块组成？

3-2　信号模块是哪些模块的总称？

3-3　简述 RUN 方式和 RUN-P 方式有何区别。

3-4　什么是 MPI 通信，有哪几种实现方式？

3-5　如果给一个冷连轧生产线安装 PLC 系统，怎样设计通信方式最为合适？

4 Step 7 操作基础

4.1　Step 7 概述

Step 7 编程软件是一种用于对 SIMATIC 可编程逻辑控制器进行组态和编程的标准软件包。它是 SIMATIC 工业软件的一部分，Step 7 标准软件包包含两种版本：Step 7 Micro/DOS 和 Step 7 Micro/Win，用于 SIMATIC S7-200 上的简化版单机应用程序。

Step 7 用于 SIMATIC S7-300 PLC/S7-400 PLC、SIMATIC M7-300/M7-400 以及 SIMATIC C7。标准的 Step 7 软件提供一系列应用程序，具体如下。

（1）项目管理器。项目管理器可以集成管理一个自动化项目的所有数据，可以分布式地读或写各个项目的用户数据。其他的工具都可以在项目管理器中启动。

（2）符号编辑器。符号编辑器可以管理所有的共享符号。可以为过程 I/O 信号、位存储和块设定符号名和注释；为符号分类；导入/导出功能可以使 Step 7 生成的符号表供其他的 Windows 工具使用。

（3）硬件诊断。硬件诊断可以提供可编程控制器的状态概况。可以显示符号，指示每个模块是否有故障，通过双击故障模板，可以显示故障信息。

（4）编程语言。用于 S7-300 的编程语言梯形图（Ladder Logic）、语句表（Statement List）和功能块图（Function Block Diagram）都集成在一个标准的软件包中。此外，还有四种语言作为可选软件包使用，分别是结构化控制（S7 SCL）、顺序控制（S7 Graph）、状态图（S7 Hi Graph）和连续功能图（S7 CFC）编程语言。

（5）硬件组态。硬件组态工具可以为自动化项目的硬件进行组态和参数配置。可以对机架上的硬件进行配置，设置其参数及属性。

（6）网络组态。网络组态工具用于组态通信网络连线，包括网络连接参数设置和网络中各个通信设备的参数设定，选择系统集成的通信或者功能块，可以容易地实现数据传送。

Step 7 具有使用简单、面向对象、直观的用户界面、组态取代编程、统一的数据库、超强的功能、编程语言符合 IEC 1131-3 和基于 Windows 操作系统的优点。在 Step 7 中，用项目来管理一个自动化系统的硬件和软件，使系统具有统一的组态和编程方式、统一的数据管理和数据通信方式。

本书使用的软件是 Step 7 V5.6 Chinese 版本。Step 7 V5.6 的大部分界面已经汉化，非常适合对外语不熟悉的人员使用。为了在个人计算机上使用 Step 7，应配置 MPI 通信卡或 PC/MPI 通信适配器，将计算机连接到 MPI 或 PROFIBUS 网络，下载 PLC 的用户程序和组态数据。

4.2　Step 7 安装

4.2.1　系统配置要求

为了确保 Step 7 软件可以正常、稳定地运行，必须严格遵守要求进行安装。现如今由于电脑系统的不断更新以及软件的更新迭代，无论是企业中还是工程中最常用的版本是 Step 7 V5.4、Step 7 V5.5 和 Step 7 V5.6，它们支持不同的 Windows 操作系统且有不同的配置要求，下面进行详细说明。

4.2.1.1　Step 7 V5.4

A　软件要求

Step 7 V5.4 可以安装在以下操作系统：

（1）微软 Windows 2000 专业版（至少 SP4）。

（2）微软 Windows XP 专业版（至少 SP1 或 SP1a）。

（3）微软 Windows Server 2003 工作站（有或没有 SP1 均可）。

IE 浏览器版本要求 6.0 或者更高。

B　硬件要求

（1）在 Windows 2000/XP 专业版安装时，PC 机要求内存 512MB 以上，推荐为 1GB；CPU 主频为 600MHz 以上；显示设备 XGA，支持 1024×768 分辨率，16 位以上的深度色彩。

（2）在 Windows Server 2003 中安装时，PC 机要求内存 1GB 以上；CPU 主频 2.4 GHz 以上；显示设备 XGA，支持 1024×768 分辨率，16 位以上的深度色彩。

4.2.1.2　Step 7 V5.5

A　软件要求

Step 7 V5.5 可以安装在以下操作系统：

（1）微软 Windows XP 专业版（SP2 或者 SP3）。

（2）微软 Windows Server 2003 工作站（SP2/R2）。

（3）微软 Windows 7 32 位旗舰版、专业版和企业版（标准安装）。

IE 浏览器版本要求 6.0 或者更高。

B　硬件要求

（1）在 Windows XP 专业版中安装时，PC 机需要至少 512MB 的内存，推荐为 1GB；主频至少 600MHz；显示设备 XGA，支持 1024×768 分辨率，16 位以上的深度色彩。

（2）在 Windows Server 2003 中安装时，PC 机内存 1GB 以上；CPU 主频 2.4GHz 以上；显示设备 XGA，支持 1024×768 分辨率，16 位以上的深度色彩。

（3）在 Windows 7 操作系统中安装时，PC 机需要至少 1GB 内存，推荐扩展到 2GB；CPU 主频至少 1GHz。

4.2.1.3　Step 7 V5.6

A　软件要求

Step 7 V5.6 可以安装在以下操作系统：

（1）微软 Windows 服务器版 2008（R2 SP2）。

（2）微软 Windows 服务器版 2012（R2）。

（3）微软 Windows Server 2016。

（4）微软 Windows Server 2019。

（5）微软 Windows 7（SP2）。

（6）微软 Windows 10 专业版、企业版。

B　硬件要求

系统硬件要求与 Step 7 V5.5 基本一致。

4.2.2　安装 Step 7

下面以随书光盘中 Step 7 V5.6 中文版为例，介绍 Step 7 的安装过程。

双击随书光盘根目录下的文件 Setup. exe，进入 Step 的安装程序。出现如图 4-1 所示的错误提示，解决方法如下：打开注册表编辑器，删除［HKEY＿LOCAL＿MACHINE＼SYSTEM＼CurrentControlSet＼Control＼Session Manager］下的 PendingFileRenameOperation 数值，然后重新双击 Step. exe，安装程序。

图 4-1　安装 Step 7 时出现的错误提示

接着出现如图 4-2 所示的提示安装语言。

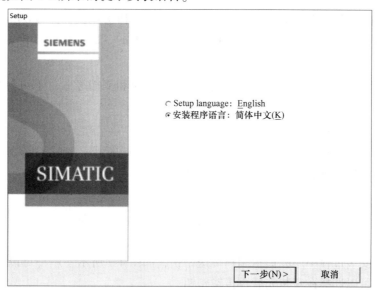

图 4-2　选择 Step 7 安装语言

执行安装程序后，出现安装软件选择窗口，如图 4-3 所示，从中选择需要安装的软件。因为 Step 7 是一个集合软件包，里面含有一系列的软件，用户可根据需要进行选择。

其中，Step 7 V5.6 是编程软件，必须选择；S7-PCT 是一个端口配置工具，用于连接 I/O 的总线模块；S7-Web2 PLC 用于创建用户定义网页，该网页可以由 CPU 变量内容组成。Web 服务器支持网页功能，它集成在支持上述功能的 CPU 模块中；S7-Block Privacy 是程序块加密工具（仅可以加密 FB，FC 块）；Automation License Manager 是管理编程软件许可证密钥，必须安装。其他软件建议全部安装。

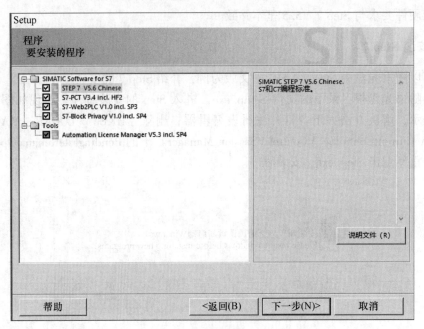

图 4-3　安装软件选择窗口

完成上述相应设置后，点击下一步按钮，按照安装向导的提示往下进行，如图 4-4 和图 4-5 所示。在正式软件安装之前，会出现安装类型选择窗口，如图 4-6 所示，在此，用户需要对所需要的类型进行选择安装，系统提供了典型的、最小和自定义三种安装类型。

4.2.2.1　典型安装类型

安装 Step 7 软件的所有语言、应用程序、项目实例和文档等。对于初次安装的用户来说，建议选择典型安装。

4.2.2.2　最小安装类型

只安装一种语言和基本的 Step 7 程序，不安装实例和手册，所占系统资源较小。若用户只需要完成比较简单的控制任务，可以选择最小安装类型。

4.2.2.3　自定义安装类型

由用户自己选择要安装的程序、功能及安装位置，更加灵活。建议自定义安装类型由高级用户使用。

在其后的安装过程中还会提示用户传送密钥，如图 4-7 所示，用户可以在安装过程中传输密钥，也可以选择在安装完后再传输密钥。

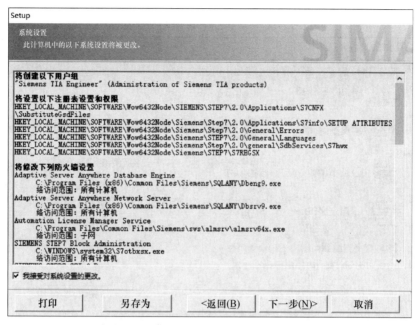

图 4-4　Step 7 安装向导

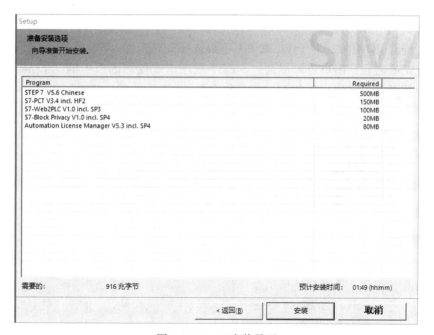

图 4-5　Step 7 安装界面

在安装结束后，会弹出一个对话框，如图 4-8 所示，提示用户为存储卡设置参数，具体各项含义如下：

（1）若用户没有存储卡读卡器，则选择"无"选项，通常选择该选项；

（2）如果使用内置读卡器，则选择"内部编程设备接口"选项。该选项仅对西门子

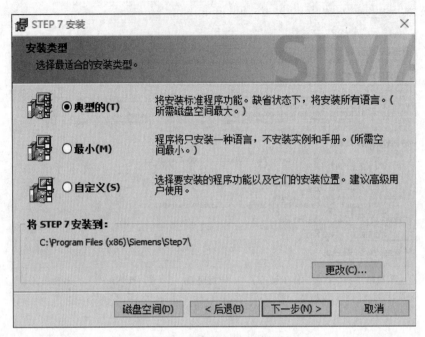

图 4-6　安装类型选择窗口

PLC 专用编程器 PG 有效, 对于 PC 来说是不可选的。

在安装完成之后, 用户还可以通过 Step 7 程序组或控制面板中的 "Memory Card Parameter (存储卡参数赋值)" 修改这些参数设置。

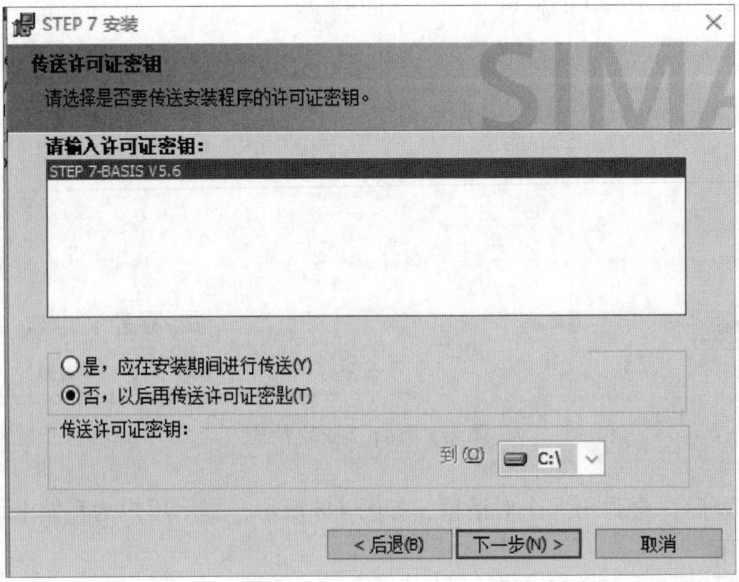

图 4-7　密钥传送设置

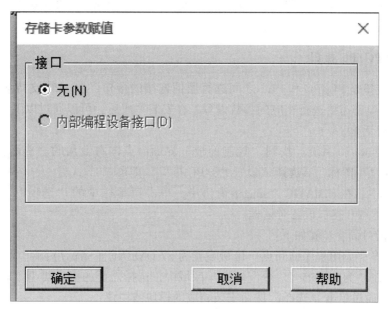

图 4-8　存储卡参数设置

最后会出现如图 4-9 所示的是否要同步许可证要求，点击跳过即可。

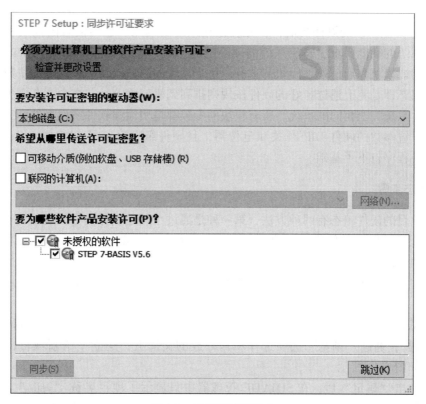

图 4-9　同步许可证要求

注意西门子自动化软件的安装顺序。用户必须先安装 Step 7，再安装上位机组态软件 WinCC 和人机界面的组态软件 WinCC Flexible。

4.2.3 设置 PG/PC 接口

PG/PC 接口是 PG/PC 和 PLC 之间进行通信连接的接口。PG/PC 支持多种类型的接口，而每种接口都需要进行相应的参数设置。在安装完成后，可以通过以下几种方法打开 PG/PC 设置对话框。

（1）Windows 10 系统。找到"控制面板"界面→点击右上角的"查看方式"，选择"大图标"或"小图标"→选择"设置 PG/PC 接口"即可。

（2）Step 7。在 SIMATIC Manager 窗口中，单击菜单栏中的"选项"→"PG/PC 接口"即弹出 PG/PC 接口设置对话框。

PG/PC 接口设置步骤如下：

1）首先将"应用程序访问点"区域设置为 S7 ONLINE（Step 7）；

2）接着在"为使用的接口分配参数"区域中，选择需要的接口类型。若列表中没有需要的类型，通过单击"选择"按钮安装相应的模块或协议；

3）最后选中一个接口类型，单击"属性"按钮，在弹出的对话框中对该接口参数进行设置。

4.3 硬 件 组 态

在 PLC 控制系统的设计初期，首先应根据系统的输入、输出信号的性质和点数，以及对控制系统的功能要求，确定系统的硬件配置，例如电源模块与 CPU 模块的选型，信号模块、功能模块和通信处理模块的选择，每个模块的型号以及每种型号的块数等。

硬件组态即是将上述选择好的硬件按规则排列到机架之上，并在 Step 7 中生成一个与实际的硬件系统完全相同的系统。所有模块的参数都是用编程软件来设置的，完全取消了过去用来设置参数的硬件 DIP 开关和电位器，且硬件组态确定了 PLC 的 I/O 变量地址，为设计用户程序打下了基础。

4.3.1 组态步骤

新建项目的硬件组态有两种方法，第一种是通过"新建项目向导"完成的，如图4-10 所示。按所提示步骤依次对 CPU 和组织块 OB 进行选择，即可以快速、轻松地建立起一个简单的项目。

本节主要介绍第二种方法：利用菜单命令"文件"→"新建"建立新项目。具体步骤如下。

（1）双击桌面的 SIMATIC Manager 图标，进入 Step 7 软件界面。然后执行菜单命令"文件/新建"，通过"浏览"选项选择项目存放的文件夹，建立一个新项目，并命名为"yejin"，如图 4-11 所示。

（2）单击"确定"后，在 SIMATIC 管理器中只显示了项目名称"yejin"，右击项目名称，选择"插入新对象"，可以看到有各种站点可供选择，本书这里选择"SIMATIC 300 站点"，如图 4-12 所示。

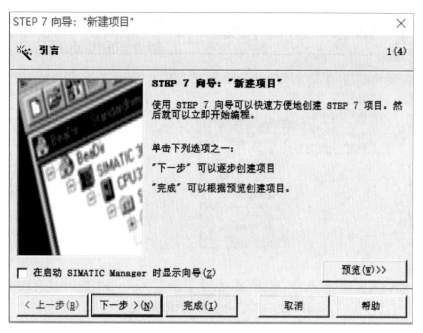

图 4-10 新建项目向导

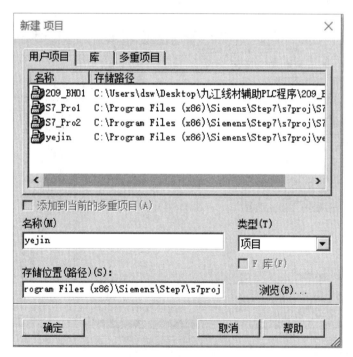

图 4-11 建立新项目

（3）在左侧窗口选择插入的"SIMATIC 300"，打开右侧的"硬件"图标，这时用户便可以组态硬件了。之后在界面右侧的硬件目录选择"SIMATIC 300"，依次对 RACK-300、PS-300、CPU-300 和 IM-300 进行选型，且 PS 模块必须放置一号槽，CPU 模块必须

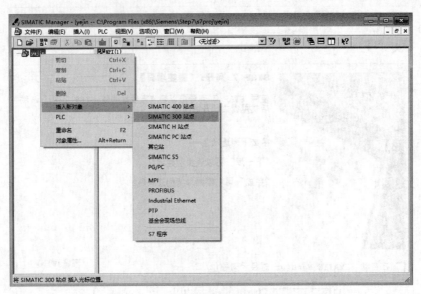

图 4-12　插入一个"SIMATIC 300 站点"

放置二号槽，IM 模块必须放置三号槽。四号槽以后可以放置其他模块，比如信号模块，通信模块等，如图 4-13 所示。

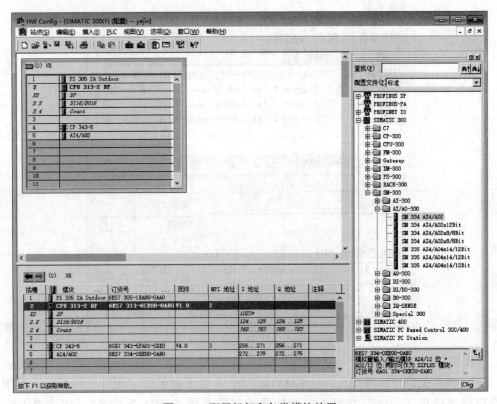

图 4-13　配置机架和各类模块放置

以上三个步骤即完成了基本的硬件组态。如图 4-13 所示，硬件组态窗口由以下四部分组成。

（1）左上方视图显示了当前 PLC 站中的机架 UR，用表格虚拟出了一个机架，表中的每一行代表机架中的每一个插槽。

（2）左下方视图显示了机架中模块的详细信息，包括订货号、订货版本和地址分配等信息。

（3）右上方视图显示的是硬件目录，用户可以随意地选择所需的模块插入机架。

（4）右下方视图显示硬件目录中选中模块的信息，包括模块的功能、接口特性和对特殊功能的支持。

4.3.2　参数设置

在模块详细组态信息中，双击每个模块都会弹出其属性设置窗口对话框，用户可以在此设置各类参数。

4.3.2.1　设置 CPU 属性

双击机架上组态的 CPU 模块或者点击右键选择对象属性，弹出如图 4-14 所示的属性窗口。包括 CPU 的基本信息和 MPI 的接口设置。单击"属性"按钮，打开如图 4-15 所示的通信接口设置窗口，用户可以选择建立 MPI 网络，并设置 MPI 通信速率等参数。

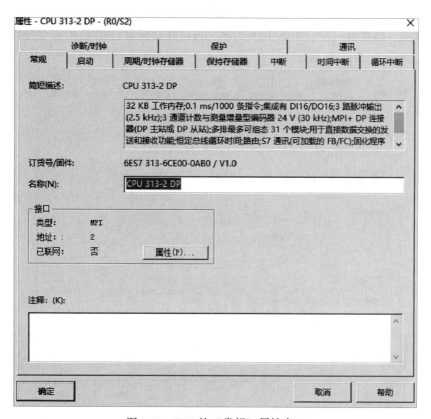

图 4-14　CPU 的"常规"属性窗口

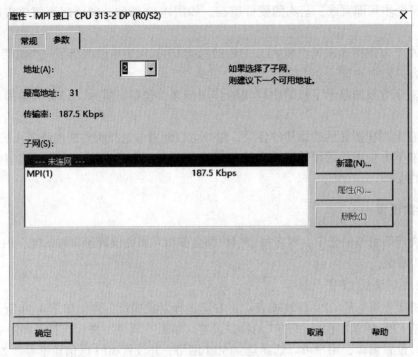

图 4-15   通信接口窗口

在"启动"属性窗口中，如图 4-16 所示，可以在这里设置 CPU 的启动特性参数。选

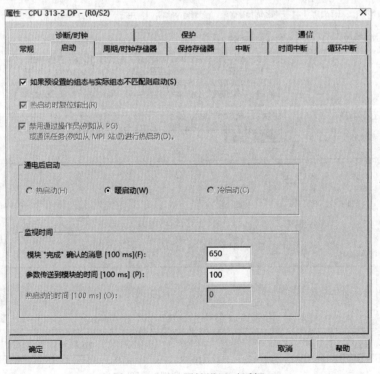

图 4-16   CPU 属性设置对话框

项中的"如果预测设置的组态不等于实际的组态时启动"复选框用于设置预置的组态和实际组态不同时 CPU 的启动选项。若选中该选项，则当有模块没有插在组态时指定的槽位或者某个槽位实际插入的模块与组态时的模块不符时，CPU 仍会启动（除了 PROFIBUS-DP 接口模块外，CPU 不检查 I/O 组态）；若没有选中该复选框，当出现以上情况时，CPU 将进入"STOP"状态。

"热启动时复位输出"和"禁止操作员热启动"选项仅用于 S7-400 CPU，在 S7-300 站中是灰色的。

窗口最下面的区域用于设置相关项目的监视时间：第一个选项用于设置电源接通后 CPU 等待所有被组态的模块发出"完成信息的时间"。若被组态的模块发出"完成信息"的时间超过该时间，表示实际组态不等于预置组态。该时间范围为 1~650，以 100 ms 为单位，默认值为 650；第二个选项用于设置 CPU 将参数传送给模块的最长时间，以 100 ms 为单位。如果主站的 CPU 有 DP 接口，可以用这个参数来设置 DP 从站启动的监视时间。

其他属性用户可以根据实际需要进行设置。

4.3.2.2 设置 SM 的属性

打开 SM 模块的属性对话框，如图 4-17 所示，在"地址"选项中，取消"系统默认"选项后，就可以在"开始"位置修改模块的默认地址，根据用户需要重新输入新的地址（注意：模块的地址不能重复）。

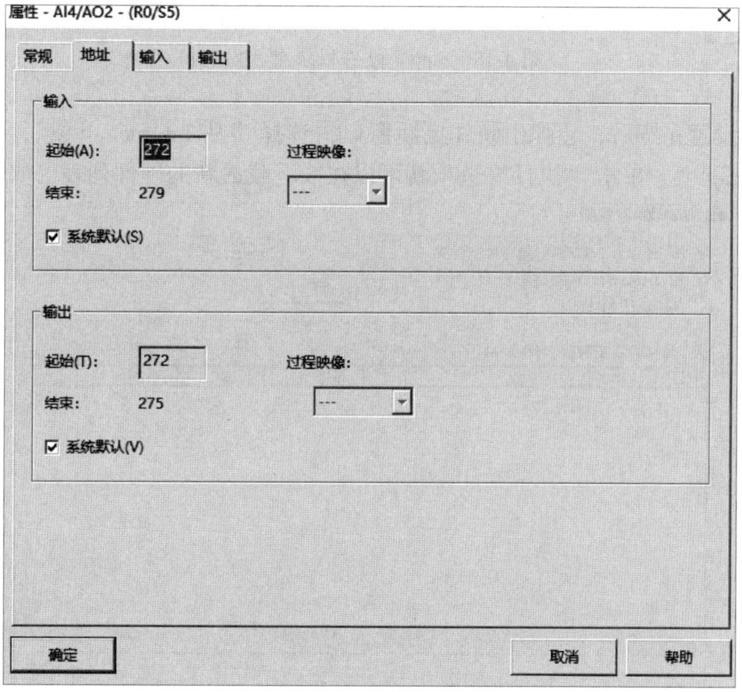

图 4-17　SM 模块的地址修改

4.3.3　硬件更新

在组态目录中安装的所有硬件不是一成不变的，随着科技的发展，每一个软硬件都在不断地进步。而 Step 7 软件也在不断地更新，新的版本会支持更多的硬件。而且在组态硬件时，要求机架上模块的订货号必须与实际物理模块的订货号保持一致。因此，西门子官方提供了在线硬件更新功能，可以通过以下介绍的方法对 Step 7 中的硬件目录进行更新。

　　首先打开 Step 7 的硬件组态窗口，点击菜单的"选项"→"安装 HW 更新"，第一次会提示用户设置 Internet 下载网址和更新文件保存目录，即如图 4-18 所示的界面。

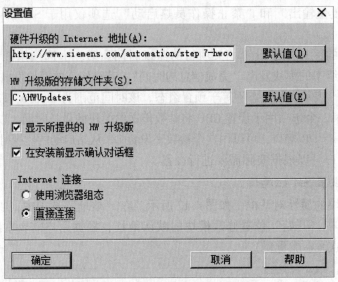

图 4-18　Step 7 硬件目录更新设置

　　接着，在设置完毕后，会弹出硬件更新窗口，选择"从 Internet 下载"，如果电脑已经连接到了 Internet 上，单击"执行"选项就可以在线下载最新的硬件列表，如图 4-19 所示。

图 4-19　下载更新硬件信息

4.4 项目管理器

Step 7 中用项目管理器（SIMATIC 管理器）来对项目进行集中管理，界面如图 4-20 所示。项目管理器可以用来调用编程，组态等工程工具，包括用于项目的创建、管理、保存和归档。

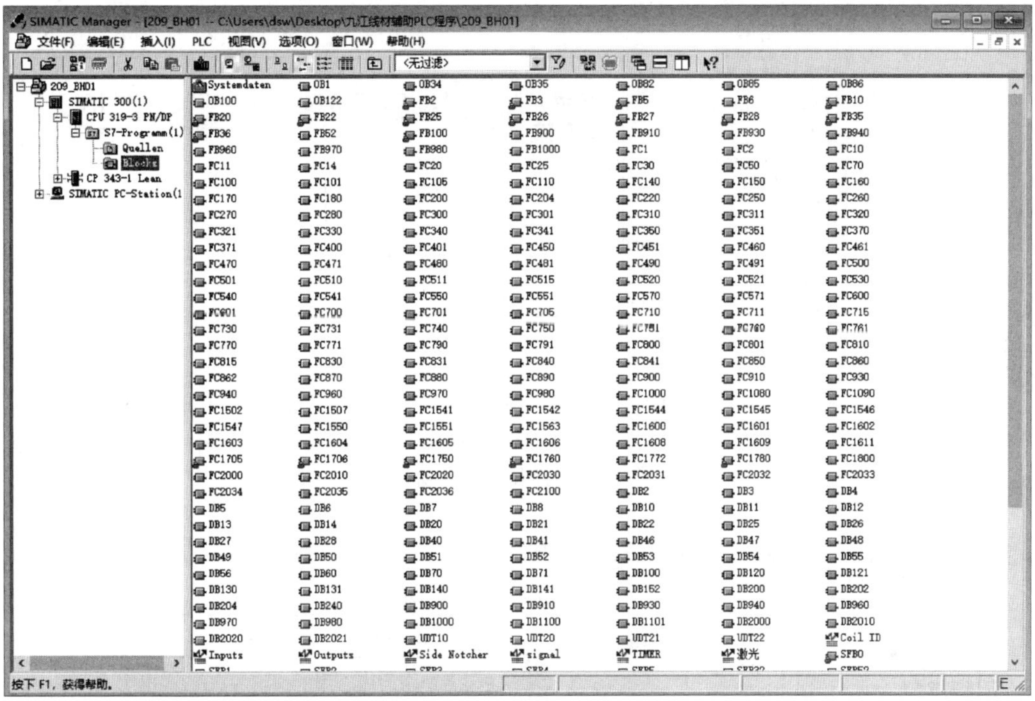

图 4-20 项目管理器界面

4.4.1 启动编辑器

首先启动桌面的图标"SIMATIC Manager"→打开已经建好的项目，如图 4-21 所示的"209 _ BHD1"→双击"SIMATIC 300"→"CPU 319-3 PN/DP"→"S7 Program（1）"→"Blocks"→例如选择块"OB1"，即打开了编辑器的窗口。

编辑器下的块由变量声明表和程序区两部分组成。在变量声明表中，用户声明本块中专用的变量，即局部变量包括块的形参和参数的系统属性，局部变量只是在它所在块中有效，用户在程序区编程时，可以将变量声明表下端的线拉上去，方便程序的编写。

4.4.2 编程语言选择

在编辑器内可以选择编程语言，如图 4-22 所示，通过单击菜单栏的"视图"选项，可以看到有三种基本的编程语言可供选择，梯形图（LAD）、语句表（STL）和功能块图（FBD）。在 S7-300 中还可以安装扩展的结构控制语言（SCL）和顺序功能图（SFC）编程语言。当选择不同的编程语言时，工具条会显示不同的常用元件。使用"单击"或者

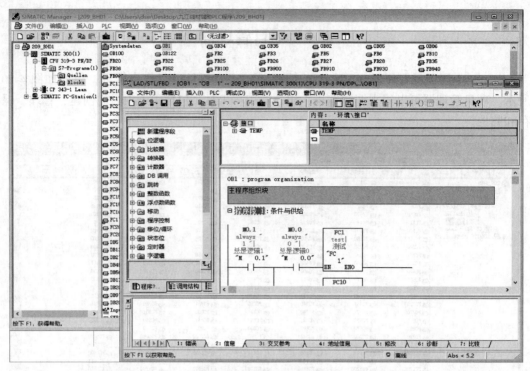

图 4-21 打开编辑器窗口

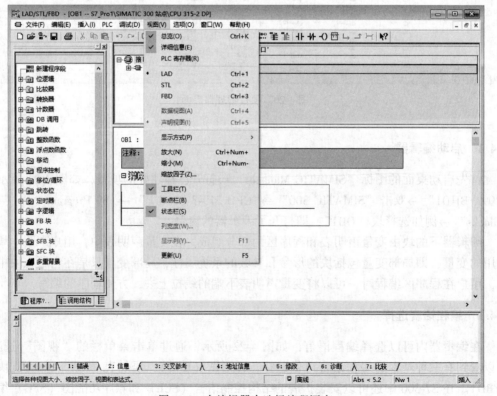

图 4-22 在编辑器中选择编程语言

"拖拽"的方式可将元件插入到光标所在的位置，一个程序段编完之后，单击新程序段图标即可插入新段以便继续编程，整个块编写完毕后，要对其进行保存。

4.4.2.1 梯形图（LAD）

梯形图是 PLC 最方便，也是使用最多的图形编程语言，它与电气控制的电路图很相似，具有直观易懂的优点，很容易被工厂电气人员掌握，特别适用于开关量逻辑控制，这也是西门子公司设计的初衷。梯形图常被称为电路或程序，而设计的过程称为编程。图4-23 所示为用 LAD 编写的电动机启停控制程序。

OB1：""Main Program Sweep（Cycle）""

注释：

□ 程序段1：LAD编写电动机启停控制程序

```
     I0.0         I0.1                          Q0.1
     启动          停止                          电动机
    "I0.0"        "I0.1"                        "Q0.1"
  ──┤ ├──────┤/├────────────────────────( )──┤

     Q0.1
     电动机
    "Q0.1"
  ──┤ ├──
```

图 4-23 电动机启停控制程序（LAD）

4.4.2.2 语句表（STL）

S7 系列的 PLC 将原来的指令表称为语句表，它适合经验丰富的程序员使用，每条语句对应 CPU 处理程序中的一步，多条语句可以组成一个程序段。它相对梯形图和功能块图可以实现的功能更为广泛，下面仍以电动机启停为例，如图4-24 所示。

OB1："Main Program Sweep（Cycle）"

注释：

□ 程序段 1：电动机启停控制程序

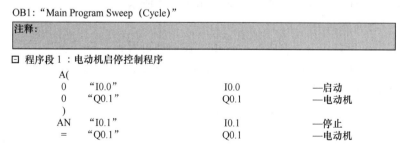

A(			
O	"I0.0"	I0.0	—启动
O	"Q0.1"	Q0.1	—电动机
)			
AN	"I0.1"	I0.1	—停止
=	"Q0.1"	Q0.1	—电动机

图 4-24 电动机启停控制程序（STL）

4.4.2.3 功能块图（FBD）

功能块图使用类似于布尔代数的图形编辑符号来表示控制逻辑。一些复杂功能诸如算术功能等，可直接用逻辑框表示，有数字电路基础的人很容易掌握。功能块图采用类似于与门、或门的方框来表示逻辑运算关系，方框的左侧为逻辑运算的输入变量，右侧为输出变量，输入、输出端的小圆圈表示"非"运算，方框使用"导线"连接在一起，信号自左向右流动。FBD 编程语言有利于程序流的跟踪，但目前使用较少。以电动机启停为例，如图 4-25 所示。

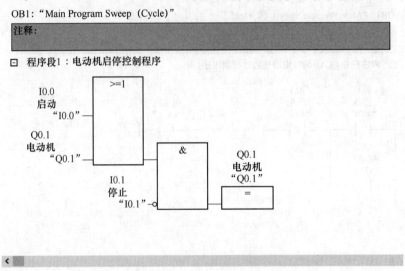

图 4-25 电动机启停控制程序（FBD）

4.4.3 符号表编辑

用户可以在符号表中建立地址与符号一一对应的关系，即在符号表中为绝对地址定义具有实际意义的符号名，这样不仅可以增强程序的可读性，简化程序的调试和维护，而且为后面的编程工作节省了很多时间，符号表如图 4-26 所示。

4.4.3.1 打开编辑符号表

（1）在编辑器窗口点击菜单栏的"选项"按钮即可看到"符号表"。

（2）在"SIMATIC Manager"窗口中，选中 S7 程序，在右边的窗口中就会出现"符号"选项，双击该图标即可。如图 4-27 所示。

在编辑符号表时，需要输入符号和地址，符号不能多于 24 个字符，保存符号表后符号才会在程序中起作用。

在符号表中输入地址后，系统将会自动为它添加数据类型，用户也可以修改它，如果所做的修改不适合该地址或存在语法错误，在退出该区域时会显示一条错误信息。

"注释"是可选的输入项，简短的符号名与更详细的注释混合使用，使程序更易于理解，注释最长 80 个字符。

Step 7 中可以定义两类符号：全局符号和局部符号。全局符号是通过符号编辑器来定义的，可供用户项目的所有程序块来使用；局部符号是通过程序块的变量声明表定义的，只能在该程序块中使用。

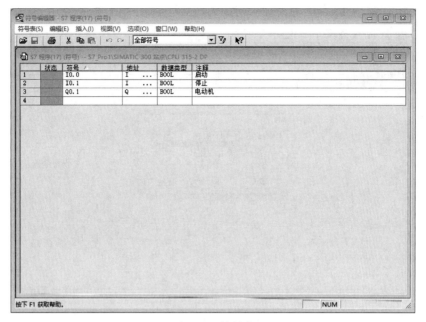

图 4-26 符号表

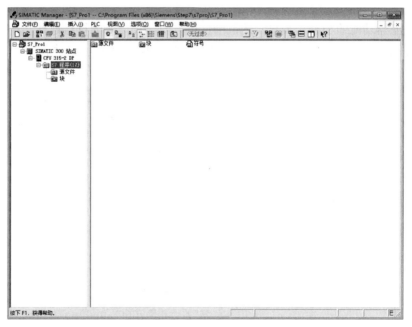

图 4-27 在"SIMATIC Manager"中打开符号表

4.4.3.2 符号表中的部分功能

A 排序

通过点击符号表菜单栏中的"视图"→"排序"可以弹出如图 4-28 所示的界面。通过排序功能可以将数据按不同类型及顺序整齐地排列。

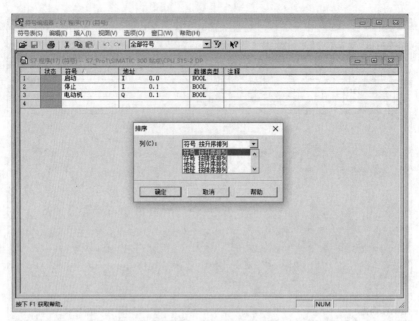

图 4-28 排序窗口

B 过滤

使用过滤器功能缩小符号表显示的范围，以方便寻找需要的符号地址。在符号编辑器窗口中通过点击"视图"→"过滤器"，就可以打开如图 4-29 所示的对话窗口。

图 4-29 过滤器窗口

C 查找和替换

"查找和替换"功能可以找到需要修改的目标并进行替换。在符号编辑器窗口中点击"编辑"→"查找和替换"即可打开如图 4-30 所示的窗口。

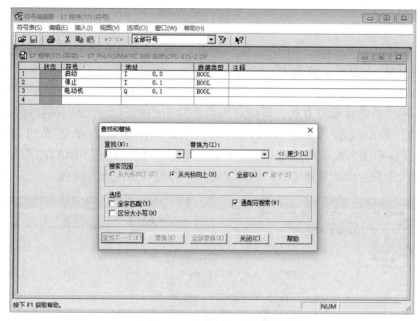

图 4-30 查找和替换窗口

D 导入和导出

一个完善的控制系统必然需要成百上千个符号，而对于这样大批量的符号在输入输出时是一个非常繁琐的过程，为了简化这个过程并且为了程序中的符号可以以文本方式进行打印复制时，Step 7 便具有了导入和导出功能。在符号编辑器窗口中，点击菜单栏中的"符号表"→"导入"或者"导出"即可打开对应窗口，如图 4-31 所示。

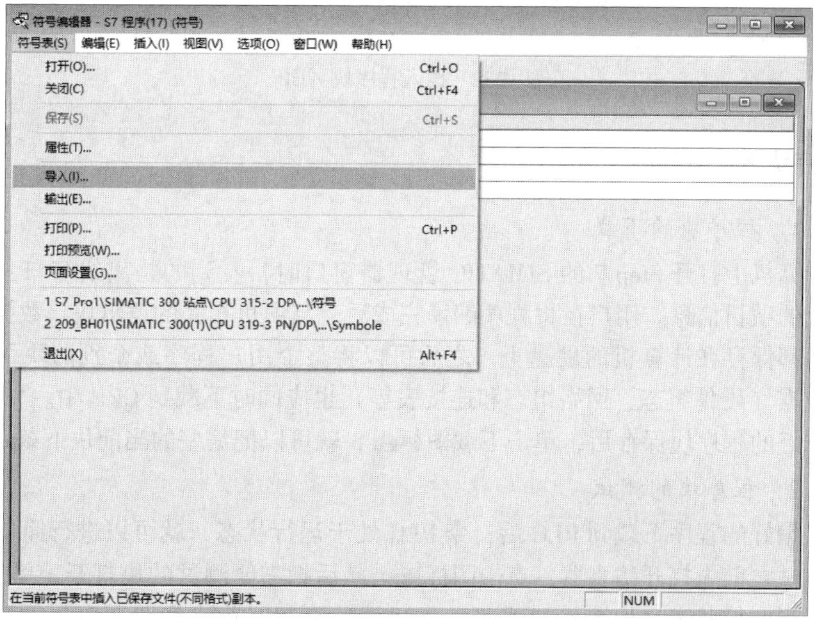

图 4-31 符号表的"导入导出"功能

4.4.4 程序块编写

选中"SIMATIC Manager"中的"块"图标，用右键点击右边窗口，执行出现菜单中的"插入新对象"，如图 4-32 所示。

在选项列表中有组织块、功能块、功能、数据块、数据类型和变量表 6 个选项。它们分别具有不同的功能及编写方法，详细的内容在后边的章节会介绍。例如插入一个"功能"程序块，在出现的"功能"属性对话框中，采用系统自动生成的功能的名称"FC1"，选择梯形图为默认的编程语言，单击"确认"键后返回 SIMATIC 管理器，可以看到右边窗口中新生成的功能 FC1。然后双击打开即可对该块进行编程。

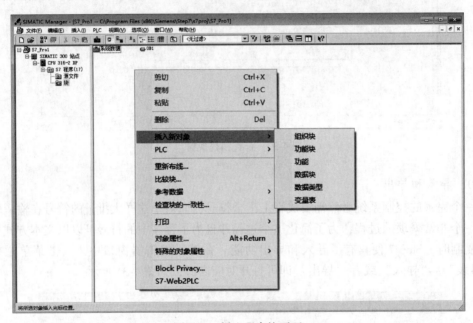

图 4-32   插入程序块页面

4.4.5 程序块下载与测试

4.4.5.1 程序块的下载

当在计算机上打开 Step 7 的 SIMATIC 管理器窗口时，看到的是离线窗口，是个人计算机硬盘上的项目信息。用户在将程序编译完成后，与项目相关的逻辑块、数据块、符号表和注释等都保存在计算机的硬盘上。之后可以将整个用户程序或个别的块下载到 PLC 中，系统数据（硬件组态、网络组态和连接表等）也应同时下载到 CPU 中。

把编辑好的程序块保存后，单击下载图标 ，就可以把编好的当前块下载到 PLC 中。

4.4.5.2 程序块的测试

将已经编好的程序下载到 PLC 后，令 PLC 处于运行状态，就可以进行简单的程序测试了。在测试之前先打开仿真器，点击图标 。然后把需要测试的块打开，单击"监视"图标就进入了监控状态，如图 4-33 所示。图中线路亮起时代表线路通电，没有故障；若出现故障时，可以立即修改，然后存盘下载，接着进行测试。

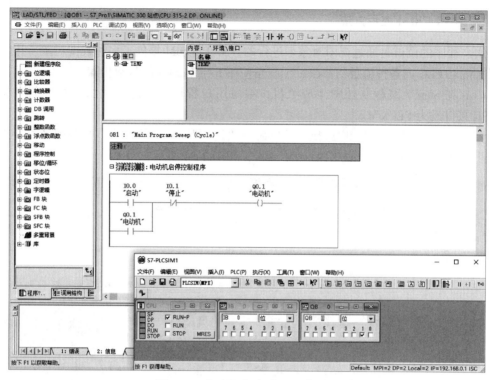

图 4-33　电动机启动/停止程序测试

4.5　S7-PLCSIM 仿真

本书中介绍的适用于 Windows 10 的 Step 7 V5.6 并没有自带 PLCSIM 模块，用户可以安装 S7-PLCSIM V5.4 版本的 PLCSIM 模块，且安装完之后，它会自动嵌入 Step 7 V5.6 中，它们可以兼容使用。

在 Step 7 环境下，不用连接任何 S7 系列的 PLC，只需要通过仿真的方法就可以实现程序在 PLC 的 CPU 中的执行过程。在程序开发阶段发现和排除掉程序中的问题，以便提高程序质量，降低用户成本。

4.5.1　S7-PLCSIM 简介

S7-PLCSIM 可以在计算机上对 S7-300 PLC 的用户程序进行离线仿真与调试。S7-PLCSIM 可以模拟 PLC 的 I/O 存储器区，通过在仿真窗口中改变输入变量的 ON/OFF 状态控制程序的运行，用户通过观察有关输出变量的状态监视程序运行的结果。

S7-PLCSIM 还可以实现很多程序中的功能，如定时器和计数器的监视和修改，通过程序使定时器自动运行，或者手动对定时器复位；可以模拟对位存储器（M）、外设输入（PI）变量区和外设输出（PQ）变量区以及存储在数据块中的数据的读写操作；可以对大部分组织块、系统功能块和系统功能仿真，包括对许多中断事件和错误事件的仿真；也可以对语句表、梯形图、功能块图和顺序功能图等语言编写的程序仿真。

4.5.2 S7-PLCSIM 使用方法

用户程序的调试是通过视图对象来进行的。S7-PLCSIM 提供了多种视图对象，用它们可以实现对 PLC 内各种变量的修改，下面是使用 S7-PLCSIM 的基本步骤。

（1）在 Step 7 编程软件中生成项目，编写用户程序。注意在使用仿真之前要先将 PG/PC 接口设为 PLCSIM。

（2）打开 S7-PLCSIM。通过执行菜单命令"选项"→"模块仿真"按钮或者直接点击工具栏中的 图标即可打开 S7-PLCSIM 窗口，如图 4-34 所示。

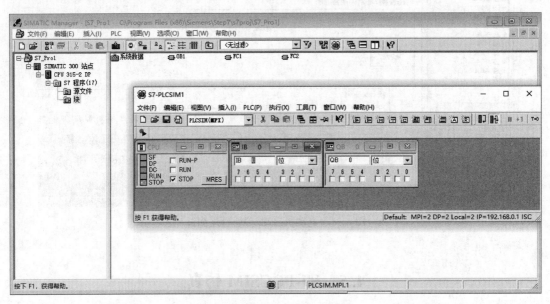

图 4-34 打开 S7-PLCSIM 界面

（3）下载项目到 S7-PLCSIM。下载前，首先通过菜单栏的"PLC"按钮中的"上电"为仿真 PLC 上电（一般默认选择）。然后在 SIMATIC 管理器中找到"块"对象，单击工具栏中的 图标，将已经编译好的项目下载到 S7-PLCSIM。若单击 CPU 视图中的"MRES"按钮，可清除 S7-PLCSIM 中已经下载的程序，若需要调试程序，必须重新下载。

（4）插入视图对象。在 S7-PLCSIM 窗口的工具栏上有一系列的视图对象可以进行选择，只需点击对应的图标即可插入对应视图。如图 4-34 所示。

1）插入输入变量：允许访问输入"I"存储区。

2）插入输出变量：允许访问输出"Q"存储区。

3）插入位存储器：允许访问位存储区"M"中的数据。

4）插入定时器：允许访问程序中用到的定时器。

5）插入计数器：允许访问程序中用到的计数器。

6）插入通用变量：允许访问仿真 CPU 中所有存储区，例如数据块（DB）。

7）插入垂直位：允许通过符号地址或绝对地址来监控或修改数据；可用来显示外部 I/O 变量（PI/PO）、I/O 印象区变量、位存储器和数据块等。

（5）调试程序。用视图中的变量来模拟实际 PLC 的 I/O 信号，用它来操作输入信号，并观察输出信号和其他各个存储区中信号的变化情况，以此来检查下载的用户程序是否能正确执行。

（6）保存文件。在结束程序调试后，可以保存仿真时生成的 LAY 文件及 PLC 文件，在下次再次对此项目仿真时，可以直接对其进行调用，而不用重复设置选取视图对象。LAY 文件用于保存仿真时各视图对象的信息，如选择的数据格式，输出内容等；PLC 文件用于保存仿真运行时设置的数据和动作等，包括程序、硬件组态和运行模式等。

4.6 PLC 控制入门实例

在一些恶劣的工业生产环境下，有些运输操作靠人工很难完成，例如地下挖煤时对于煤的运输，大型连轧机将钢卷送入轧机入口的过程等，都需要运料小车的帮助才能实现。以此为例要求设计一个运料小车的控制系统。

运料小车控制系统示意图如图 4-35 所示，小车在启动前位于原位，一个工作周期的流程控制要求如下：

（1）运料小车从原位进行装料，15s 后小车前进驶向 1 号位，到达 1 号位后，停 10s 卸料并后退。

（2）小车后退到原位继续装料，15s 后第二次前进驶向 2 号位，到达 2 号位后，停 10s 卸料并后退至原位。

（3）之后继续装料，15s 后驶向 3 号位，到达 3 号位后，停 10s 卸料，最后返回原位。等待操作人员指示，开始下一轮的工作。

（4）若中途按下停止按钮，小车需完成一个工作周期后才停止。

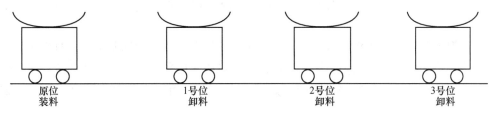

图 4-35 运料小车控制系统

4.6.1 编程过程

根据分析，首先做出控制系统的 I/O 地址分配表，见表 4-1。

表 4-1 I/O 地址分配表

输 入			输 出		
地址	符号名	输入信号	地址	符号名	输出信号
I1.0	SB1	启动	Q4.0	KM1	小车左行
I1.1	SB2	停止	Q4.1	KM2	小车右行
I0.1	SQ1	原位限位	Q4.2	KM3	小车装料

续表 4-1

输 入			输 出		
地址	符号名	输入信号	地址	符号名	输出信号
I0.2	SQ2	1 号位限位	Q4.3	KM4	小车卸料
I0.3	SQ3	2 号位限位			
I0.4	SQ4	3 号位限位			

接着根据控制要求以及表 4-1 所示的 I/O 地址分配可以做出运料小车控制系统的时序图，如图 4-36 所示。

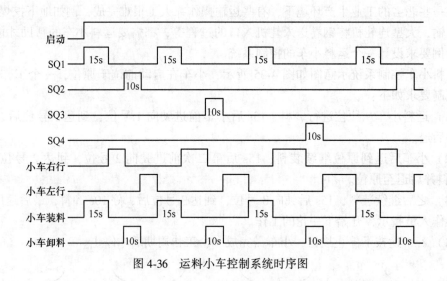

图 4-36   运料小车控制系统时序图

然后根据时序图的要求，可以发现本例是一个典型的数字量控制实例，且由于控制要求按下停止按钮后，执行完一个循环后再停止，可以考虑采用上升沿控制命令。之后按照系统的功能编制系统工作过程梯形图，如图 4-37 所示。编制系统输出控制梯形图，如图 4-38 所示。

4.6.2   设备选型

通过对控制要求的分析得知：每个工位应设一个限位开关；系统要有启动和停止按钮，小车由电机拖动，需正反转控制（需要两个接触器）；根据输入输出点数，选择机型为 S7-300 PLC，由 I/O 分配表得知有 6 个输入，4 个输出；选择紧凑型 CPU 312C，它自带 10 个输入，6 个输出，不需要再额外添加信号模块。

在软件中组态好所需的电源和 CPU 即可调试程序。

4.6.3   电气接线

根据运料小车的控制要求及表 4-1 的 I/O 地址分配表，画出 PLC 接线图，如图 4-39 所示。

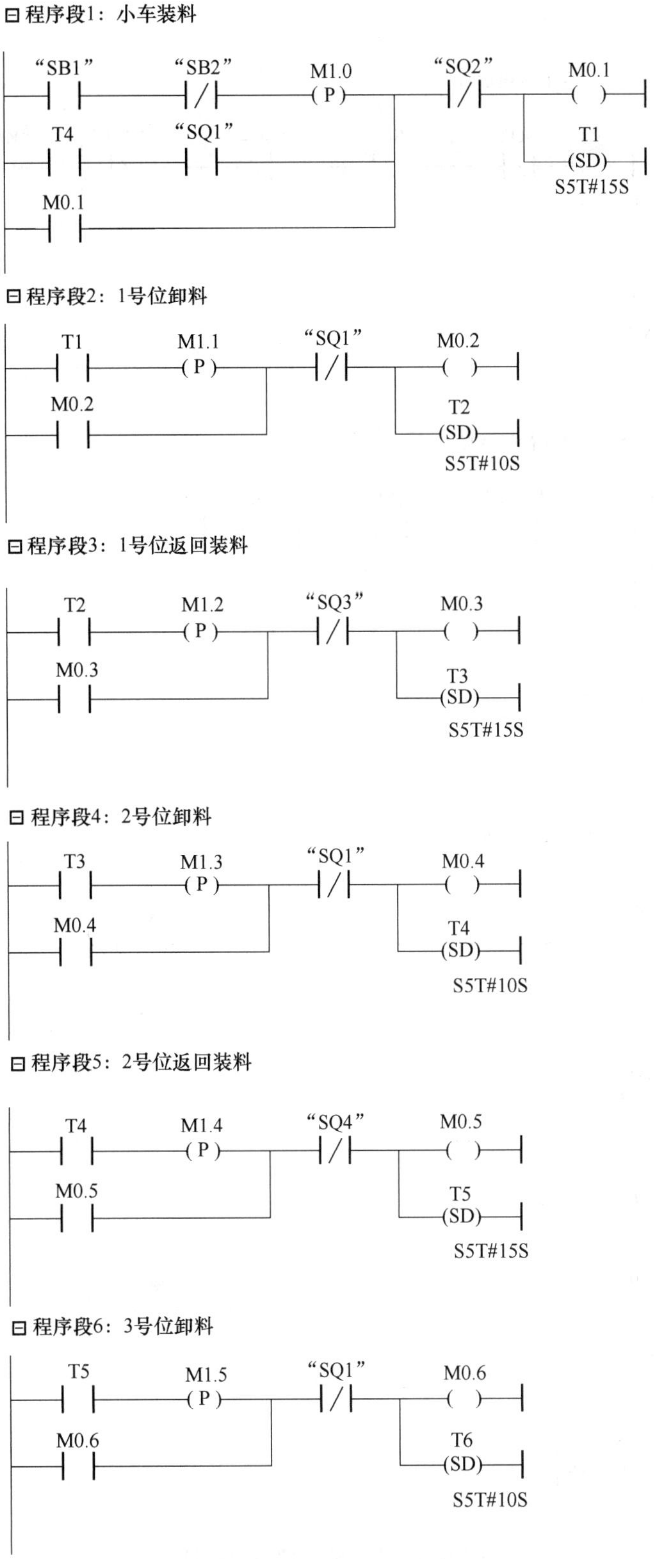

日 程序段1：小车装料

```
 "SB1"      "SB2"      M1.0      "SQ2"      M0.1
 ─┤├────────┤/├────────( P )──┬──┤/├────────( )──┤
                              │
   T4        "SQ1"            │              T1
 ─┤├────────┤├───────────────┤            (SD)──┤
                              │          S5T#15S
   M0.1                       │
 ─┤├───────────────────────────┘
```

日 程序段2：1号位卸料

```
   T1        M1.1      "SQ1"      M0.2
 ─┤├────────( P )──┬──┤/├────────( )──┤
                   │
   M0.2            │              T2
 ─┤├───────────────┘            (SD)──┤
                              S5T#10S
```

日 程序段3：1号位返回装料

```
   T2        M1.2      "SQ3"      M0.3
 ─┤├────────( P )──┬──┤/├────────( )──┤
                   │
   M0.3            │              T3
 ─┤├───────────────┘            (SD)──┤
                              S5T#15S
```

日 程序段4：2号位卸料

```
   T3        M1.3      "SQ1"      M0.4
 ─┤├────────( P )──┬──┤/├────────( )──┤
                   │
   M0.4            │              T4
 ─┤├───────────────┘            (SD)──┤
                              S5T#10S
```

日 程序段5：2号位返回装料

```
   T4        M1.4      "SQ4"      M0.5
 ─┤├────────( P )──┬──┤/├────────( )──┤
                   │
   M0.5            │              T5
 ─┤├───────────────┘            (SD)──┤
                              S5T#15S
```

日 程序段6：3号位卸料

```
   T5        M1.5      "SQ1"      M0.6
 ─┤├────────( P )──┬──┤/├────────( )──┤
                   │
   M0.6            │              T6
 ─┤├───────────────┘            (SD)──┤
                              S5T#10S
```

图 4-37 小车控制系统梯形图

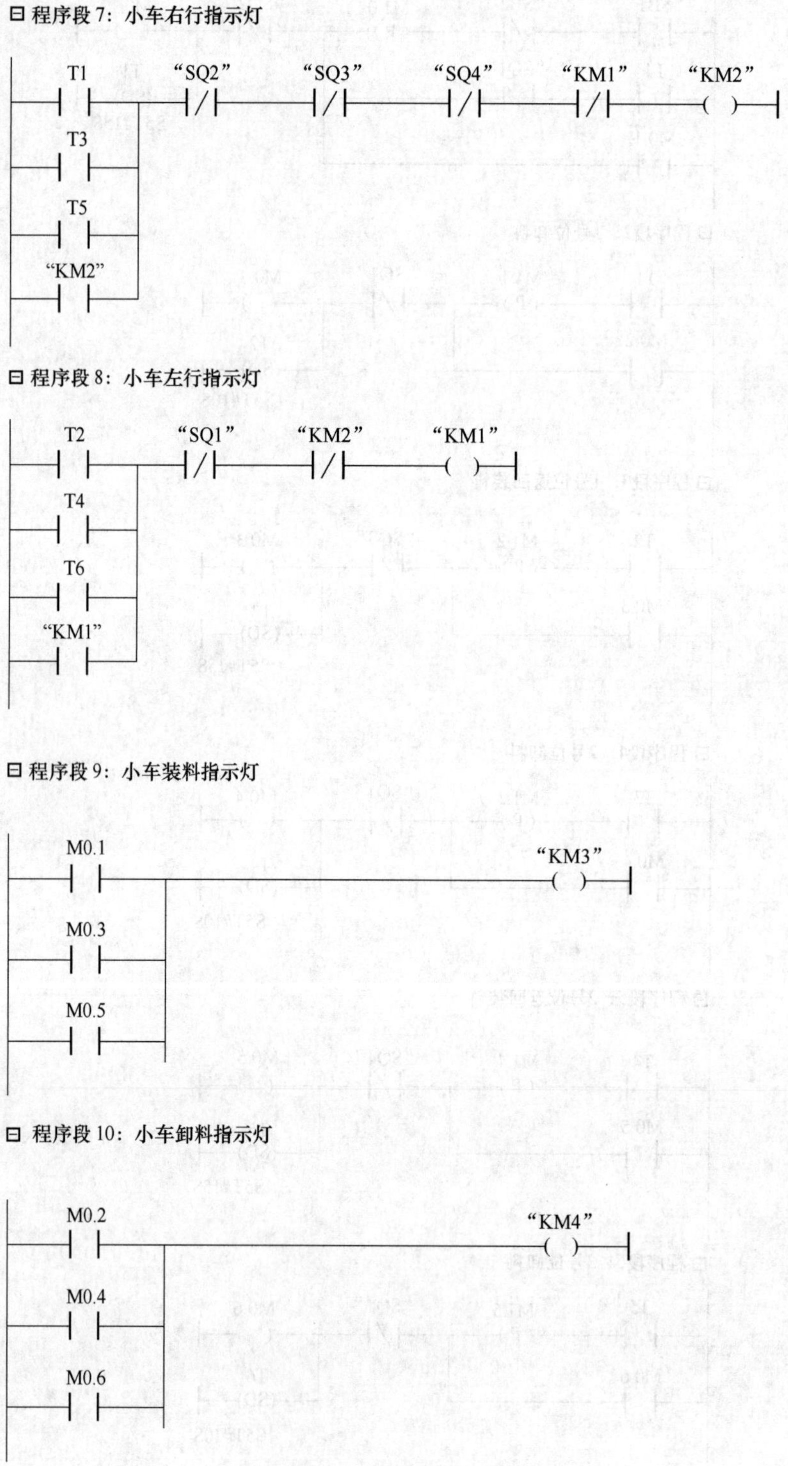

⊟ 程序段 7：小车右行指示灯

⊟ 程序段 8：小车左行指示灯

⊟ 程序段 9：小车装料指示灯

⊟ 程序段 10：小车卸料指示灯

图 4-38　小车输出控制梯形图

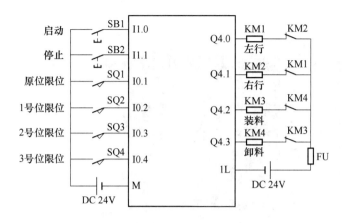

图 4-39 小车控制系统电气接线图

4.6.4 S7-PLCSIM 仿真

首先在仿真器中添加所需监视的输入输出地址，如图 4-40 所示。

接着打开主程序 OB1，先将程序下载到仿真器的 CPU 中，然后点击菜单栏的 🔐 图标对程序进行监视。在仿真器中点击启动按钮 I1.0，程序便开始执行，梯形图正在运行的部分会亮起，如图 4-41 所示。

由于仿真器没有接限位开关，因此需要手动对限位开关进行触发。

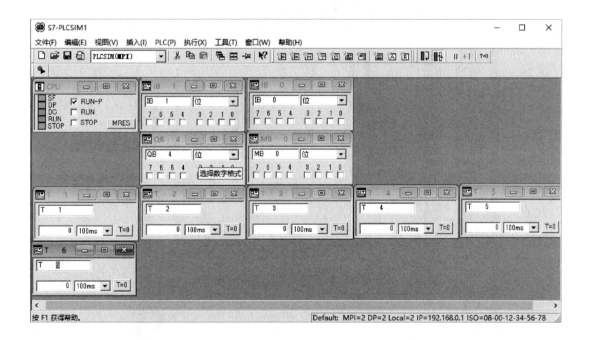

图 4-40 运料小车程序仿真界面

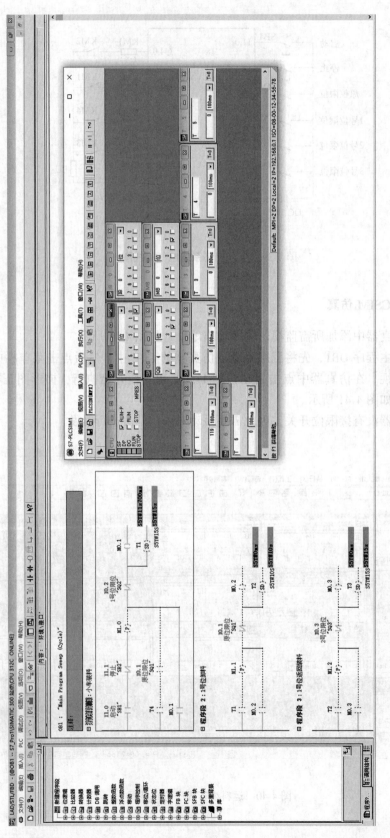

图4-41　程序运行界面

习　题

4-1 练习 Step 7 软件的安装。

4-2 如何利用 Step 7 创建一个项目？

4-3 为什么要进行硬件组态，CPU 模块的哪些参数需要进行设置？

4-4 符号表的作用是什么？

4-5 如果组态信息与实际设备不一致，下载后会有什么现象？

4-6 简述 S7-PLCSIM 的主要功能。

5 S7-300 基本指令

5.1 数 据 类 型

数据类型是数据在 PLC 中的组织形式，它包含了数据的长度及数据所支持的操作方式。编程时给变量指定数据类型后，编译器会给该变量分配一定长度的内存并明确该变量的操作方式。透彻地理解数据类型是程序设计的基本要求。

5.1.1 数制

5.1.1.1 二进制数

二进制数的位（bit）只能取 0 或 1，在 PLC 中用来表示开关量的两种不同的状态，例如线圈的得电与失电，触点的断开和闭合等。如果该位为 1，则表示梯形图中对应的位编程元件的线圈得电，则其常开触点闭合，常闭触点断开，称该编程元件为 1 状态或称该编程元件 ON（接通）。如果该位为 0，则对应的编程元件的线圈和触点的状态与上述的相反，称该编程元件为 0 状态或称该编程元件 OFF（断电）。二进制常数常用 2 表示，例如 2#1100 0101 0010 1101 是 16 位的二进制常数。二进制数的运算规则为逢 2 进 1，例如 2#0101+2#0001 = 2#0110。

5.1.1.2 十六进制数

十六进制数是计算机常用的一种计数方法，它弥补了二进制数书写位数过长的不足。十六进制数采用的数码是 0~9 和 A~F，其中 A~F 对应于十进制数中的 10~15，每个数码占二进制数的 4 位。十六进制字节、字和双字常数分别用 B#16#、W#16#、DW#16# 来表示，例如 B#16#2D5F。在数字后面加 H 也可以表示十六进制数，例如 16#2D5F 可以表示为 2D5FH。十六进制数的运算规则为逢 16 进 1，例如 B#16#BC+ B#16#1C= B#16#D8。

5.1.1.3 BCD 码

BCD 码（Binary-Coded Decimal）是一种利用 4 位二进制数来表示 1 位十进制数的计数方法，例如十进制数 6 可以用二进制数 0110 表示。BCD 码的最高 4 位二进制数用来表示符号，负数的最高位为 1，正数为 0。16 位 BCD 码的取值范围为 -999 ~ +999，32 位 BCD 码的取值范围为 -9999999 ~ +9999999。当表示十进制数字 0~9 时，用二进制代码与 BCD 代码表示完全相同，而当表示的十进制数字大于 9 时，用二进制代码与 BCD 代码表达就完全不同了，例如十进制数 256 用 BCD 码表示为 2#0000 0010 0101 0110，而用二进制码表示为 2#0000 0001 0000 0000。

5.1.2 基本数据类型

基本数据类型定义为不超过 32bit 的数据，符合 IEC61131-3 的规定。可利用 Step 7 基本指令对其进行处理。表 5-1 列出了 S7-300PLC 所支持的基本数据类型。

表 5-1　S7-300PLC 的基本数据类型

数据类型	描述	位数	举例
BOOL	布尔量	1	触点的闭合/断开
BYTE	字节	8	LB#16#A4
WORD	字	16	LW#16#DA
DWORD	双字	32	LDW#16#55531ACB
CHAR	ASCII 字符	8	'A'
INT	十进制有符号整数	16	L-253
DINT	十进制有符号双整数	32	L L#231
REAL	IEEE 浮点数	32	L 2.345E+2
TIME	IEC 时间	32	LT#1D _ 7H _ 6M _ 6S _ 5MS
DATE	IEC 日期	32	LD#2016 _ 10 _ 5
TIME _ OF _ DAY	实时时间	32	LTOD#2：10：15.2
S5TIME	S5 系统时间	16	LS5T#2H _ 4M _ 6S _ 2MS

5.1.2.1　位（bit）

位数据的数据类型为 BOOL（布尔）型，BOOL 变量的值为 1 和 0，在程序中常用 TURE（真）和 FALSE（假）表示。位存储单元的地址由字节地址和位地址组成，例如 I4.2，其中 I 为区域标示符，代表的是输入（Input），字节地址为 4，位地址为 2。这种存取方式称为"字节.位"寻址方式。

5.1.2.2　字节（Byte）

一个字节由 8 位二进制数组成，如图 5-1a 所示，其中 0 位为最低位（LSB），7 位为最高位（MSB）。字节的表示形式为十六进制，它的取值范围为 B#16#0 ~ B#16#FF。

5.1.2.3　字（Word）

一个字由相邻的 2 个字节组成，用来表示无符号数。字的取值范围为 W#16#0000 ~ W#16#FFFF。为了避免地址交叉，地址一般为 2 的倍数。如图 5-1b 所示，MW100 是由 MB100 和 MB101 组成的一个字，MB100 为高位字节，M 为区域标识符，W 表示字。

5.1.2.4　双字（Double Word）

双字由四个字节组成，是通过地址标识符 D 和表示绝对地址的最高字节所在的地址来表示。双字的取值范围为 DW#16#00000000 ~ DW#16# FFFFFFFF。为了避免地址交叉，地址一般为 4 的倍数。如图 5-1c 所示，MD100 是由 MB100、MB101、MB102 和 MB103 组成的一个双字，其中 M 为区域标识符，D 表示双字。字节、字和双字的关系如图 5-1 所示。

5.1.2.5　整数（Integer，INT）

16 位整数是由 16 个二进制位组成。16 位整数为有符号数，最高位为符号位，当最高位为 0 时为正，最高位为 1 时为负。它的取值范围为 -32768 ~ 32767。整数用补码来表示，正数的补码是它本身，将一个正数对应的二进制数的各位求反后加 1，可以得到绝对值与它相同的负数的补码。

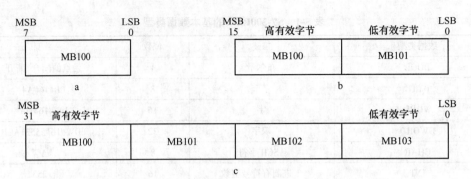

图 5-1　字节、字和双字的关系

a—字节；b—字；c—双字

5.1.2.6　双整数（Double Integer，DINT）

双整数与 16 位整数一样为有符号数，最高位为符号位，当最高位为 0 时为正，最高位为 1 时为负。它的取值范围为 −2147483648 ~ 2147483647。

5.1.2.7　32 位浮点数（REAL）

浮点数也称为实数。浮点数在 PLC CPU 中占用两个字，最高的 31 位为符号位，0 表示正数，1 表示负数。浮点数的取值范围为 −1.175495×10^{-38} ~ 3.42823×10^{38}。它可以用很小的空间（4B）表示很大或很小的数，但用浮点数来处理数据的速度比较慢，因此 PLC 中输入和输出的数值大多数为整数。浮点数的求取公式如下，其储存结构如图 5-2 所示。

$$浮点数值 = (\text{sign})(1 + f) \times 2^{e\text{-}127}$$

式中，sign 为符号位；f 为底数；e 为指数位值。

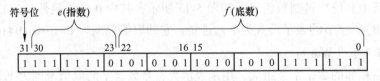

图 5-2　浮点数的储存结构

5.1.2.8　常数的表示方法

二进制常数用 2# 来表示，例如 2#01011010，十六进制字节、字和双字常数分别用 B#16#、W#16# 和 DW#16# 来表示，例如 B#16#2A。

32 位双整数常数用 L# 来表示，例如 L#+5。地址指针常数用 P# 来表示，例如 P#M1.0 是 M1.0 的地址。计数器常数（BCD 码）用 C# 来表示，例如 C#150。8 位 ASCII 字符用单引号表示，例如 'ABC'。

16 位 S5 系统时间常数用 S5T# 来表示，例如 S5T#aD _ bH _ cM _ dS _ eMS，其中字母 a、b、c、d、e 分别表示天、小时、分、秒和毫秒的数值。S5 系统时间常数的取值范围为 S5T#0H _ 0M _ 0S _ 0MS ~ S5T#2H _ 46M _ 30S _ 0MS，时间增量为 10ms。

有符号的 32 位 IEC 时间常数用 T# 来表示，例如 T#2D _ 8H _ 2M _ 5S _ 200MS。IEC 时间常数取值范围为 -T#24D _ 20H _ 31M _ 23S _ 648MS ~ T#24D _ 20H _ 31M _ 23S _ 647MS，时间增量为 1ms。

32 位实时时间（Time of day）常数用 TOD#来表示，时间增量为 1ms，例如 TOD#23：50：45.300。DATE 是 IEC 日期常数，取值范围为 D#1990＿1＿1~D#2168＿12＿31。

5.1.3 用户存储区

PLC 中用户存储区按功能划分。STEP-300/400 存储区划分、功能、访问区域单位、标识符及所用范围见表 5-2。

表 5-2 用户存储区介绍

存储区名称	功能	访问区域单位	标识符	最大范围
输入过程映像存储区（I）	在扫描循环的开始，操作系统从现场（又称过程）读取控制按钮、行程开关及各种传感器等送来的输入信号，并存入输入过程映像寄存器，其每一位对应数字量输入模块的一个输入端子	输入位	I	0~65535.7
		输入字节	IB	0~65535
		输入字	IW	0~65534
		输入双字	ID	0~65532
输出过程映像存储区（Q）	在扫描循环期间，逻辑运算的结果存入输出过程像寄存器。在循环扫描结束前，操作系统从输出过程映像寄存器读出最终结果，并将其传送到数字量输出模块，直接控制 PLC 外部的指示灯、接触器、执行器等控制对象	输出位	Q	0~65535.7
		输出字节	QB	0~65535
		输出字	QW	0~65534
		输出双字	QD	0~65532
位存储器（M）	位存储器与 PLC 外部对象没有任何关系，其功能类似于继电器控制电路中的中间继电器，主要用来存储程序运算过程中的临时结果，可为编程提供无数量限制的触点，可以被驱动但不能直接驱动任何负载	存储位	M	0~255.7
		存储字节	MB	0~255
		存储字	MW	0~254
		存储双字	MD	0~252
外部输入（PI）	通过本区域，用户程序能够直接访问输入和输出模板（即外部输入和输出信号）	外部输入字节	PIB	0~65535
		输入字	PIW	0~65534
		输入双字	PID	0~65532
外部输出（PQ）		外部输出字节	PQB	0~65535
		外部输出字	PQW	0~65534
		外部输出双字	PQD	0~65532
定时器（T）	访问本区域可得到定时剩余时间	定时器	T	0~255
计数器（C）	访问本区域可得到当前计数器值	计数器	C	0~255
数据块（DB）	本区域包含所有数据块的数据。用 OPEN DB 打开数据块，用 OPEN DI 打开背景数据块	数据位	DBX	0~65535.7
		数据字节	DBB	0~65535
		数据字	DBW	0~65534
		数据双字	DBD	0~65532
本地数据（L）	本区域存放逻辑块（OB、FB 或 FC）中使用的临时数据，当逻辑块结束时，数据丢失	本地数据位	L	0~65535.7
		本地数据字节	LB	0~65535
		本地数据字	LW	0~65534
		本地数据双字	LD	0~65532

外设输入（P）和外设输出（PQ）存储区除了和 CPU 的型号有关外，还和具体的 PLC 应用系统的模块配置相联系，其最大范围为 64KB。

CPU 可以通过输入（I）和输出（Q）过程映像存储区（映像表）访问 I/O 口。输入映像存储区 128Byte 是外设输入存储区（P）首 128Byte 的映像，是在 CPU 循环扫描中读取输入状态时装入的；输出映像存储区 128Byte 是外设输出存储区（PQ）的首 128Byte 的映像，CPU 在写输出时，可以将数据直接输出到外设输出存储区（PQ），也可以将数据传送到输出映像存储区，在 CPU 循环扫描更新输出状态时，将输出存储区的值传送到物理输出。

5.1.4　CPU 中的寄存器

寄存器是 CPU 的重要组成部分。使用寄存器便于 CPU 进行逻辑运算、算术运算、装载和传输等操作。

5.1.4.1　累加器

累加器是用于处理数字运算、比较或其他涉及字节、字或双字指令的通用寄存器。S7-300 系列的 PLC 拥有 2 个累加器，而 S7-400 系列的 PLC 拥有 4 个累加器。每个累加器有 32 位，由低位字和高位字组成。

5.1.4.2　地址寄存器

S7 系列的 PLC CPU 中存在两个 32 位的地址寄存器，即 AR1 和 AR2。地址寄存器常用于寄存器间接寻址。

5.1.4.3　数据块寄存器

S7 系列的 PLC CPU 中存在两个 32 位的数据寄存器，即 DB 和 DI。DB 和 DI 寄存器的高 16 位分别用来保存打开的共享数据块和背景数据块的编号，低 16 位用来保存打开的数据块的字节长度。

5.1.4.4　状态字

状态字是一个 16 位的寄存器，但是只使用了其中的 9 位，用于表示 CPU 执行指令时所具有的状态，状态字的结构如图 5-3 所示。状态字中的某些位决定某些指令是否执行和以什么样的方式执行。执行指令时可能改变状态字中的某些位，用位逻辑指令和字逻辑指令可以访问和检测它们。

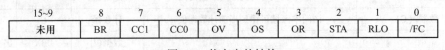

15~9	8	7	6	5	4	3	2	1	0
未用	BR	CC1	CC0	OV	OS	OR	STA	RLO	/FC

图 5-3　状态字的结构

A　首位检测位（/FC）

状态字的 0 位称为首次检测位（/FC）。若该位的信号状态为 0，则表示一个梯形逻辑网络或一个新的逻辑串的开始。CPU 对逻辑串第一条指令的检测（称为首次检测）产生的结果直接保存在状态字的 RLO 位中，经过首次检测存放在 RLO 中的 0 或 1 称为首次检测结果。/FC 在逻辑串的开始时总是为 0，在逻辑串指令执行过程中该位为 1，当逻辑串指令执行结束时该位被清零。

B 逻辑操作结果位（RLO）

状态字的 1 位为逻辑运算结果位（RLO），在二进制逻辑运算中用作暂时存储位，用来存储位逻辑指令或比较指令的结果。当 RLO 的状态为 1 时，表示有信号流；当 RLO 的状态为 0 时，表示无信号流。可以用 RLO 触发跳转指令。

C 状态位（STA）

状态字的 2 位为状态位（STA），用来存储被寻址位的值。状态位不能用指令检查，只能在程序测试期间被 CPU 解释并使用。在执行位逻辑指令读指令时，STA 的状态与所访问的位存储器的状态保持一致。在执行位逻辑指令写指令时，STA 的状态与写入的状态保持一致。对于不访问存储器的位指令，状态位没有意义。

D 或位（OR）

状态字的 3 位为或位（OR），在先逻辑"与"后逻辑"或"的逻辑运算中，OR 位暂存逻辑"与"的操作结果，以便进行后面的逻辑"或"运算。其他指令将 OR 位复位。

E 溢出位（OV）

状态字的 4 位为溢出位（OV）。溢出表示算术运算或比较指令执行时出现了错误（如：溢出、非法操作和不规范的格式），此时溢出位被置 1，如果后面的同类指令执行结果正常，则该位被清零。

F 溢出状态保持位（OS）

状态字的 5 位称为溢出状态保持位（OS，或称为存储溢出位）。OV 位被置 1 时，OS 位被置 1；OV 位被清零时，OS 位仍保持为 1。OS 位保存了 OV 位的状态，用于指明前面的指令执行过程中是否产生过错误。只有 JOS（OS＝1 时跳转）指令、块调用指令和块结束指令才能复位 OS 位。

G 条件码 0（CC0）和条件码 1（CC1）

状态字的 6 位和 7 位称为条件码位（CC0 和 CC1）。这两位用于表示在累加器 1 中产生的算术运算或逻辑运算的结果与 0 的大小关系、比较指令的执行结果或移位指令的移出位状态如表 5-3 和表 5-4 所示。

表 5-3 算术运算后的 CC1 和 CC0

CC1	CC0	算术运算无溢出	整数算术运算有溢出	浮点数算术运算有溢出
0	0	结果＝0	整数相加时产生负范围溢出	平缓下溢
0	1	结果<0	乘时负范围溢出，加和减取负时正溢出	负范围溢出
1	0	结果>0	乘和除时正溢出，加和减时负溢出	正范围溢出
1	1		除时除数为 0	非法操作

表 5-4 比较、移位和循环移位、字逻辑指令后的 CC1 和 CC0

CC1	CC0	比较指令	移位和循环移位指令	字逻辑指令
0	0	累加器 2＝累加器 1	移出位＝0	结果＝0
0	1	累加器 2<累加器 1		

CC1	CC0	比较指令	移位和循环移位指令	字逻辑指令
1	0	累加器 2>累加器 1		结果≠0
1	1	不规范 （只用于浮点数比较）	移出位＝1	

H　二进制结果位（BR）

状态字的 8 位称为二进制结果位（BR）。它将字处理程序与位处理联系起来，用于表示字操作结果是否正确。如果将 BR 位加入程序，无论字操作结果如何，都不会造成二进制逻辑链中断。在梯形图的方框指令中，BR 位与 ENO 有对应关系，用于表明方框指令是否被正确执行。当执行出现错误时，BR 位和 ENO 位都为 0，当功能被正确执行时，BR 位和 ENO 位都为 1。

在用户编写的 FB 和 FC 语句表程序中，必须对 BR 位进行管理，功能块正确执行后，使 BR 位为 1，否则使其为 0。使用 SAVE 指令可将 RLO 存入 BR 中，从而达到管理 BR 位的目的。当 FB 或 FC 执行无错误时，使 RLO 为 1，并存入 BR，否则在 BR 中存入 0。

5.2　寻　址　方　式

所谓寻址方式就是指令执行时获取操作数的方式，可以直接或间接方式给出操作数。S7-300 有 4 种寻址方式，分别为立即寻址、存储器直接寻址、存储器间接寻址和寄存器间接寻址。

（1）立即寻址。立即寻址是对常数或常量的寻址方式，其特点是操作数直接表示在指令中，或以惟一形式隐含在指令中。下面各条指令操作数均采用了立即寻址方式。

```
L     66            //把常数 66 装入累加器 1 中
AW    W16#168       //把 16 进制数 168 与累加器 1 的低字进行"与"运算
SET                 //默认操作数是 RLO，该指令实现对 RLO 的置 1 操作
```

（2）存储器直接寻址。存储器直接寻址，简称直接寻址。该寻址方式在指令中直接给出操作数的存储单元地址。存储单元地址可用符号地址（如 SB1、KM 等）或绝对地址（如 I0.0、Q4.1 等）。下面各条指令操作数均采用了直接寻址方式。

```
A     I0.0          //对输入位 I0.0 进行逻辑"与"运算
=     Q4.0          //将逻辑运算结果送入 Q4.0
L     MW2           //将存储字 MW2 的内容装入累加器 1
T     DBW4          //将累加器低字中的内容传送给数据字 DBW4
```

（3）存储器间接寻址。存储器间接寻址，简称间接寻址。该寻址方式在指令中以存储器的形式给出操作数所在存储器单元的地址，也就是说该存储器的内容是操作数所在存储器单元的地址。该存储器一般称为地址指针，在指令中需写在方括号"［　］"内。地址指针可以是字或双字，对于地址范围小于 65535 的存储器可以用字指针；对于其他存储器则要使用双字指针。下面给出了间接寻址的应用方式。

```
L     2             //将数字 2#0000 0000 0000 0010 装入累加器 1
T     MW50          //将累加器 1 低字中的内容传送给 MW50 作为指针值
OPN   DB［MW50］     //打开数据块 2（存储器间接寻址）
```

（4）寄存器间接寻址。寄存器间接寻址，简称寄存器寻址。该寻址方式在指令中通过地址寄存器和偏移量间接获取操作数，其中的地址寄存器及偏移量必须写在方括号"［ ］"内。在 S7-300 中有两个地址寄存器 AR1 和 AR2，用地址寄存器的内容加上偏移量形成地址指针，并指向操作数所在的存储器单元。地址寄存器的地址指针有两种格式，其长度均为双字，指针格式如图 5-4 所示。

31		24	23		16	15		8	7		0
x000		0rrr	0000		0bbb	bbbb		bbbb	bbbb		bxxx

图 5-4　指针格式

图 5-4 中位 0~2（xxx）为被寻址地址中位的编号（0~7）；位 3~8 为被寻址地址的字节的编号（0~65535）；位 24~26（rrr）为被寻址地址的区域标识号；位 31 的 x = 0 时为区域内的间接寻址；x = 1 时为区域间的间接寻址。

第一种地址指针格式适用于在确定的存储区内寻址，即区内寄存器间接寻址，应用方式如下：

L　　　P#3.2　　　　　　　// 将间接寻址的指针装入累加器 1

LAR1　　　　　　　　　　// 将累加器 1 中的内容送到地址寄存器 1

A　　　I［AR1, P#5.4］　　// AR1 中的 P#3.2 加偏移量 P#5.4，实际上是对 I8.6 进行操作

=　　　Q［AR1, P#1.6］　　// 逻辑运算的结果送入 Q5.0（注意：3.2+1.6=5.0，而不是 4.8）

第二种地址指针格式适用于区域间寄存器间接寻址，应用方式如下：

L　　　P#I8.7　　　　　　// 把指针值及存储区域标识装载到累加器 1

LAR1　　　　　　　　　　// 把存储区域 I 和地址 8.7 装载到 AR1

L　　　P#Q8.7　　　　　　// 把指针值和地址标识符装载到累加器 1

LAR2　　　　　　　　　　// 把存储区域 Q 和地址 8.7 装载到 AR2

A　　　［AR1, P#0.0］　　// 查询输入位 I8.7 的信号状态（偏移量 0.0 不起作用）

=　　　［AR2, P#1.2］　　// 给输出位 Q10.1 赋值（注意：8.7+1.2=10.1，而不是 9.9）

5.3　位逻辑运算指令

5.3.1　简介

位逻辑指令处理的对象为二进制位信号。位逻辑指令扫描信号状态 1 和 0 位，并根据布尔逻辑对它们进行组合，所产生的结果称为逻辑运算结果，存储在状态字的 RLO 中。

5.3.1.1　梯形图指令

A　常开触点和常闭触点

在梯形图中常开触点用符号"—┤├—"表示，常闭触点用符号"—┤/├—"表示，其中符号代表的参数是<地址>。

当保存在指定<地址>中的位值为 0 时，常开触点断开，梯形逻辑级中没有信号流经触点，逻辑运算结果（RLO）为 0；当保存在指定<地址>中的位值为 1 时，常开触点闭合，梯形逻辑级中有信号流经触点，逻辑运算结果（RLO）为 1。

当保存在指定<地址>中的位值为 0 时，常闭触点闭合，梯形逻辑级中有信号流经触

点，逻辑运算结果（RLO）为 1；当保存在指定<地址>中的位值为 1 时，常闭触点断开，没有信号流经触点，逻辑运算结果（RLO）为 0。

常开触点和常闭触点可以使用的操作数为 I、Q、M、L、D、T、C，在梯形图中的应用如图 5-5 所示。

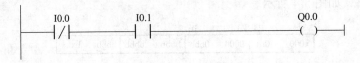

图 5-5   常开触点和常闭触点的应用

B   信号流反向

在梯形图中信号流反向指令用符号 "—| NOT |—" 表示。信号流反向指令取逻辑运算结果（RLO）的非值。如图 5-6 所示，当 I0.0 为 1 时，经过信号流反向指令就会变为 0。当 I0.0 为 1 时，经过信号流反向指令就会变为 1。

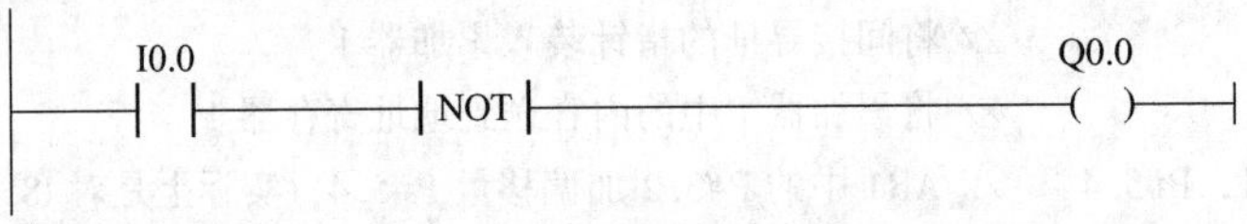

图 5-6   信号流反向的应用

C   输出线圈

在梯形图中输出线圈用符号 "—（ ）" 表示，符号代表的参数是<地址>。输出线圈与继电器逻辑图中的线圈作用一样。当有电流流过线圈（RLO = 1）时，<地址>位置处的位会被置为 1；当没有电流流过线圈（RLO = 0）时，<地址>位置处的位会被置为 0。输出线圈可以有多个输出元素，但是只能放置在梯形逻辑级的右端，如图 5-7 所示。

输出线圈可以使用的操作数为 Q、M、L、D。

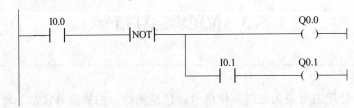

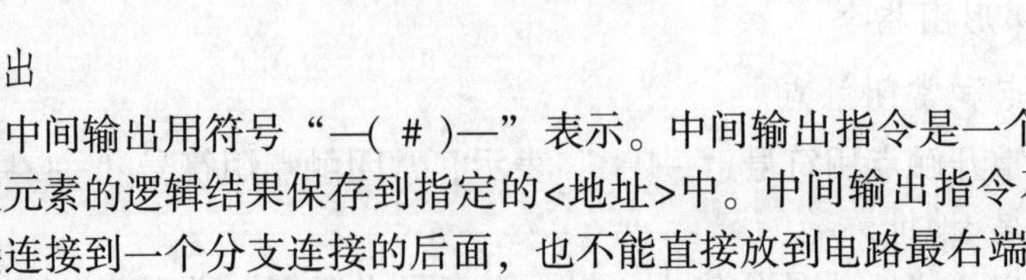

图 5-7   输出线圈的应用

D   中间输出

在梯形图中中间输出用符号 "—（ # ）—" 表示。中间输出指令是一个中间赋值元素，可以将前一分支元素的逻辑结果保存到指定的<地址>中。中间输出指令不能连接到电源线上，不能直接连接到一个分支连接的后面，也不能直接放到电路最右端结束的位置。

在梯形图设计时，如果一个逻辑串很长不便于编辑时，可以将逻辑串分成几个段，前一段的逻辑运算结果（RLO）可作为中间输出，存储在位存储器（I、Q、M、L 或 D）中，该存储位可以当作一个触点出现在其他逻辑串中。中间输出可以使用的操作数为 I、Q、M、L、D。中间输出在梯形图中应用如图 5-8 所示。

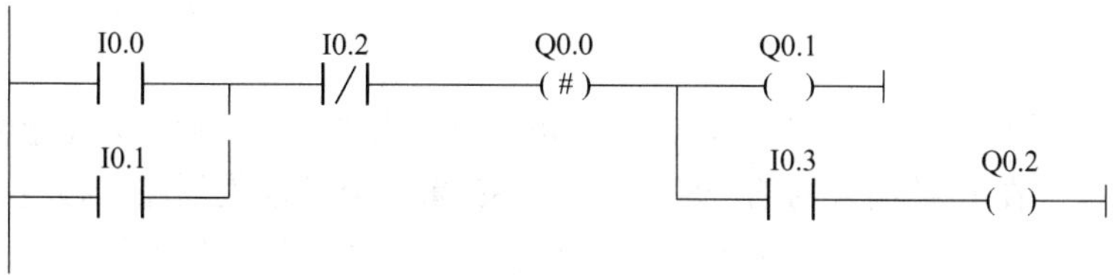

图 5-8 中间输出的应用

E 线圈复位和线圈置位

在梯形图中线圈复位指令用符号"—(R)"表示，线圈置位指令用符号"—(S)"表示。置位和复位指令根据 RLO 的值来决定操作数的信号状态是否改变，对于置位指令，一旦 RLO 为 1，则操作数的状态置 1，即使 RLO 又变为 0，输出仍保持为 1；若 RLO 为 0，则操作数的信号状态保持不变。对于复位指令，一旦 RLO 为 1，则操作数的状态置 0，即使 RLO 又变为 0，输出仍保持为 0；若 RLO 为 0，则操作数的信号状态保持不变。这一特性又被称为静态的置位和复位。

如图 5-9 所示，当 I0.0 为 1 时，Q0.0 会被置位为 1，Q0.1 会被复位为 0。不管 I0.0 是否断开，Q0.0 都会有输出，直到有复位指令将其复位；不管 I0.0 是否断开，Q0.1 都会被固定在复位状态，直到有置位指令将其置位。当没有电流流过（RLO＝0）时，线圈复位指令和线圈置位指令没有任何作用，并且元素指定地址的状态保持不变。线圈复位指令也可以将定时器值和计数器值复位为 0。复位指令可以使用的操作数为 I、Q、M、L、D、T 和 C，而置位指令可以使用的存储区为 I、Q、M、L 和 D。

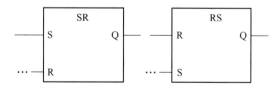

图 5-9 线圈置位和线圈复位指令的应用

F RS 复位置位触发器和 SR 置位复位触发器

在梯形图中 RS 复位置位触发器和 SR 置位复位触发器用图 5-10 中所示符号表示。

图 5-10 RS 复位置位触发器和 SR 置位复位触发器的符号

RS 复位置位触发器又被称为置位优先型触发器。如果在 RS 复位置位触发器中 R 端输入的信号状态为 1，在 S 端输入的信号状态为 0，RS 复位置位触发器将会被复位；如果在 R 端输入的信号状态为 0，在 S 端输入的信号状态为 1，RS 复位置位触发器将会被置位；如果在两个输入端 RLO 均为 1，RS 复位置位触发器会被置位。如果两个输入端都为 0 时则没有变化。

SR 置位复位触发器又被称为复位优先型触发器。如果在 SR 置位复位触发器 S 端输入的信号状态为 1，在 R 端输入的信号状态为 0，SR 置位复位触发器将会被置位；如果在 S 端输入的信号状态为 0，在 R 端输入的信号状态为 1，SR 置位复位触发器将会被复位；如果在两个输入端 RLO 均为 1，SR 置位复位触发器复位；如果两个输入端都为 0 时则没有变化。

如图 5-11 所示，当 I0.0 和 I0.1 都为 1 时，I0.2 输出为 1，则 I0.4 的 S 端为 1，如果 I0.3 为 1，则 Q0.0 输出为 0。RS 复位置位触发器和 SR 置位复位触发器中 R 可以使用的操作数为 I、Q、M、L、D、T 和 C，而 S 端可以使用的操作数为 I、Q、M、L 和 D。

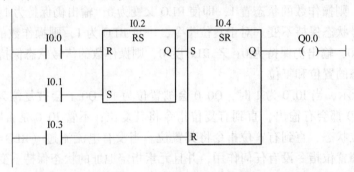

图 5-11　RS 复位置位触发器和 SR 置位复位触发器的应用

G　将 RLO 存入 BR 存储器

在梯形图中将 RLO 存入 BR 存储器指令用符号"—(SAVE)"表示。它可以将 RLO 存储到状态字的 BR 位。第一个校验位/FC 不复位，因此，BR 位的状态包括在下一程序段中的"与"逻辑运算内。建议不要在使用 SAVE 后在同一块或从属块中校验 BR 位，因为这期间执行的指令中有许多会对 BR 位进行修改。建议在退出块前使用 SAVE 指令，因为 ENO 输出（= BR 位）届时已设置为 RLO 位的值，所以可以检查块中是否有错误。在梯形图中应用如图 5-12 所示。

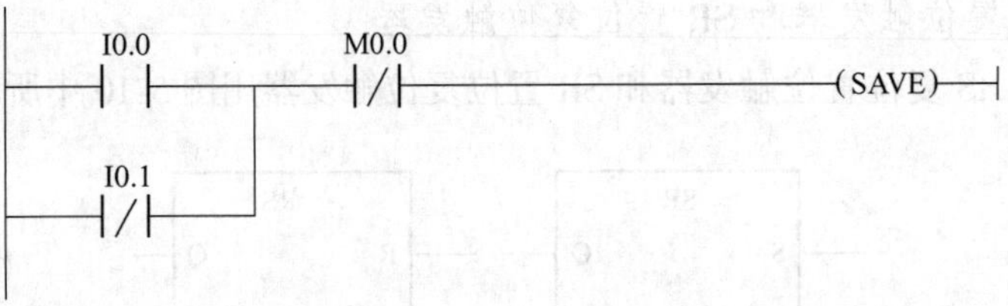

图 5-12　将 RLO 存入 BR 存储器指令的应用

H　RLO 下降沿检测和 RLO 上升沿检测

在梯形图中 RLO 下降沿检测指令用符号"—(N)—"表示。RLO 下降沿检测指令可以检测地址从 1 到 0 的信号变化，并在操作之后显示 RLO 为 1。将 RLO 的当前信号状态与"边沿存储位"地址的信号状态进行比较。如果操作之前地址的信号状态为 1，并且当前 RLO 为 0，则在操作之后，RLO 将为 1（脉冲），所有其他的情况为 0。

RLO 上升沿检测指令用符号"—（P）—"表示。RLO 上升沿检测指令可以检测地址从 0 到 1 的信号变化，并在操作之后显示 RLO 为 1。将 RLO 的当前信号状态与"边沿存储位"地址的信号状态进行比较。如果操作之前地址的信号状态为 0，并且当前 RLO 为 1，则在操作之后，RLO 将为 1（脉冲），所有其他的情况为 0。

RLO 下降沿检测和 RLO 上升沿检测可以使用的操作数为 I、Q、M、L、D。在梯形图中应用如图 5-13 所示，对应的时序图如图 5-14 所示。

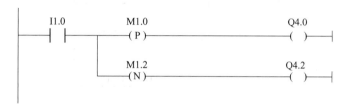

图 5-13　RLO 下降沿检测指令和 RLO 上升沿检测指令的应用

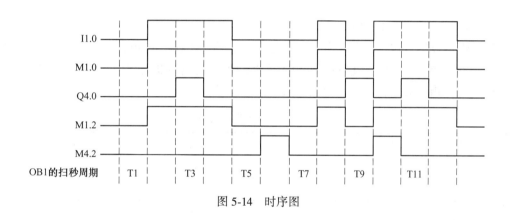

图 5-14　时序图

I　NEG 地址下降沿检测和 POS 地址上升沿检测

在梯形图中，NEG 地址下降沿检测指令和 POS 地址上升沿检测指令用图 5-15 中所示符号表示。其中，M_BIT 存储先前扫描的信号状态。

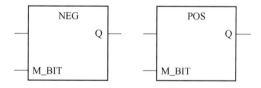

图 5-15　NEG 地址下降沿检测指令和 POS 地址上升沿检测指令的符号

NEG 地址下降沿检测指令可以将<地址 1>的信号状态与存储在<地址 2>中的先前扫描的信号状态进行比较。如果当前的 RLO 状态为 0，而先前的状态为 1（下降沿检测），则在操作之后，RLO 位将为 1。

POS 地址上升沿检测指令可以将<地址 1>的信号状态与存储在<地址 2>中的先前扫描的信号状态进行比较。如果当前的 RLO 状态为 1，而先前的状态为 0（上升沿检测），则在操作之后，RLO 位将为 1。

NEG 地址下降沿检测和 POS 地址上升沿检测可以使用的操作数为 I、Q、M、L 和 D。在梯形图中应用如图 5-16 所示。

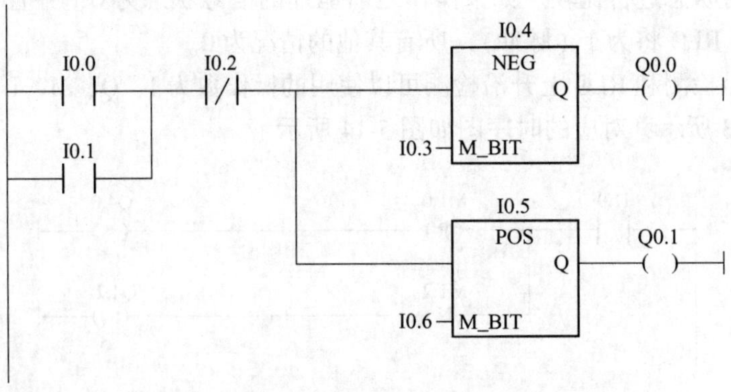

图 5-16   NEG 地址下降沿检测指令和 POS 地址上升沿检测指令的应用

5.3.1.2   位逻辑运算指令

位逻辑运算指令包括 "与" 指令、"与非" 指令、"或" 指令、"或非" 指令、"异或" 指令和 "同或" 指令。它们可以用来检查地址位的信号状态以及用来确定 RLO 的状态。逻辑运算指令的逻辑运算真值表见表 5-5。

表 5-5   逻辑运算真值表

名称	STL 指令	地址状态	RLO 结果
与	A	0	0
		1	1
与非	AN	0	1
		1	0
或	O	0	0
		1	1
或非	ON	0	1
		1	0
异或	X	0	0
		1	1
同或	XN	0	1
		1	0

A   "与" 和 "与非" 指令

"与" 和 "与非" 指令应用于串联线路中。"与" 指令表示串联的常开触点，在语句表中用 "A" 表示。"与非" 指令表示串联的常闭触点，在语句表中用 "AN" 表示。"与" 和 "与非" 指令所组成的梯形图如图 5-17 所示。只有 M0.0 和 M0.1 都有信号流流过时，Q0.0 才为 1。

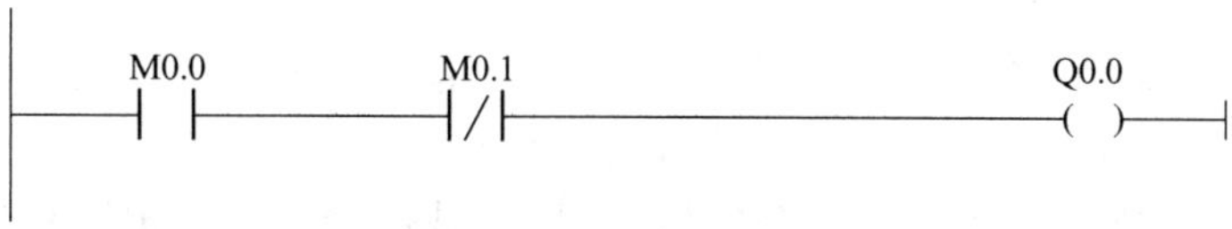

图 5-17   "与"和"与非"指令组成的梯形图

B   "或"和"或非"指令

"或"和"或非"指令应用于并联线路中。"或"指令表示并联的常开触点，在语句表中用"O"表示。 "或非"指令表示并联的常闭触点，在语句表中用"ON"表示。"或"和"或非"指令所组成的梯形图如图 5-18 所示。只要 I0.0 和 I0.1 中有一个有信号流流过，Q0.0 就为 1。

图 5-18   "或"和"或非"指令组成的梯形图

C   "异或"和"同或"指令

"异或"指令在语句表中用"X"表示。"同或"指令在语句表中用"XN"表示。

图 5-19 为"异或"指令的梯形图。只有当 M0.0 和 M0.1 输入的逻辑值不同时，Q0.0 才会为 1。

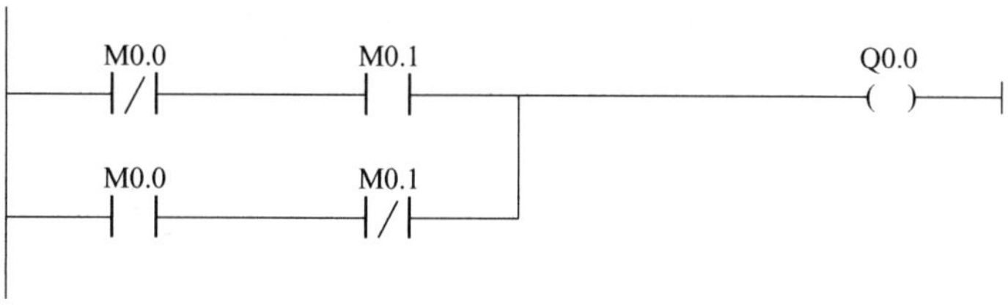

图 5-19   "异或"指令的梯形图

图 5-20 为"同或"指令的梯形图。只有当 M0.0 和 M0.1 输入的逻辑值相同时，Q0.0 才会为 1。

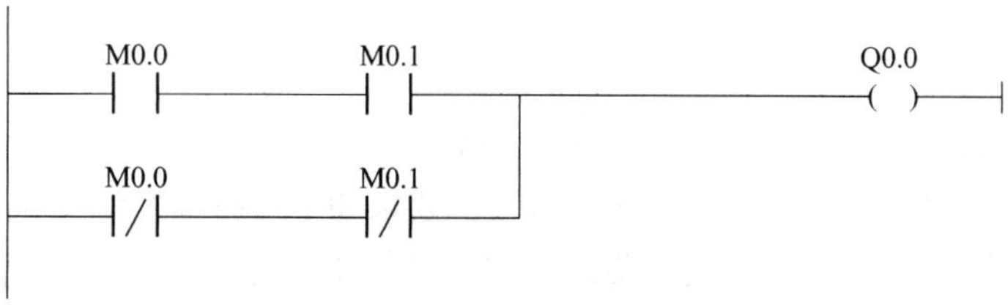

图 5-20   "同或"指令的梯形图

D 先"与"后"或"指令和嵌套指令

电路元件先串联后并联即为先"与"后"或"指令。嵌套指令用于电路块串、并联的编程。它分为"与嵌套"和"或嵌套"两种指令。

图 5-21 为先"与"后"或"指令的梯形图。"或嵌套"用于电路块的并联编程,如图 5-22 所示。"与嵌套"用于电路块的串联编程,如图 5-23 所示。

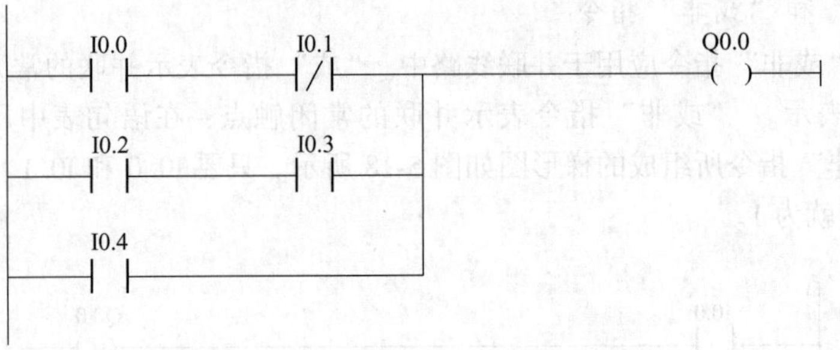

图 5-21 先"与"后"或"指令的梯形图

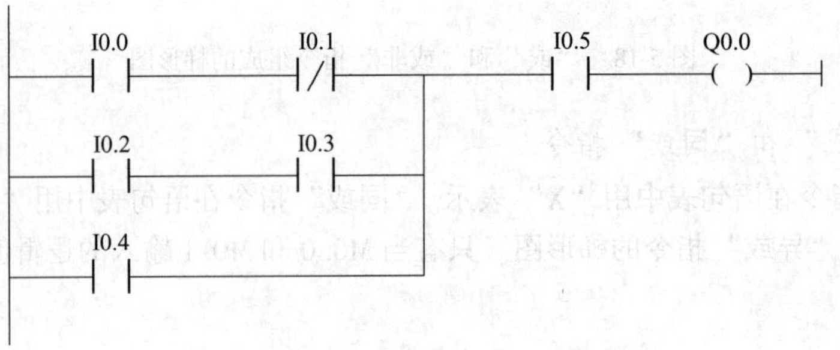

图 5-22 "或嵌套"指令的梯形图

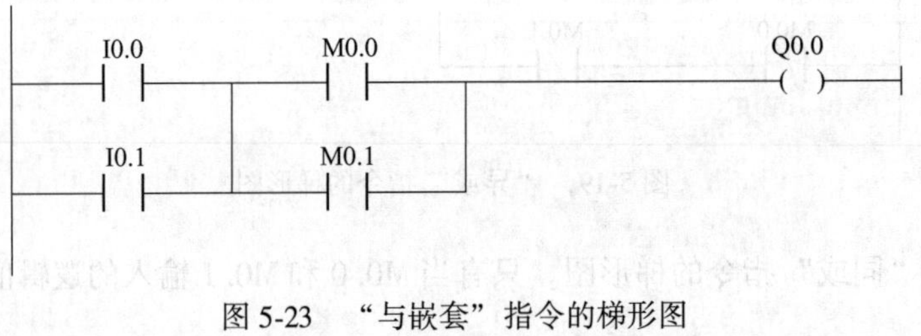

图 5-23 "与嵌套"指令的梯形图

5.3.2 应用实例

5.3.2.1 电机拖动小车往复运动的控制程序

电机拖动小车往复运动的控制程序的编写,要求如下:按下启动按钮,小车启动后向右运动,到达右侧指定位置后向左运动,运动到左侧指定位置,如此进行左右往复运动,当按下停止按钮后停止。

分析上述要求,首先做出控制系统的 I/O 地址分配表,见表 5-6。

表 5-6 I/O 地址分配表

输 入			输 出		
地址	符号名	输入信号	地址	符号名	输出信号
I0.0	右行启动按钮	启动	Q0.0	右行接触器线圈	右行
I0.1	左行启动按钮	启动	Q0.1	左行接触器线圈	左行
I0.2	停止按钮	停止			
I0.3	右限位行程开关	限位			
I0.4	左限位行程开关	限位			

梯形图程序如图 5-24 所示。

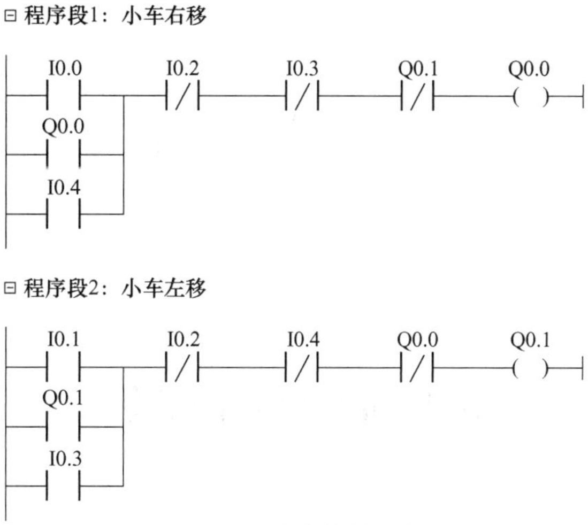

□ 程序段1：小车右移

□ 程序段2：小车左移

图 5-24　小车控制程序

5.3.2.2　抢答程序

抢答程序的编写，要求如下：有 3 个抢答席和 1 个主持人席，每个抢答席上各有 1 个抢答按钮和一个抢答指示灯。参赛者在允许抢答时，第一个按下抢答按钮的抢答席上的指示灯将会亮，且释放抢答按钮后，指示灯仍然亮。此后另外两个抢答席上即使再按各自的抢答按钮，其指示灯也不会亮。这样主持人就可以轻易地知道谁是第一个按下抢答器的。该题抢答结束后，主持人按下主持席上的复位按钮，则指示灯熄灭，又可以进行下一题的抢答比赛。

分析上述要求，首先做出控制系统的 I/O 地址分配表，见表 5-7。

表 5-7　抢答程序的 I/O 分配表

输 入			输 出		
地址	符号名	输入信号	地址	符号名	输出信号
I0.0	主持席上复位按钮	复位	Q0.1	抢答席 1 上的抢答指示灯	指示灯闪亮
I0.1	抢答席 1 上的抢答按钮	启动	Q0.2	抢答席 2 上的抢答指示灯	指示灯闪亮
I0.2	抢答席 2 上的抢答按钮	启动	Q0.3	抢答席 3 上的抢答指示灯	指示灯闪亮
I0.3	抢答席 3 上的抢答按钮	启动			

抢答程序梯形图如图 5-25 所示。

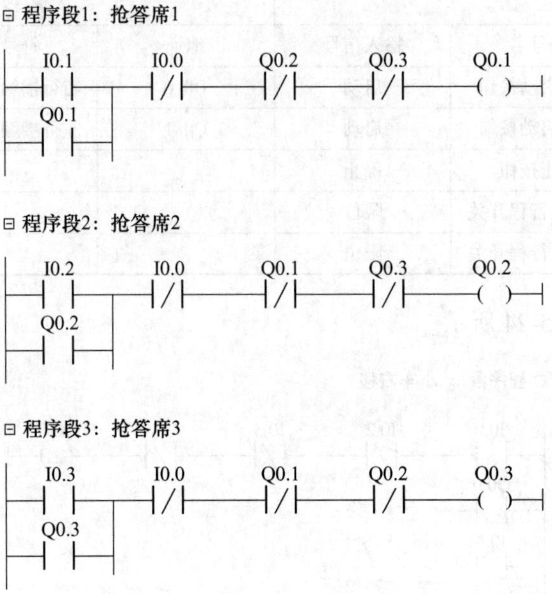

图 5-25　抢答程序

5.4　定时器操作指令

5.4.1　简介

定时器是 Step 7 编程语言的一种功能单位，用于实现或监控时间顺序。使用定时器指令可以使程序拥有提供等待时间、提供监控时间、产生脉冲和检测时间等功能。

5.4.1.1　定时器的设定

在 CPU 的存储器中，为定时器保留有存储区，该存储区为每一定时器地址保留一个 16 位的字。Step 7 中定时时间由时基和定时值组成，执行指令后定时器的 0~11 位会存放 BCD 码格式的定时值，12 位和 13 位存放二进制格式的时基。时基的说明见表 5-8。定时时间的表示方法如下。

（1）直接表示法。

定时值=时基×定时值，指令的表示格式如下：

$$L \quad W\#16\#txyz$$

式中，t 为时基，取值可以为 0、1、2、3，分别对应 10ms、100ms、1s、10s；xyz 为定时值，取值范围为 0~999。

（2）S5 时间表示法。

指令的表示格式如下：

$$L \ S5T\# \ ahbmcsdms$$

式中，a 为 h；b 为 min；c 为 s；d 为 ms。设定范围为 1ms~2h46min30s。此时，时基是自

动选择的，原则是根据定时时间选择能满足定时范围要求的最小时基。在梯形图中必须使用"S5T#"格式的时间预置值。

表 5-8　时基的说明

时　基	二进制时基	分辨率	定时范围
10ms	00	0.01s	10ms～9s990ms
100ms	01	0.1s	100ms～1min39s900ms
1s	10	1s	1s～16min39s
10s	11	10s	10s～2h46min30s

5.4.1.2　定时器指令

S7-300 中五种定时器在梯形图中的符号表示方法以及各端子的说明见表5-9。

表 5-9　定时器说明

定时器	符　号	参数	数据类型	存储区域	说　明
S_PULSE 脉冲 S5 定时器	T no. S_PULSE S　　Q TV　BI R　BCD	T no.	TIMER	T	定时器标识符，范围与 CPU 有关
S_PEX 扩展脉冲 S5 定时器	T no. S_PEXT S　　Q TV　BI R　BCD	S	BOOL	I，Q，M，L，D	启动输入端
		TV	S5TIME	I，Q，M，L，D	预置时间值
S_ODT 接通延时 S5 定时器	T no. S_ODT S　　Q TV　BI R　BCD	R	BOOL	I，Q，M，L，D	复位输入端
S_ODTS 保持型接通延时 S5 定时器	T no. S_ODTS S　　Q TV　BI R　BCD	Q	BOOL	I，Q，M，L，D	定时器的状态
S_OFFDT 断电延时 S5 定时器	T no. S_OFFDT S　　Q TV　BI R　BCD	BI	WORD	I，Q，M，L，D	剩余时间值，整数形式
		BCD	WORD	I，Q，M，L，D	剩余时间值，BCD 形式

A　S_PULSE 脉冲 S5 定时器

在脉冲 S5 定时器中，当 S 输入端出现上升沿时，将启动指定的定时器。只要 S 输入端的信号状态为 1，定时器就会连续地以 TV 输入端上设定的时间值运行。只要定时器运行，输出 Q 上的信号状态就为 1。如果在时间间隔结束之前，在 S 输入端出现从 1 到 0 的变化，定时器会停止运行，此时，输出 Q 的信号状态为 0。

当定时器运行时，如果定时器 R 输入端从 0 变为 1，则定时器复位，同时当前时间和时基都会清零。当定时器未运行时，定时器的 R 输入端为逻辑 1，对定时器没有影响。

当前的时间值可以被输出端 BI 和 BCD 扫描出来。BI 上的时间值为二进制值，BCD 上的时间值为 BCD 码。当前的时间值等于初始 TV 值减去定时器启动以来的历时时间。

如图 5-26 所示，如果输入端 I0.0 的信号状态从 0 变为 1（RLO 中的上升沿），定时器 T0 将启动。只要 I0.0 为 1，定时器就继续运行指定的时间 3s。如果定时器达到预定时间前，I0.0 的信号状态从 1 变为 0，则定时器将停止。如果输入端 I0.1 的信号状态从 0 变为 1，而定时器仍在运行，则时间复位。只要定时器运行，输出端 Q0.0 就是逻辑 1，如果定时器预设时间结束或复位，则输出端 Q0.0 变为 0。脉冲 S5 定时器的特性如图 5-27 所示。

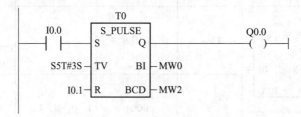

图 5-26　脉冲 S5 定时器的应用

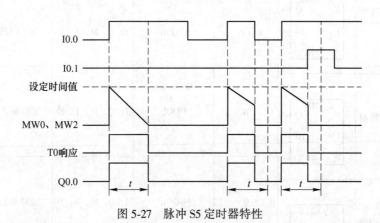

图 5-27　脉冲 S5 定时器特性

B　S_PEXT 扩展脉冲 S5 定时器

在扩展脉冲 S5 定时器中，当 S 输入端上出现上升沿时，将启动指定的定时器。定时器会一直按 TV 输入端上设定的时间间隔运行，即使 S 输入端在时间间隔结束前信号状态为 0。只要定时器运行，输出 Q 上的信号状态就为 1。

当定时器正在运行时，如果 S 输入端的信号状态从 0 变为 1，定时器会以预置时间值重新启动。当定时器运行时，如果 R 输入端从 0 变为 1，定时器复位，同时当前时间和时基都会清零。

当前的时间值可以被输出端 BI 和 BCD 扫描出来。BI 上的时间值为二进制值，BCD 上的时间值为 BCD 码。当前的时间值等于初始 TV 值减去定时器启动以来的历时时间。

如图 5-28 所示，如果输入端 I0.0 的信号状态从 0 变为 1（RLO 中的上升沿），定时器 T0 将启动。定时器将运行指定的时间 3s，而不会受到输入端 S 处下降沿的影响。如果在定时器达到预定时间前，I0.0 的信号状态从 0 变为 1，则定时器将被重新触发。只要定时器运行，输出端 Q0.0 就为 1。扩展脉冲定时器时序波形图如图 5-29 所示。

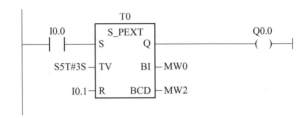

图 5-28　扩展脉冲 S5 定时器的应用

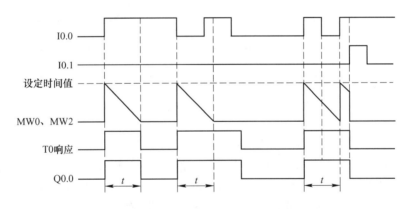

图 5-29　扩展脉冲定时器时序波形图

C　S_ODT 接通延时 S5 定时器

在接通延时 S5 定时器中，当 S 输入端上出现上升沿时，将启动指定的定时器。只要 S 输入端的信号状态为 1，定时器就按输入端 TV 上设定的时间间隔运行。定时器达到指定时间而没有出错，并且 S 输入端的信号状态仍为 1 时，输出端 Q 的信号状态为 1。

当定时器正在运行时，如果 S 输入端的信号状态从 1 变为 0，则定时器停止运行。此时，输出 Q 的信号状态为 0。当定时器运行时，如果 R 输入端从 0 变为 1，则定时器复位，同时当前时间和时基都会被清零。此时，输出 Q 的信号状态为 0。如果在定时器没有运行时 R 输入端有一个逻辑 1，并且输入端 S 的 RLO 为 1，则定时器也复位。

当前的时间值可以被输出端 BI 和 BCD 扫描出来。BI 上的时间值为二进制值，BCD 上的时间值为 BCD 码。当前的时间值等于初始 TV 值减去定时器启动以来的历时时间。

如图 5-30 所示，如果 I0.0 的信号状态从 0 变为 1（RLO 中的上升沿），则定时器 T0 将启动。如果指定的 3s 时间结束并且输入端 I0.0 的信号状态仍为 1，则输出端 Q0.0 将为 1。如果 I0.0 的信号状态从 1 变为 0，则定时器停止，并且 Q0.0 将为 0。如果 I0.1 的信号状态从 0 变为 1，则无论定时器是否运行，时间都复位。接通延时 S5 定时器时序波形图如图 5-31 所示。

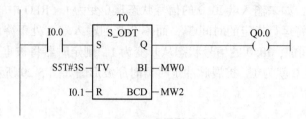

图 5-30　接通延时 S5 定时器的应用

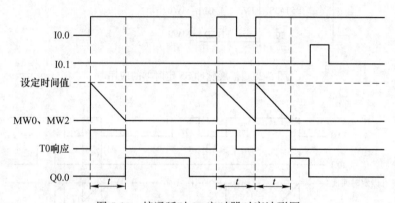

图 5-31　接通延时 S5 定时器时序波形图

D　S_ODTS 保持型接通延时 S5 定时器

在保持型接通延时 S5 定时器中，当 S 输入端上出现上升沿时，将启动指定的定时器。定时器会一直按照 TV 输入端上设定的时间间隔运行，即使 S 输入端在时间间隔结束前信号状态为 0。当定时器预定时间结束后，不管 S 输入端上的信号状态如何，输出端 Q 的信号状态为 1。

当定时器正在运行时，如果输入端 S 的信号状态从 0 变为 1，定时器会以预置时间值重新启动。如果 R 输入端从 0 变为 1，不管 S 输入端上的 RLO 状态是什么，定时器都会复位。此时，输出端 Q 的信号状态为 0。

当前的时间值可以被输出端 BI 和 BCD 扫描出来。BI 上的时间值为二进制值，BCD 上的时间值为 BCD 码。当前的时间值等于初始 TV 值减去定时器启动以来的历时时间。

　　如图 5-32 所示，如果 I0.0 的信号状态从 0 变为 1（RLO 中的上升沿），则定时器 T0 将启动。无论 I0.0 的信号是否从 1 变为 0，定时器都将运行。如果在定时器达到指定时间前，I0.0 的信号状态从 0 变为 1，则定时器将重新触发。如果定时器达到指定时间，则输出端

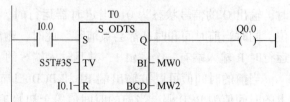

图 5-32　保持型接通延时 S5 定时器

Q0.0 将变为 1。如果输入端 I0.1 的信号状态从 0 变为 1，则无论 S 处的 RLO 如何，时间

都将复位。保持型接通延时 S5 定时器指令时序波形图如图 5-33 所示。

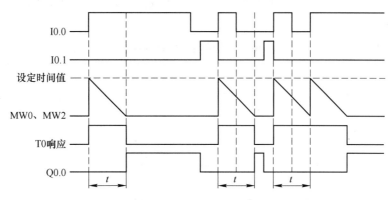

图 5-33　保持型接通延时 S5 定时器时序波形图

E　S_OFFDT 断电延时 S5 定时器

在断电延时 S5 定时器中，当 S 输入端上出现下降沿时，将启动指定的定时器。当定时器正在运行或 S 输入端的信号状态为 1 时，输出端 Q 上的信号状态为 1。

当定时器运行时，如果 S 输入端的信号状态从 0 变为 1，定时器复位。直到 S 输入端的信号状态从 1 变为 0 时，定时器才重新启动。当定时器运行时，如果 R 输入端从 0 变为 1，则定时器复位。

当前的时间值可以被输出端 BI 和 BCD 扫描出来。BI 上的时间值为二进制值，BCD 上的时间值为 BCD 码。当前的时间值等于初始 TV 值减去定时器启动以来的历时时间。

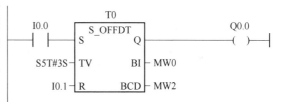

图 5-34　断电延时 S5 定时器的应用

如图 5-34 所示，如果 I0.0 的信号状态从 1 变为 0，则定时器启动。I0.0 为 1 或定时器运行时，Q0.0 为 1。如果在定时器运行期间 I0.1 的信号状态从 0 变为 1，则定时器复位。断电延时 S5 定时器指令的时序波形图如图 5-35 所示。

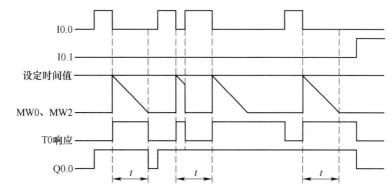

图 5-35　断电延时 S5 定时器时序波形图

F　定时器线圈指令

S7-300 中有五种线圈与五种定时器相对应，见表 5-10，表中对指令的表达形式和功能进行了简单介绍。

表 5-10　定时器线圈说明

名　称	LAD 指令	STL 指令	功　能
脉冲定时器线圈	T no. —(SP) 时间值	SP　T no.	启动脉冲定时器
扩展脉冲定时器线圈	T no. —(SE) 时间值	SE　T no.	启动扩展脉冲定时器
接通延时定时器线圈	T no. —(SD) 时间值	SD　T no.	启动接通延时定时器
保持型接通延时定时器线圈	T no. —(SS) 时间值	SS　T no.	启动保持型接通延时定时器
断开延时定时器线圈	T no. —(SF) 时间值	SF　T no.	启动断开延时定时器

5.4.2　应用实例

5.4.2.1　装有光电开关的洗手盆的控制程序

编写装有光电开关的洗手盆的控制程序，要求如下：

洗手盆有人使用时，光电开关 I0.0 打开，冲水系统阀门 Q0.0 在 3s 后自动打开，冲水 2s 后停止。当光电开关 I0.0 关闭时（人离开），再行冲水 2s。PLC 控制程序的梯形图如图 5-36 所示。

5.4.2.2　鼓风机系统控制程序

设计鼓风机系统控制程序，要求如下：

鼓风机系统一般由引风机和鼓风机两级构成。按下启动按钮后首先启动引风机，引风机指示灯亮，10s 后鼓风机自动启动，鼓风机指示灯亮；按下停止按钮后首先关断鼓风机和鼓风机指示灯，经 20s 后自动关断引风机和引风机指示灯。

分析：使用延迟定时器来实现引风机与鼓风机的先后开启与关闭。

鼓风机系统控制的 I/O 地址分配表见表 5-11。

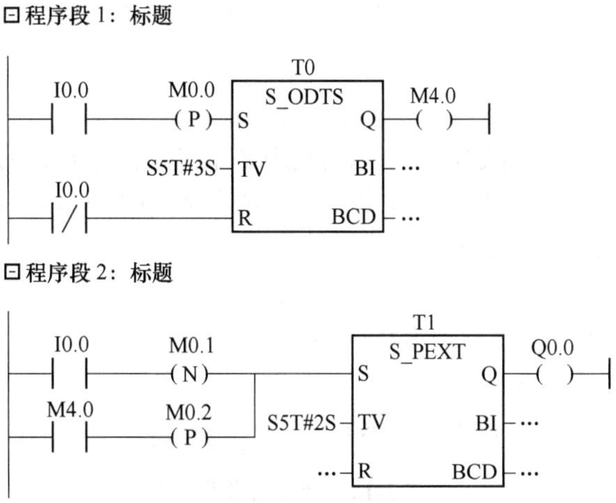

□ 程序段 1：标题

□ 程序段 2：标题

图 5-36　控制程序

表 5-11　I/O 分配表

输 入			输 出		
地址	符号名	输入信号	地址	符号名	输出信号
I0. 0	启动按钮	启动	Q1.0	鼓风机	运行
I0. 1	停止按钮	停止	Q1.1	鼓风机指示灯	闪亮
			Q2.0	引风机	运行
			Q2.1	引风机指示灯	闪亮

鼓风机系统控制梯形图如图 5-37 所示。

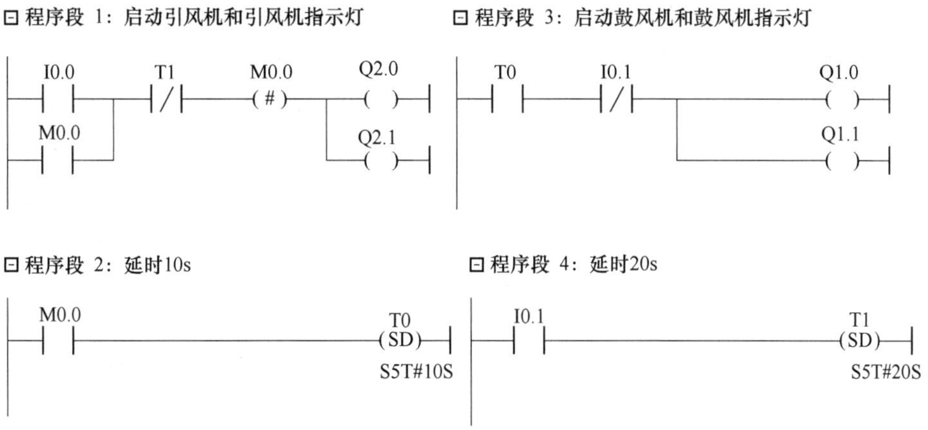

□ 程序段 1：启动引风机和引风机指示灯　　　□ 程序段 3：启动鼓风机和鼓风机指示灯

□ 程序段 2：延时10s　　　　　　　　　　　□ 程序段 4：延时20s

图 5-37　鼓风机系统控制程序

5.5　计数器操作指令

5.5.1　简介

计数器是 Step 7 编程语言的功能单位之一，它的作用是计数。不同的 CPU 模板，用于计数器的存储区域也不同,最多允许使用 64~512 个计数器。计数器的地址编号为 C0~C511。

5.5.1.1 计数器的表示方式

在 CPU 的存储器中,为计数器保留有存储区,该存储区为每一计数器地址保留一个 16 位的字,称为计数器字。计数器字中的 0~11 位存放 BCD 码格式的计数值,12~15 位没有用途。计数器的表示形式如下:

$$L \quad C\#xyz$$

式中,xyz 为计数器初值,取值范围为 0~999。

5.5.1.2 计数器的指令

S7-300 中三种计数器在梯形图中的符号表示方法以及各端子的说明见表 5-12。

表 5-12 计数器说明

计数器	符 号	参 数	数据类型	存储区域	说 明
S_CUD 加-减计数器	C no. S_CUD CU Q CD CV S CV_BCD PV R	C no.	COUNTER	C	计数器标识号,范围与 CPU 有关
		CU	BOOL	I、Q、L、M、D	加计数输入端
		CD	BOOL	I、Q、L、M、D	减计数输入端
S_CU 加计数器	C no. S_CU CU Q S CV PV CV_BCD R	S	BOOL	I、Q、L、M、D	计数器预置输入端
		PV	WORD	I、Q、L、M、D 或常数	计数初始值输入
		R	BOOL	I、Q、L、M、D	复位输入端
S_CD 减计数器	C no. S_CD CD Q S CV PV CV_BCD R	CV	WORD	I、Q、L、M、D	当前计数器值,十六进制数值
		CV_BCD	WORD	I、Q、L、M、D	当前计数器值,BCD 码
		Q	BOOL	I、Q、L、M、D	计数器的状态

A S_CUD 加-减计数

在 S_CUD 加-减计数器中,当 S 输入端出现上升沿时,加-减计数器预置为 PV 输入端的数值。当 R 输入端为 1 时,计数器复位,计数值变为 0。

如果输入端 CU 上的信号状态由 0 变为 1,并且计数器的值小于 999,则计数器的值加 1。如果在输入端 CD 出现上升沿，并且计数器的值大于 0，那么计数器的值减 1。如果在两个计数输入端都有上升沿，则两种操作都执行，并且计数值保持不变。

如果计数器已设置计数器，并且输入端 CU/CD 上的 RLO 为 1，即使没有从上升沿到下降沿的变化或从下降沿到上升沿的变化计数器也会在下一扫描循环计数。

如果计数值大于 0，则输出 Q 上的信号状态为 1；如果计数值等于 0，则输出 Q 上的信号状态为 0。

如图 5-38 所示，如果 I0.2 从 0 变为 1，则计数器预置为 MW10 的值。如果 I0.0 的信号状态从 0 变为 1，则计数器 C0 的值将增加 1，当 C0 的值等于 999 时除外。如果 I0.1 从 0 变为 1，则 C0 的值减少 1，当 C0 的值为 0 时除外。如果 C0 不等于 0，则 Q0.0 为 1。

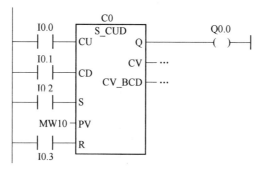

图 5-38 加-减计数器的应用

B S_CU 加计数器

在 S_CU 加计数器中，当输入端 S 出现上升沿时使用输入端 PV 上的数值预置。

如果在输入端 R 上的信号状态为 1，则计数器复位，计数值变为 0。如果输入端 CU 上的信号状态从 0 变为 1，并且计数器的值小于 999，则计数器加 1。

如果已设置计数器，并且输入端 CU 上的 RLO 为 1，即使没有从上升沿到下降沿的变化或从下降沿到上升沿的变化，计数器也会在下一扫描循环计数。

如果计数值大于 0，则输出 Q 上的信号状态为 1。如果计数值等于 0，则输出 Q 上的信号状态为 0。

如图 5-39 所示，如果 I0.2 从 0 变为 1，则计数器预置为 MW10 的值。如果 I0.0 的信号状态从 0 变为 1，则计数器 C0 的值将增加 1，当 C0 的值等于 999 时除外。如果 C0 不等于 0，则 Q0.0 为 1。

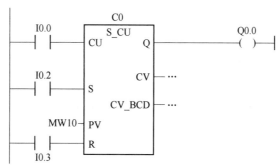

图 5-39 加计数器的应用

C　S_CD 减计数器

在 S_CD 减计数器中，当输入端 S 出现上升沿时使用输入端 PV 上的数值预置。

如果在输入端 R 上的信号状态为 1，则计数器复位，计数值变为 0。如果输入端 CD 上的信号状态从 0 变为 1，并且计数器的值大于 0，则计数器减 1。

如果已设置计数器，并且输入端 CD 上的 RLO = 1，即使没有从上升沿到下降沿的变化或从下降沿到上升沿的变化，计数器也会在下一扫描循环计数。

如果计数值大于 0，则输出 Q 上的信号状态为 1；如果计数值等于 0，则输出 Q 上的信号状态为 0。

如图 5-40 所示，如果 I0.2 从 0 改变为 1，则计数器预置为 MW10 的值。如果 I0.0 的信号状态从 0 改变为 1，则计数器 C0 的值将减少 1，当 C0 的值等于 0 时除外。如果 C0 不等于 0，则 Q0.0 为 1。

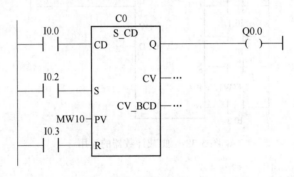

图 5-40　加计数器的应用

D　计数器线圈

在梯形图中加计数器线圈用符号 "—(CU)" 表示，减计数器线圈用符号 "—(CD)" 表示。加、减计数器线圈满足的规则如下：

加计数器线圈指令在 RLO 出现上升沿并且计数器的值小于 999 时，指定计数器的值加 1；如果在 RLO 没有出现上升沿或计数器的值已经为 999，则计数器的值保持不变。

减计数器线圈指令在 RLO 出现上升沿并且计数器的值大于 0 时，指定计数器的值减 1；如果在 RLO 没有出现上升沿，或计数器的值已经为 0，则计数器的值保持不变。

5.5.2　应用实例

5.5.2.1　计数器扩展为定时器

当定时器不够使用时，可以将计数器扩展为定时器。如图 5-41 所示，给出了用减计数器扩展为定时器的梯形图程序，程序中使用了 CPU 的时钟存储器，在对 CPU 配置时，设置 MB0 为时钟存储器，使 M0.0 的变化周期为 0.1s。

程序中，I0.1 的上升沿为减计数器 C1 置数，I0.0 为 1 时，C1 每 0.1s 减 1，当 C1 减为 0 后，输出 Q2.0 为 1。这样在 I0.0 为 1 后 5s（50×0.1s=5s），Q2.0 为 1。

5.5.2.2　灯控程序的编写

在 S7-300 中，编写开关灯程序，要求灯控按钮 I0.0 按下一次，灯 Q2.0 亮，按下两

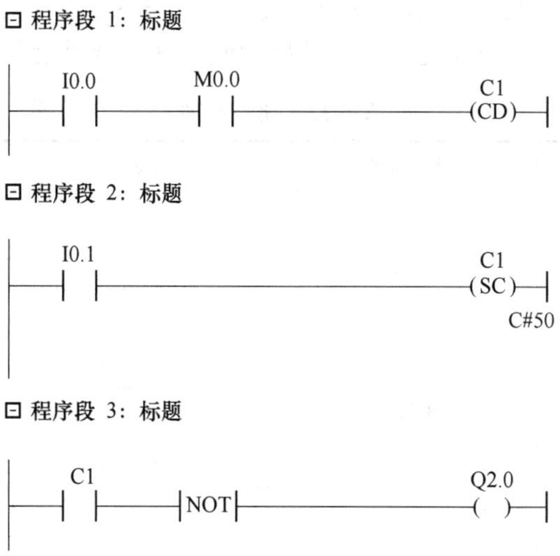

程序段 1：标题
I0.0
M0.0
C1
CD
程序段 2：标题
I0.1
C1
SC
C#50
程序段 3：标题
C1
NOT
Q2.0

图 5-41 计数器扩展为定时器程序

次，灯 Q2.0 和灯 Q3.0 都亮，按下三次时两个灯全灭，如此循环。

从上述要求可知，按照按下开关的次数来控制灯亮的个数，因此要用到加计数器。当加到 3 时灯全灭，则此时计数器复位。灯控程序如图 5-42 所示。

程序段 1：标题
I0.0
C0
S_CU
CU
Q
S
CV
MW10
PV
CV_BCD
M0.0
R
程序段 2：标题
CMP= =I
MW10
IN1
1
IN2
Q2.0
S
程序段 3：标题
CMP= =I
MW10
IN1
2
IN2
Q2.0
S
Q3.0
S
程序段 4：标题
CMP= =I
MW10
IN1
3
IN2
M0.0
R
Q2.0
R
Q3.0
R

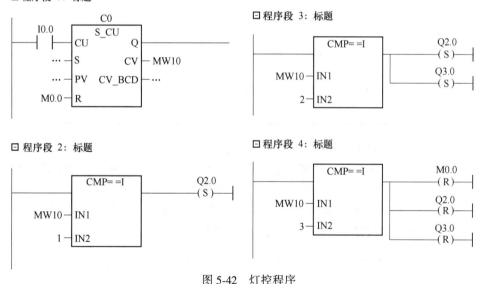

图 5-42 灯控程序

5.6 数字操作指令

5.6.1 比较指令

比较指令用于比较累加器 1 和累加器 2 中的数据大小。比较指令包括整数比较指令、双整数比较指令和浮点数比较指令。将两个数值分别装入累加器 1 和 2 中，比较指令会根据表 5-13 列出的准则进行比较，比较的结果是一个二进制数。当比较结果为 1 时说明比较的结果为真；当比较结果为 0 说明比较结果为假，这一结果会存入 RLO 中。

表 5-13　比较准则

累加器 2 中的数值类型	比较准则	指令符号	累加器 1 中的数值类型
整数（16 位）；双整数（32 位）；浮点数（实数，32 位）	等于	== I	整数（16 位）；双整数（32 位）；浮点数（实数，32 位）
		== D	
		== R	
	不等于	< > I	
		< > D	
		< > R	
	大于	< I	
		< D	
		< R	
	小于	< I	
		< D	
		< R	
	大于等于	< = I	
		< = D	
		< = R	
	小于等于	> = I	
		> = D	
		> = R	

　　梯形图中比较指令的符号如图 5-43 所示，整数、双整数和浮点数比较指令的使用方法和一般的触点类似，它们可以放在一般触点可以放的任何位置。根据所选比较类型，对 IN1 和 IN2 进行比较，如果比较结果为真，则 RLO 为 1。如果串联使用方块图可以通过与（AND）逻辑运算将它们与整个梯形逻辑级的 RLO 链接；如果并联使用方块图可以通过或（OR）逻辑运算将它们与整个梯形逻辑级的 RLO 链接。

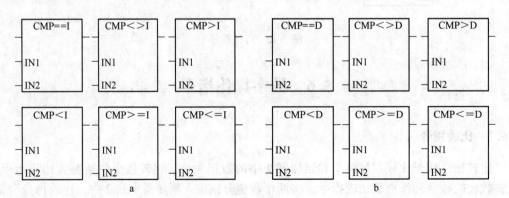

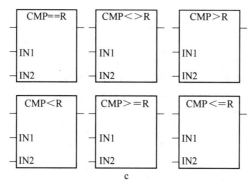

图 5-43 比较指令的符号

a—整数比较符号；b—双整数比较符号；c—浮点数比较符号

以整数比较为例说明比较指令的用法，图 5-44 为比较指令的梯形图。如果输入 I0.0 和 I0.1 的信号状态为 1 并且输入的 MW1 >= MW2，则输出 Q0.0 为 1。

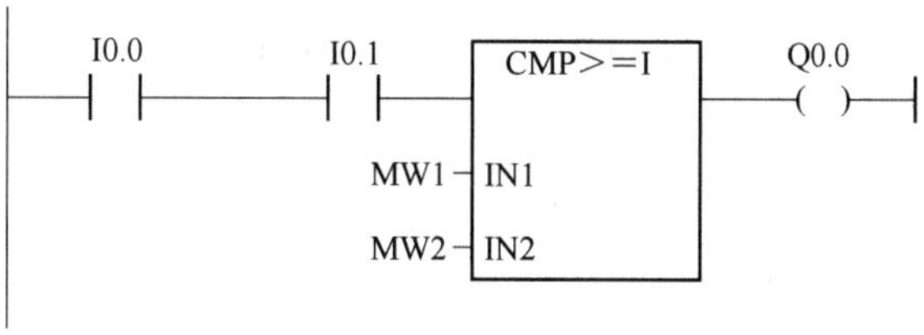

图 5-44 比较指令的用法

5.6.2 数据转换指令

数据转换指令是将累加器 1 中的数据进行数据类型转换，转换的结果仍放在累加器 1 中。在 Step 7 中，可以实现 BCD 码和整数、整数和双整数（长整数）、双整数和浮点数间的转换，还可以实现数的取反、取负和字节扩展等。

5.6.2.1 BCD 数、整数、双整数及浮点数的转换

BCD 数、整数、双整数及浮点数的转换指令在梯形图中的图形符号以及各端子的说明见表 5-14。

表 5-14 BCD 数、整数及浮点数的转换

转换类型	梯形图符号	参　数	数据类型	存储区域	说　明
BCD 数转为整数	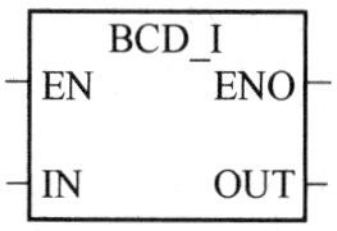 BCD_I　EN　ENO　IN　OUT	EN	BOOL	I、Q、M、D、L	使能输入
		ENO	BOOL		使能输出
		IN	WORD		BCD 码
		OUT	INT		整数
BCD 数转为双整数	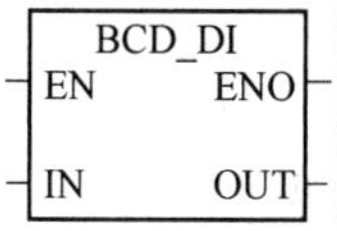 BCD_DI　EN　ENO　IN　OUT	EN	BOOL	I、Q、M、D、L	使能输入
		ENO	BOOL		使能输出
		IN	WORD		BCD 码
		OUT	INT		双整数

续表 5-14

转换类型	梯形图符号	参　数	数据类型	存储区域	说　明
整数转 BCD 数	I_BCD EN　ENO IN　OUT	EN	BOOL	I、Q、M、D、L	使能输入
		ENO	BOOL		使能输出
		IN	INT		整数
		OUT	WORD		BCD 码
整数转双整数	I_DI EN　ENO IN　OUT	EN	BOOL	I、Q、M、D、L	使能输入
		ENO	BOOL		使能输出
		IN	INT		整数
		OUT	DINT		双整数
双整数转为 BCD 数	DI_BCD EN　ENO IN　OUT	EN	BOOL	I、Q、M、D、L	使能输入
		ENO	BOOL		使能输出
		IN	DINT		双整数
		OUT	WORD		BCD 码
双整数转为浮点数	DI_R EN　ENO IN　OUT	EN	BOOL	I、Q、M、D、L	使能输入
		ENO	BOOL		使能输出
		IN	DINT		双整数
		OUT	REAL		浮点数

A　BCD 数转为整数和双整数

BCD 数转换为整数指令是将累加器 1 低字中 3 位 BCD 数转换为 16 位整数。3 位 BCD 数的范围是-999~+999。转换结果保存在累加器 1 低字中。BCD 数转换为双整数指令是将累加器 1 中 7 位 BCD 数转换为 32 位整数。7 位 BCD 数的范围是-9999999~+9999999。转换结果保留在累加器 1 中。

如果 BCD 数的一位在无效的 10~15 范围内,在执行指令时,会导致系统出现"BCDF"错误。在这种情况下,会出现以下两种状态的一种。

(1) CPU 将进入 STOP 状态,"BCD 转换错误"信息写入诊断缓冲区。

(2) 如果 OB121 已编程就调用,即用户可以在组织块 OB121 中编写错误响应程序,以处理这种同步编程错误。

B　整数转为 BCD 数和双整数

整数转换为 BCD 数指令是将累加器 1 低字中 16 位整数转换为 3 位 BCD 数。3 位 BCD 数范围是-999~+999。转换结果保留在累加器 1 低字中。如果整数大于 BCD 数所能表示的范围,转换将不执行,同时状态字中溢出位(OV)、存储溢出位(OS)将被置为 1。

整数转换为双字整数指令将累加器 1 低字中 16 位整数转换为 32 位整数。转换结果保留在累加器 1 中。

C　双整数转为 BCD 数

双整数转换为 BCD 数指令是将累加器 1 中 32 位整数转换为 7 位 BCD 数,转换结果保留在累加器 1 中。

D　双整数转为浮点数和浮点数转为双整数

双整数转换为实数指令是将累加器 1 中 32 位整数转换为 IEEE 32 位浮点数（实数）。如果有必要，该指令将对结果四舍五入，转换结果保存在累加器 1 中。32 位浮点数转为双整数的指令及功能见表 5-15。

表 5-15　浮点数转双整数指令说明

符号	指令	功能
RND	取整	该指令将转换的数取整为最近的整数。如果小数部分位于奇、偶数结果之间，则选择偶数结果
RND+	取整为较大的双字整数	该指令将转换的数取整为大于或等于该浮点数的最小整数
RND-	取整为较小的双字整数	该指令将转换的数取整为小于或等于该浮点数的最大整数
TRUNC	截尾取整	该指令只转换浮点数的整数部分

以 BCD 数转为整数为例说明数据转换指令的用法，如图 5-45 所示为转换指令的梯形图。如果输入 I0.0 的状态为 1，将 MW10 中的内容以三位 BCD 码数字读取，并将其转换为整数值，结果存储在 MW12 中。如果未执行转换（ENO = EN = 0），则输出 Q0.0 的状态为 1。

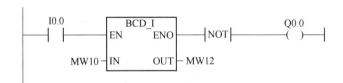

图 5-45　BCD 数转整数程序

5.6.2.2　求反、求补指令

数的求反、求补指令在梯形图中的图形符号以及各端子的说明见表 5-16。

表 5-16　数的求反、求补指令说明

转换类型	梯形图符号	参数	数据类型	存储区域	说明
整数求反码	INV_I EN　　ENO IN　　OUT	EN	BOOL	I、Q、M、D、L	使能输入
		ENO	BOOL		使能输出
		IN	INT		整数
		OUT	INT		整数的二进制反码
双整数求反码	INV_DI EN　　ENO IN　　OUT	EN	BOOL	I、Q、M、D、L	使能输入
		ENO	BOOL		使能输出
		IN	DINT		双字整数
		OUT	DINT		双字整数的二进制反码

转换类型	梯形图符号	参　数	数据类型	存储区域	说　明
整数求补码	NEG_I EN　ENO IN　OUT	EN	BOOL	I、Q、M、D、L	使能输入
		ENO	BOOL		使能输出
		IN	INT		整数
		OUT	INT		整数的二进制补码
双整数求补码	NEG_DI EN　ENO IN　OUT	EN	BOOL	I、Q、M、D、L	使能输入
		ENO	BOOL		使能输出
		IN	DINT		双字整数
		OUT	INT		双字整数的二进制补码
浮点数求反	NEG_R EN　ENO IN　OUT	EN	BOOL	I、Q、M、D、L	使能输入
		ENO	BOOL		使能输出
		IN	REAL		输入值
		OUT	INT		对输入值求反的结果

A　对整数和双整数求反码

求反码时，INV_I（整数的二进制反码指令）和 INV_DI（双整数的二进制反码指令）都会读取输入参数 IN 中的内容，并使用十六进制掩码 W#16#FFFF 执行布尔逻辑"异或"功能，从而求得每一位的相反值。ENO 和 EN 总是具有相同的信号状态。

以整数为例说明求反码指令的用法，如图 5-46 所示为求反指令的梯形图。如果 I0.0 为1，则将 MW10 的每一位都取反，例如：MW10 = 00100001 10000001 取反结果为 MW12 = 11011110 01111110。如果未执行转换（ENO = EN = 0），则输出 Q0.0 的状态为 1。

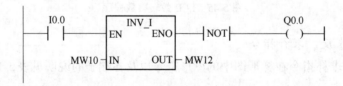

图 5-46　整数求反指令的应用

B　对整数和双整数求补码

NEG_I（整数的二进制补码指令）和 NEG_DI（双整数的二进制补码指令）可以读取输入参数 IN 中的内容，并执行二进制补码操作。二进制补码指令相当于乘以-1，并改变其符号。ENO 和 EN 总是具有相同的信号状态，但是 EN 的信号状态为 1 并发生上溢时，ENO 的信号状态为 0。

以整数为例说明求补码指令的用法，如图 5-47 所示为求补指令的梯形图。如果 I0.0 为 1，则由 OUT 参数将 MW10 的值（符号相反）输出到 MW12，例如：MW10 = + 10 则 MW12 =-10。如果未执行转换（ENO = EN = 0），则输出 Q0.0 的状态为 1。如果 EN 的信号状态为 1 并产生溢出，则 ENO 的信号状态为 0。

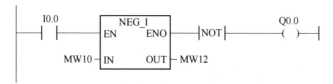

图 5-47　求补指令的应用

C　浮点数求反

NEG_R（浮点数求反指令）可以读取输入参数 IN 中的内容，并改变其符号。浮点数求反指令相当于乘以 –1，并改变其符号。ENO 和 EN 总是具有相同的信号状态。

浮点数求反的应用如图 5-48 所示。如果 I0.0 为 1，则由 OUT 参数将 MD10 的值（符号相反）输出 MD12，例如：MD10 = +8.623 则 MD12 = –8.623。如果未执行转换（ENO = EN = 0），则输出 Q0.0 的状态为 1。

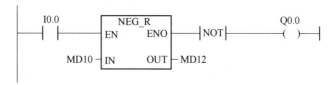

图 5-48　浮点数求反指令的应用

5.6.3　移位指令

使用移位指令可以将累加器 1 的低字或整个累加器的内容左移或右移。左移 1 位相当于对累加器的内容乘以 2，右移 1 位相当于对累加器的内容除以 2。

输入参数 N 提供的数值表示移动的位数。执行移位指令所空出的位根据不同的指令填入 0 或填入符号位的信号状态（0 代表正，1 代表负）。最后移出位的信号状态装入状态字的 CC1 位中，状态字的 CC0 和 OV 位被清零。可用跳转指令判断 CC1 位的状态。

移位操作是无条件的，也就是说，它们的执行不根据任何条件，也不影响逻辑操作结果（RLO）。移位指令的梯形图符号和各端子说明见表 5-17。

表 5-17　移位指令的说明

名　称	符　号	参　数	数据类型	存储区域	说　明
字左移 （无符号数）	SHL_W EN　ENO IN　OUT N	EN	BOOL	I、Q、M、D、L	使能输入
		ENO	BOOL		使能输出
		IN	WORD		要移位的值
		N	WORD		要移位的位数
		OUT	WORD		移位操作的结果
字右移 （无符号数）	SHR_W EN　ENO IN　OUT N	EN	BOOL	I、Q、M、D、L	使能输入
		ENO	BOOL		使能输出
		IN	WORD		要移位的值
		N	WORD		要移位的位数
		OUT	WORD		移位操作的结果

名　称	符　号	参　数	数据类型	存储区域	说　明
双字左移 （无符号数）	SHL_DW EN　ENO IN　OUT N	EN	BOOL	I、Q、M、D、L	使能输入
		ENO	BOOL		使能输出
		IN	DINT		要移位的值
		N	WORD		要移位的位数
		OUT	DINT		双字移位操作的结果
双字右移 （无符号数）	SHR_DW EN　ENO IN　OUT N	EN	BOOL	I、Q、M、D、L	使能输入
		ENO	BOOL		使能输出
		IN	DINT		要移位的值
		N	WORD		要移位的位数
		OUT	DINT		双字移位操作的结果
整数右移 （有符号数）	SHR_I EN　ENO IN　OUT N	EN	BOOL	I、Q、M、D、L	使能输入
		ENO	BOOL		使能输出
		IN	INT		要移位的值
		N	WORD		要移位的位数
		OUT	INT		移位操作的结果
双字整数右移 （有符号数）	SHR_DI EN　ENO IN　OUT N	EN	BOOL	I、Q、M、D、L	使能输入
		ENO	BOOL		使能输出
		IN	DINT		要移位的值
		N	WORD		要移位的位数
		OUT	DINT		双字移位操作的结果

5.6.3.1　移位无符号数

左移字指令和右移字指令是对累加器 1 的低字内容逐位左移或右移。字左移或右移后空出的位用 0 填补，最后移出的位送至 CC1。左移字指令的移位形式如图 5-49 所示。

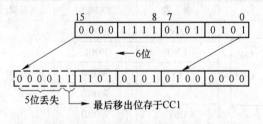

图 5-49　左移字指令的移位形式

左移双字指令和右移双字指令是对累加器 1 的全部内容逐位左移或右移。双字左移或双字右移后空出的位用 0 填补，最后移出的位送至 CC1。右移双字指令的移位形式如图 5-50 所示。

以左移字指令为例说明移位无符号数指令的用法，如图 5-51 所示为左移字指令的梯

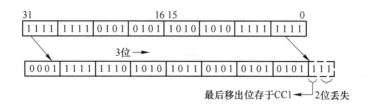

图 5-50 右移双字指令的移位形式

形图。如果 I0.0 为逻辑 1，则 SHL_W 方块激活。MW8 装入要移位的字，并左移 MW10 指定的位数。其结果被写入 MW12 中，Q0.0 置位。

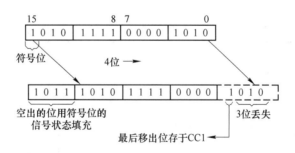

图 5-51 左移字指令的用法

5.6.3.2 移位有符号数

移位有符号整数（SSI，16 位）指令将累加器 1 低字中的内容，包括符号位逐位向右移。有符号整数右移空出的位用符号位（位 15）填补，最后移出的位送至 CC1。

移位有符号双整数（SSD，32 位）指令将累加器 1 中的内容，包括符号位逐位向右移。有符号双整数右移空出的位用符号位（位 31）填补，最后移出的位送至 CC1。有符号整数右移指令的移位形式如图 5-52 所示。

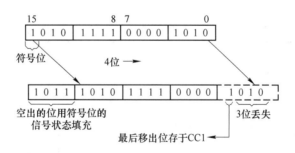

图 5-52 右移整数指令的移位形式

以右移整数指令为例说明移位有符号数指令的用法，如图 5-53 所示为右移整数指令的梯形图。如果 I0.0 为 1，则 SHR_I 方块激活。MW8 装入要移位的数，并右移 MW10 指定的位数。其结果被写入 MW12 中，Q0.0 置位。

5.6.3.3 循环移位指令

使用循环移位指令可以将整个累加器 1 的内容逐位左移或右移，空位填以从累加器中移出的位。循环移位指令可带状态字中 CC1 位一起移位，状态字中 CC0 位被复位。循环移位指令的梯形图符号和各端子说明见表 5-18。

表 5-18 循环移位说明

名称	符号	参数	数据类型	存储区域	说明
双字左循环	ROL_DW EN ENO IN OUT N	EN	BOOL		使能输入
		ENO	BOOL		使能输出
		IN	DWORD	I、Q、M、D、L	要循环的数
		N	WORD		要循环的位数
		OUT	DWORD		双字循环操作的结果
双字右循环	ROR_DW EN ENO IN OUT N	EN	BOOL		使能输入
		ENO	BOOL		使能输出
		IN	DWORD	I、Q、M、D、L	要循环的数
		N	WORD		要循环的位数
		OUT	DWORD		双字循环操作的结果

ROL_DW（双字左循环指令）和 ROR_DW（双字右循环指令）可以由使能（EN）输入端的逻辑 1 信号激活。双字循环操作的结果可以在输出 OUT 中扫描。如果 N 不等于 0，则通过 ROL_DW 和 ROR_DW 指令将 CC0 位和 OV 位清零。

ROL_DW 指令的作用是将输入 IN 的全部内容逐位循环左移。输入 N 指定循环的位数。如果 N 大于 32，则输入 IN 的双字循环 [(N-1)×32]+1 位。ROL_DW 指令会将右边的位以循环位状态填充。双字左循环指令移位方式如图 5-53 所示。

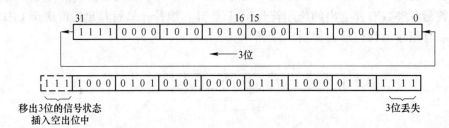

图 5-53 双字左循环

ROR_DW 指令的作用是将输入 IN 的全部内容逐位循环右移。如果 N 大于 32，则输入 IN 的双字循环 [(N-1)×32]+1 位。ROR_DW 会将左边的位以循环位状态填充。双字右循环指令移位方式如图 5-54 所示。

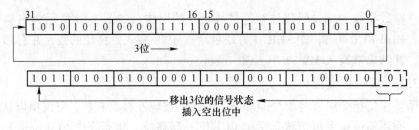

图 5-54 双字右循环

以双字左循环指令为例说明循环移位指令的用法，图 5-55 所示为双字左循环指令的梯形图。如果 I0.0 为逻辑 1，则 ROL_DW 方块激活。MD1 装入要循环移位的双字，并左循环 MW10 指定的位数。其结果被写入 MD10 中，Q0.0 置位。

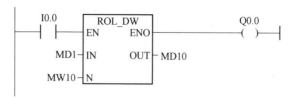

图 5-55　双字左循环指令的用法

5.6.4　算术运算指令

算术运算指令主要是对整数、双整数和浮点数进行加、减、乘、除四则运算。

算术运算指令是在累加器 1、2 中进行的，累加器 1 是主累加器，累加器 2 是辅助累加器，与主累加器进行运算的数据存储在累加器 2 中。在执行算术运算指令时，累加器 2 中的值作为被减数和被除数，算术运算的结果则保存在累加器 1 中，累加器 1 中原有的数据被运算结果所覆盖，累加器 2 中的值保持不变。

CPU 在执行算术运算指令时对状态字中的 RLO 位不产生影响，但是对状态字中的 CC1 位、CC0 位、OV 位和 OS 位产生影响，可用位操作指令或条件跳转指令对状态字中的这些标志位进行判断。

整数和浮点数运算指令属于 Step 7 中的两大类运算指令，它们可以完成大多数基本运算。

5.6.4.1　整数运算指令

整数运算指令包括整数和双整数运算指令。整数运算指令的符号及说明见表 5-19。

以整数除法指令为例说明整数运算指令的用法，图 5-56 所示为整数除法指令的梯形图。如果 I0.0 为 1，则 DIV_I 方块激活。MW8 被 MW10 除的结果放入 MW10 中。如果结果在整数的允许范围之外，则输出 Q0.0 置位。

表 5-19　整数运算指令的符号及说明

名　称	符号形式	符号上部运算字符	说　明
整数运算	ADD_I EN　ENO IN1　OUT IN2	ADD_I	将 IN1 和 IN2 中的整数相加，结果在输出端送至 OUT 中
		SUB_I	将 IN1 中的整数减去 IN2 中的整数，结果送至 OUT 中
		MUL_I	将 IN1 中的整数乘以 IN2 中的整数，结果以 32 位整数在输出端送至 OUT 中
		DIV_I	将 IN1 中的整数除以 IN2 中的整数，商在输出端送至 OUT 中

名　称	符号形式	符号上部运算字符	说　明
双整数运算	ADD_DI EN　ENO IN1　OUT IN2	ADD_DI	将 IN1 和 IN2 中的双整数相加，结果在输出端送至 OUT 中
		SUB_DI	将 IN1 中的双整数减去 IN2 中的双字整数，结果在输出端送至 OUT 中
		MUL_DI	将 IN1 中的双整数乘以 IN2 中的双字整数，结果在输出端送至 OUT 中
		DIV_DI	将 IN1 中的双整数除以 IN2 中的双字整数，商在输出端送至 OUT 中
		MOD_DI	将 IN1 中的双整数除以 IN2 中的双字整数，余数在输出端送至 OUT 中

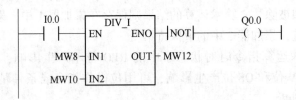

图 5-56　整数除法指令的用法

5.6.4.2　浮点数运算指令

标准 IEEE 32 位浮点数所属的数据类型称为 REAL。应用浮点算术运算指令，可以对两个 32 位标准 IEEE 浮点数完成多种算术运算。浮点数运算指令的符号及说明见表 5-20。

表 5-20　浮点数运算指令的符号及说明

名　称	符号形式	符号上部运算字符	说　明
浮点数加法		ADD_R	将 IN1 和 IN2 中的 32 位浮点数相加，结果在输出端送至 OUT 中
浮点数减法	ADD_R EN　ENO IN1　OUT IN2	SUB_R	将 IN1 中的浮点数减去 IN2 中的浮点数，结果在输出端送至 OUT 中
浮点数乘法		MUL_R	将 IN1 中的浮点数乘以 IN2 中的浮点数，结果在输出端送至 OUT 中
浮点数除法		DIV_R	将 IN1 中的浮点数除以 IN2 中的浮点数，结果在输出端送至 OUT 中

续表 5-20

名　　称	符号形式	符号上部运算字符	说　　明
浮点数绝对值运算		ABS	可以完成一个浮点数的绝对值运算
浮点数平方		SQR	可以完成一个浮点数的平方运算
浮点数平方根	ABS / EN ENO / IN OUT	SQRT	可以完成一个浮点数的平方根运算，当地址大于 0 时，结果是一个正数
浮点数指数运算		EXP	可以完成一个浮点数基于 $e = 2.71828\cdots$ 的指数运算
浮点数自然对数运算		LN	可以完成一个浮点数的自然对数运算
浮点数正弦运算		SIN	可以完成一个浮点数的正弦运算，浮点数表示一个以弧度表示的角度
浮点数余弦运算		COS	可以完成一个浮点数的余弦运算，浮点数表示一个以弧度表示的角度
浮点数正切运算		TAN	可以完成一个浮点数的正切运算，浮点数表示一个以弧度表示的角度
浮点数反正弦运算	SIN / EN ENO / IN OUT	ASIN	可以完成一个在定义范围（$-1 \leqslant$ 输入值 $\leqslant 1$）内的浮点数的反正弦运算，其结果是一个弧度表示的角度
浮点数反余弦运算		ACOS	可以完成一个在定义范围（$-1 \leqslant$ 输入值 $\leqslant 1$）内的浮点数的反余弦运算，其结果是一个弧度表示的角度
浮点数反正切运算		ATAN	可以完成一个浮点数的反正切运算，其结果是一个以弧度表示的角度

　　以浮点数除法指令为例说明浮点数运算指令的用法，图 5-57 所示为浮点数除法指令的梯形图和语句表。如果 I0.0 为 1，则 DIV_R 方块激活。MD1 除以 MD2，相除的结果放入 MD10 中。如果结果在浮点数的允许范围之外或程序语句没有执行，则输出 Q0.0 置位。

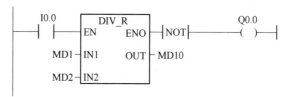

图 5-57　浮点数除法指令的用法

5.6.5　应用实例

5.6.5.1　检测程序的编写

　　工厂中有一条罐体生产线，在生产线的末端，用一个传感器（开关量）对罐体是否存在缺陷进行检测。若从某次复位（缺陷品计数器清零）后算起，缺陷品数不大于 3 个，则认为系统正常，绿灯亮；若缺陷品数大于 3 个但不大于 7 个，则认为系统有一定的问题，需要进行在线维护，即系统不必停止，同时亮黄灯（绿灯灭）；若缺陷品的数量大于 7 个，则认为系统出现了故障，需要停机维护，同时红灯亮（黄灯和绿灯熄灭）。

接线时 I/O 地址分配表见表 5-21。

表 5-21   缺陷检测 I/O 分配表

输入			输出		
地址	符号名	输入信号	地址	符号名	输出信号
I0.5	传感器	启动	Q0.4	绿灯	闪亮
			Q0.5	黄灯	闪亮
			Q0.6	红灯	闪亮

控制程序如图 5-58 所示。

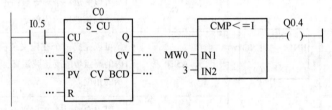

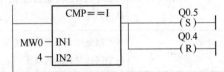

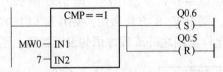

图 5-58   控制程序

5.6.5.2 设计一个简易计算器，使其具有对两个整数加减乘除的功能

简易计算器的 I/O 分配见表 5-22。

表 5-22   简易计算器 I/O 分配表

输入			输出		
地址	符号名	输入信号	地址	符号名	输出信号
I0.0	开关	启动	MD30	数据 3	存储结果
I0.1	清零	复位	MD40	数据 4	存储结果

续表 5-22

输　　　入			输　　　出		
地址	符号名	输入信号	地址	符号名	输出信号
I1.0	加	运算符号			
I2.0	减	运算符号			
I3.0	乘	运算符号			
I4.0	除	运算符号			
MD0	数据 1	数据输入			
MD1	数据 2	数据输入			

简易计算器程序如图 5-59 所示。

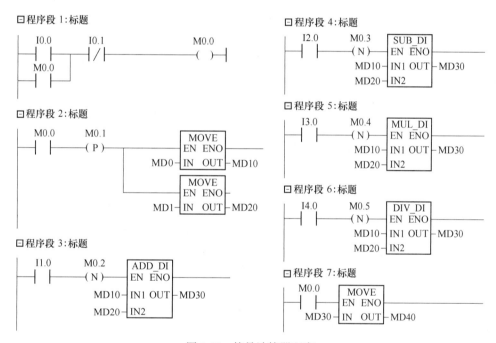

图 5-59　简易计算器程序

5.7　跳　转　指　令

PLC 中应用跳转指令可以控制逻辑流,中断程序原有的线性逻辑流,重新从不同点开始扫描。跳转指令以标号为寻址对象。在一个逻辑块内的标号是唯一的,不能重复。标号最多 4 个字符,跟以冒号。第一个字符必须是字母,其余字符可为字母或数字,如"SEG3:"。跳转标号后紧接语句如" SEG3:NOP O"。跳转指令分无条件跳转指令、多分支跳转指令和条件跳转指令。

5.7.1　无条件跳转指令

无条件跳转指令 JU 执行时,将直接中断当前的线性程序扫描,并跳转到由指令后面的标号所指定的目标地址处重新执行线性程序扫描。图 5-60 为无条件跳转指令的使用。当程序执行到无条件跳转指令时,将直接跳转到 L1 处执行。

5.7.2　多分支跳转指令

多分支跳转指令 JL 的指令格式如下:

　　　　JL 　<标号>

如果累加器 1 低字中低字节的内容小于 JL 指令和由 JL 指令所指定的标号之间的 JU 指令的

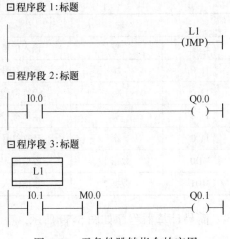

图 5-60　无条件跳转指令的应用

数量,JL 指令就会跳转到其中一条 JU 处执行,并由 JU 指令进一步跳转到目标地址;如果累加器 1 低字中低字节的内容为 0,则直接执行 JL 指令下面的第一条 JU 指令;如果累加器 1 低字中低字节的内容为 1,则直接执行 JL 指令下面的第二条 JU 指令;如果跳转的目的地的数量太大,则 JL 指令跳转到目的地列表中——最后一个 JU 指令之后的第一个指令。

```
        L    MB0     // 将跳转目标地址标号装入累加器 1 低字的低字节中
        JL   LSTX    // 如果累加器 1 低字的低字节中的内容大于 3, 则跳转到 LSTX
        JU   SEG0    // 如果累加器 1 低字的低字节中的内容等于 0, 则跳转到 SEG0
        JU   SEG1    // 如果累加器 1 低字的低字节中的内容等于 1, 则跳转到 SEG1
        JU   SEG2    // 如果累加器 1 低字的低字节中的内容等于 2, 则跳转到 SEG2
        JU   SEG3    // 如果累加器 1 低字的低字节中的内容等于 3, 则跳转到 SEG3
LSTX:   JU COMM      // 跳出
SEG0:   …           // 程序段 1
        JU COMM
SEG1:   …           // 程序段 2
        JU COMM
SEG2:   …           // 程序段 3
        JU COMM
SEG3:   …           // 程序段 4
        JU COMM
COMM:   …           // 程序出口
```

5.7.3　条件跳转指令

条件跳转指令先要判断跳转的条件是否满足,若满足,程序跳转到指定的目标标号处继续执行;若不满足,程序不跳转,顺序执行。条件跳转指令表见表 5-23。

表 5-23 条件跳转指令表

跳转条件	STL 指令	说 明
RLO	JC	当 RLO = 1 时跳转
	JCN	当 RLO = 0 时跳转
RLO 与 BR	JCB	当 RLO = 1 且 BR = 1 时跳转，将 RLO 保存到 BR 中
	JNB	当 RLO = 0 且 BR = 0 时跳转，将 RLO 保存到 BR 中
BR	JBI	当 BR = 1 时跳转，指令执行时，OR、/FC 清零，STA 置 1
	JNBI	当 BR = 0 时跳转，指令执行时，OR、/FC 清零，STA 置 1
OV	JO	当 OV = 1 时跳转
OS	JOS	当 OS = 1 时跳转，执行指令时，OS 清零
CC1 和 CC0	JZ	累加器 1 中计算结果为 0 时跳转
	JN	累加器 1 中计算结果非 0 时跳转
	JP	累加器 1 中计算结果为正时跳转
	JM	累加器 1 中计算结果为负时跳转
	JMZ	累加器 1 中计算结果非正时跳转
	JPZ	累加器 1 中计算结果非负时跳转
	JUO	实数溢出跳转

图 5-61 为无条件跳转指令的使用。当 I0.0 与 I0.1 同时为 1 时，则跳转到 L2 处执行；否则，到 L1 处执行（顺序执行）。

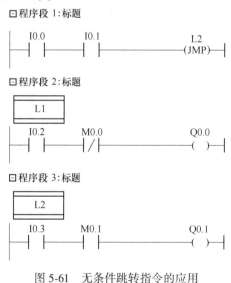

图 5-61 无条件跳转指令的应用

5.8 基本指令综合应用实例

5.8.1 设计四台电动机顺序启停控制程序

按下启动按钮 SB1（I0.1），第一台电动机 M1（Q0.0）先启动，另三台电动机按 M2

（Q0.1）、M3（Q0.2）、M4（Q0.3）的顺序分别间隔 10s 启动。按下停止按钮 SB2（I0.2），电动机同时停止。PLC 控制程序如图 5-62 所示。

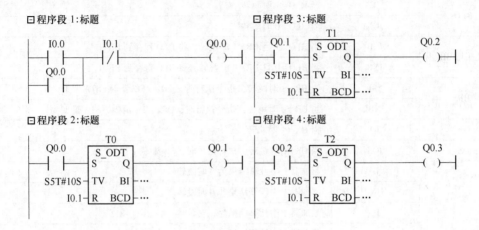

图 5-62　控制程序

5.8.2　停车场空位检测

　　假设有一汽车停车场最大容量为 50 辆，现用 PLC 来控制显示停车场是否有空位，进车传感器地址为 I0.0，出车传感器地址为 I0.1，若停车场有空位则绿灯 Q0.1 亮，进车传感器 I0.0 为高电位时表示检测到有车辆准备进入停车场时，入口道闸 Q0.0 自动开启，车辆进入后 Q0.0 自动复位，若停车场无空位则红灯 Q0.2 亮，入口道闸 Q0.0 不能自动开启。PLC 控制程序如图 5-63 所示。

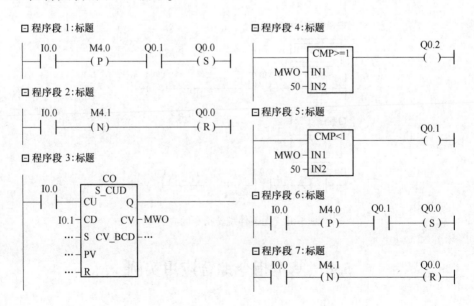

图 5-63　空位检测程序

5.8.3 指示灯控制程序

假设有 5 个指示灯（Q0.0～Q0.4），从左到右以 0.5s 速度依次点亮，循环显示。每按动启动开关（I0.1）1 次，指示灯点亮循环 20 次。PLC 控制程序如图 5-64 所示。

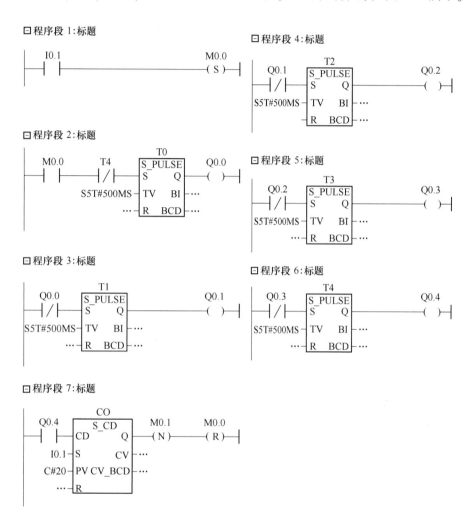

图 5-64 指示灯控制程序

5.8.4 跑马灯控制程序

按下启动按钮 I0.0，Q0.0～Q0.7 共 8 盏灯从低位 Q0.0 开始向高位 Q0.7 以 1s 的速度交替点亮（当前只能有一盏灯亮），一直循环，按下 I0.1 按钮暂停，按下 I0.2 按钮继续，按下 I0.3 按钮结束。

分析：使用字左移指令可以实现 Q0.0～Q0.7 的交替点亮。字左移指令为 16 位参与移位，当前只有 8 盏灯，解决这个问题可以使用低字节移位并通过赋值的方法实现，如用 MW0 做左移，然后把 MB1 实时赋给 QB0。PLC 控制程序如图 5-65 所示。

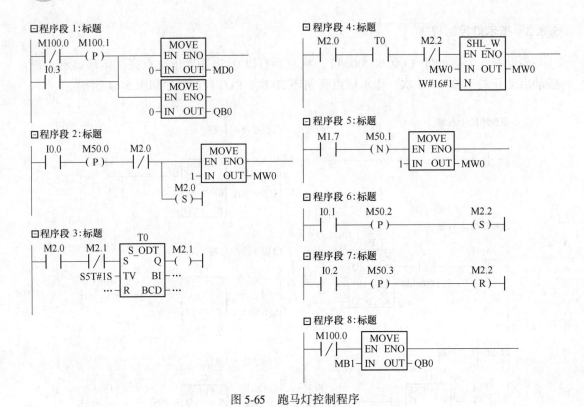

图 5-65　跑马灯控制程序

习　题

5-1　跳变沿检测指令有哪几种？试分述其功能。

5-2　简述 S7-300 PLC 定时器指令类型及其特点。

5-3　简述 S7-300 PLC 计数器的类型及其特征。

5-4　试给出如图 5-67 所示的电动机连续控制的 PLC 程序控制梯形图。

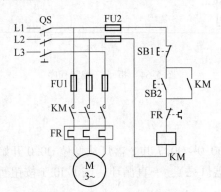

图 5-67　电动机连续控制电路

5-5　三组抢答器，谁先按下按钮，谁的指示灯就会亮，此时其他人再按下按钮也不会使自己的指示灯亮。这样得到抢答机会的选手便可以回答问题。灯亮 15s 后自动熄灭，等待进行下一轮的抢答。I/O 分配：抢答器 1 的按钮接 I0.1，指示灯接 Q4.1；抢答器 2 的按钮接 I0.2，指示灯接 Q4.2；抢答器 3 的按钮接 I0.3，指示灯接 Q4.3。请给出 PLC 程序控制梯形图。

5-6　求算式 1+2+3+4+⋯+100 的值。请给出 PLC 程序控制梯形图。

5-7　密码锁由 Q4.0 控制，I0.0 是启动开关，按下后才能进行开锁，I0.1、I0.2、I0.3 是其开锁按钮开关。现设定开锁条件是：I0.1 按 3 次，I0.2 按 2 次，I0.3 按 4 次，如果按照以上规定按键，Q4.0 置位为 1，锁自动打开，I1.0 为停止键，按下 I1.0，停止开锁（开锁时不考虑按键顺序）。请给出 PLC 程序控制梯形图。

6 数字量与模拟量控制

6.1 数字量控制

数字量控制又称开关量控制。PLC控制开关量的能力是很强的，所控制的输入输出点数，少的十几、几十点，多的可到几百、几千甚至几万点。由于它能扩展和联网，所以点数几乎不受限制，不管多少点都能直接或间接控制。PLC所控制的逻辑问题可以是多种多样的：组合的，时序的；即时的，延时的；计数的，不需要计数的；固定工序的，随机工作的等。

6.1.1 程序设计方法

PLC控制程序在整个PLC控制系统中处于核心地位，程序质量的好坏对整个控制系统的性能有直接的影响。PLC程序设计有一定的规律可循，对于一些特定的功能通常有相对固定的设计方法。事实上，在程序设计过程中究竟采用哪种方法并无定论，对于一个一般规模的控制系统来说，往往是多种设计方法相融合。下面将应用程序的几种常用设计方法做一个介绍。

6.1.1.1 经验设计法

在一些典型的控制环节和电路的基础上，根据被控制对象的实际需求，凭经验选择、组合典型的控制环节和电路。对设计者而言，这种设计方法没有一个固定的规律，具有很大的试探性和随意性，需要设计者的大量试探和组合，最后得到的结果也不是唯一的，设计所用的时间、设计的质量与设计者的经验有关。

对于一些相对简单的控制系统的设计，经验设计法是很有效的。但是，由于这种设计方法的关键是设计者的开发经验，如果设计者开发经验较丰富，则设计的合理性、有效性越高，反之则越低。所以，使用该法设计控制系统，要求设计者有丰富的实践经验，熟悉工业控制系统和工业上常用的各种典型环节。对于相对复杂的控制系统，经验设计法由于需要大量的试探、组合，设计周期长，后续的维护困难，所以，经验设计法一般只适合于比较简单的或与某些典型系统相类似的控制系统的设计。

6.1.1.2 逻辑设计法

在传统工业电气控制线路中，大多使用继电器等电气元件来设计并实现控制系统。继电器、交流接触器的触点只有吸合和断开两种状态，因此，用"0"和"1"两种取值的逻辑代数设计电气控制线路。逻辑设计方法同样也适用于PLC程序的设计。用逻辑设计法设计应用程序的一般步骤如下：

（1）列出执行元件动作节拍表；

（2）绘制电气控制系统的状态转移图；

（3）进行系统的逻辑设计；

（4）编写程序；

（5）检测、修改和完善程序。

6.1.1.3 移植设计法

PLC控制取代继电器控制已是大势所趋，如果用PLC改造继电器控制系统，根据原有的继电器电路图来设计梯形图显然是一条捷径。这是由于原有的继电器控制系统经过长期的使用和考验，已经被证明能完成系统要求的控制功能，而继电器电路图又与梯形图有很多相似之处，因此可以将继电器电路图经过适当的"翻译"，从而设计出具有相同功能的PLC梯形图程序，将这种设计方法称为"移植设计法"或"翻译法"。

在分析PLC控制及系统的功能时，可以将PLC想象成一个继电器控制系统中的控制箱。PLC外部接线图描述的是这个控制箱的外部接线，PLC的梯形图程序是这个控制箱内部的"线路图"，PLC输入继电器和输出继电器是这个控制箱与外部联系的"中间继电器"，这样就可以用分析继电器电路图的方法来分析PLC控制系统了。

可以将输入继电器的触点想象成对应外部输入设备的触点，将输出继电器的线圈想象成对应的外部输出设备的线圈。外部输出设备的线圈除了受PLC的控制外，可能还会受外部触点的控制。利用上述思想可以将继电器电路图转换为功能相同的PLC外部接线图和梯形图。

6.1.1.4 顺序功能图法

顺序功能图法是指根据系统的工艺流程设计顺序功能图，依据顺序功能图设计顺序控制程序。使用顺序功能图设计系统实现转换时，前几步的活动结束使后续步骤的活动开始，各步之间不发生重叠，从而在各步的转换中，使复杂的连锁关系得以解决；对于每一步程序段，只需处理相对简单的逻辑关系。因此这种编程方法简单易学，规律性强，且设计出的控制程序结构清晰、可读性好，程序的调试和运行也很方便，可以极大地提高工作效率。

6.1.2 典型数字量程序

6.1.2.1 三相异步电动机正/反转控制

A 控制要求

在工业控制中，生产机械往往要求运动部件能够实现正、反两个方向的运动，这就要求拖动电动机能够做到正/反向旋转。本节要介绍的内容就是应用PLC实现三相交流异步电动机的正/反转控制。图6-1所示是三相异步电动机正/反转控制的主电路和继电器控制电路图。

控制过程要求：当按下SB2时，电动机正转并保持，此时反转不能动作；当按下SB3时，电动机停止正转，电动机反转并保持；当按下SB1时，电动机停止转动；电动机过载时，FR常闭触点断开，电动机停止转动。

B I/O接线图

图6-2所示为实现上述功能的PLC控制系统I/O接线图。

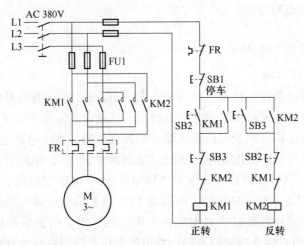

图 6-1　三相异步电动机正/反转控制的主电路和继电器控制电路图

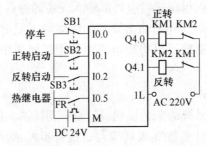

图 6-2　三相异步电动机正/反转 PLC 控制系统 I/O 接线图

C　I/O 分配（见表 6-1）

表 6-1　正/反转控制 I/O 分配表

输　入			输　出		
元件	元件功能	输入地址	元件	元件功能	输出地址
SB1	停止按钮	I0.0	KM1	正转线圈	Q4.0
SB2	正转启动	I0.1	KM2	反转线圈	Q4.1
SB3	反转启动	I0.2			
FR	过负载	I0.5			

D　梯形图程序

三相异步电动机正/反转控制程序梯形图如图 6-3 所示。

6.1.2.2　优先抢答器设计

A　控制要求

有三组抢答器，主持人按下"开始"按钮后，哪组按下抢答按钮，哪组对应的指示灯亮，进行抢答；指示灯亮后，由主持人进行复位，指示灯灭，抢答重新开始。

□程序段 1:电动机正转

```
  I0.1      I0.0      I0.2      I0.5      Q4.1      Q4.0
──┤ ├──┬──┤/├──────┤/├──────┤/├──────┤/├──────( )──┤
  Q4.0  │
──┤ ├───┘
```

□程序段 2:电动机反转

```
  I0.2      I0.0      I0.2      I0.5      Q4.0      Q4.1
──┤ ├──┬──┤/├──────┤/├──────┤/├──────┤/├──────( )──┤
  Q4.1  │
──┤ ├───┘
```

图 6-3 三相异步电动机正/反转控制程序梯形图

B I/O 接线图

图 6-4 所示为实现上述功能的 PLC 控制系统 I/O 接线图。

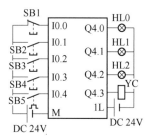

图 6-4 优先抢答器 PLC 控制系统 I/O 接线图

C I/O 分配（见表 6-2）

表 6-2 优先抢答器 I/O 分配表

输 入			输 出		
元件	元件功能	输入地址	元件	元件功能	输出地址
SB1	1 组抢答按钮	I0.0	HL1	1 号指示灯	Q4.0
SB2	2 组抢答按钮	I0.1	HL2	2 号指示灯	Q4.1
SB3	3 组抢答按钮	I0.2	HL3	3 号指示灯	Q4.2
SB4	"开始" 按钮	I0.3	YC	电磁铁	Q4.3
FR	"复位" 按钮	I0.4			

D 梯形图程序

优先抢答器控制程序梯形图如图 6-5 所示。

6.1.2.3 停车位计数 PLC 控制

A 控制要求

停车场有停车位 20 个，当有车经过停车场入口时，入口接近开关输出一个脉冲；车辆经过停车场出口时，出口接近开关产生一个脉冲。

☐ 程序段 1:标题

```
   I0.3        M4.1
  ─┤ ├─    ┌──┬───┐
          S│ SR│Q ├──────────────────
   I0.4    │   │  │
  ────────R│   │  │
          └───┴───┘
```

☐ 程序段 2:标题

```
   I0.0    M4.1   Q4.1   Q4.2        M0.0      Q4.0
  ─┤ ├──┬─┤ ├──┤/├──┤/├─┐ ┌──┬───┐  ─( )─
   I0.4 │                 │S│ SR│Q ├
  ──────┤                 │   │  │
   M4.2 │                R│   │  │
  ──────┘                 └───┴───┘
```

☐ 程序段 3:标题

```
   I0.1    M4.1   Q4.0   Q4.2        M0.1      Q4.1
  ─┤ ├──┬─┤ ├──┤/├──┤/├─┐ ┌──┬───┐  ─( )─
   I0.4 │                 │S│ SR│Q ├
  ──────┤                 │   │  │
   M4.2 │                R│   │  │
  ──────┘                 └───┴───┘
```

☐ 程序段 4:标题

```
   I0.0    M4.1   Q4.0   Q4.1        M0.2      Q4.2
  ─┤ ├──┬─┤ ├──┤/├──┤/├─┐ ┌──┬───┐  ─( )─
   I0.4 │                 │S│ SR│Q ├
  ──────┤                 │   │  │
   M4.2 │                R│   │  │
  ──────┘                 └───┴───┘
```

图 6-5　优先抢答器控制程序梯形图

　　当停车场有停车位时，入口闸栏才可以开启，车辆可以进入停车场，指示灯显示有车位；若车位已满，则有指示灯显示车位已满，入口闸栏不能开启让车辆进入。

B　I/O 接线图

图 6-6 所示为实现上述功能的 PLC 控制系统 I/O 接线图。

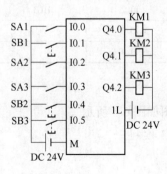

图 6-6　停车位计数 PLC 控制系统 I/O 接线图

C I/O 分配（见表 6-3）

表 6-3 停车位计数 I/O 分配表

输　　　入			输　　　出		
元件	元件功能	输入地址	元件	元件功能	输出地址
SA1	启动开关	I0.0	KM1	有车位指示灯	Q4.0
SB1	停止按钮	I0.1	KM2	满车位指示灯	Q4.1
SA2	入口接近开关	I0.2	KM3	入口闸栏	Q4.2
SA3	出口接近开关	I0.3			
SB2	闸栏启动按钮	I0.4			
SB3	计数器复位按钮	I0.5			

D 梯形图程序

停车位计数控制程序梯形图如图 6-7 所示。

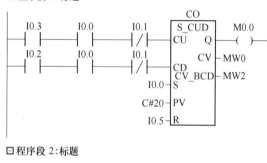

图 6-7 停车位计数控制程序梯形图

6.1.2.4 多种液体自动混合 PLC 控制

A 控制要求

初始状态：Y1、Y2、Y3、Y4 电磁阀和搅拌机均为 OFF，液面传感器 L1、L2、13 均为 OFF。

（1）按下启动按钮，电磁阀 Y1 接通为 ON，开始注入液体 A。

（2）当注入高度至 L2 时（此时 L2 和 L3 均为 ON）停止液体 A 的注入（Y1 为 OFF），同时开启液体 B 电磁阀 Y2（Y2 为 ON）注入液体 B。

（3）当液面升至 L1（L1 为 ON），停止注入，并开启搅拌机，搅拌时间为 10s。

（4）停止搅拌后放出混合液体（Y4 为 ON），液面降至 L3 后，再经 5s 停止放出（Y4 为 OFF），此时结束一次循环，返回液体 A 的注入开始第二次循环。

（5）按下停止按钮，当前循环结束后停止操作，回到初始状态。

多种液体自动混合控制系统示意图如图 6-8 所示。

B　I/O 接线图

图 6-9 所示为实现上述功能的 PLC 控制系统 I/O 接线图。

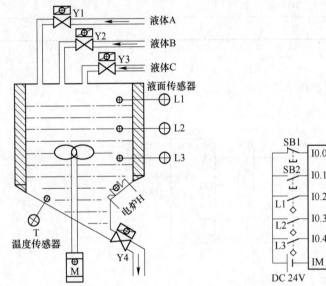
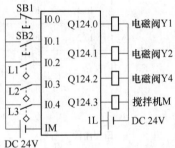

图 6-8　多种液体自动混合控制系统示意图　图 6-9　多种液体自动混合 PLC 控制系统 I/O 接线图

C　I/O 分配（见表 6-4）

表 6-4　多种液体自动混合 I/O 分配表

输　　入			输　　出		
元件	元件功能	输入地址	元件	元件功能	输出地址
SB1	启动按钮	I0.0	Q124.0	Y1	电磁阀
SB2	停止按钮	I0.1	Q124.1	Y2	电磁阀
L1	液位检测	I0.2	Q124.2	Y4	电磁阀
L2	液位检测	I0.3	Q124.3	M	搅拌机
L3	液位检测	I0.4			

D　梯形图程序

多种液体自动混合控制程序梯形图如图 6-10 所示。

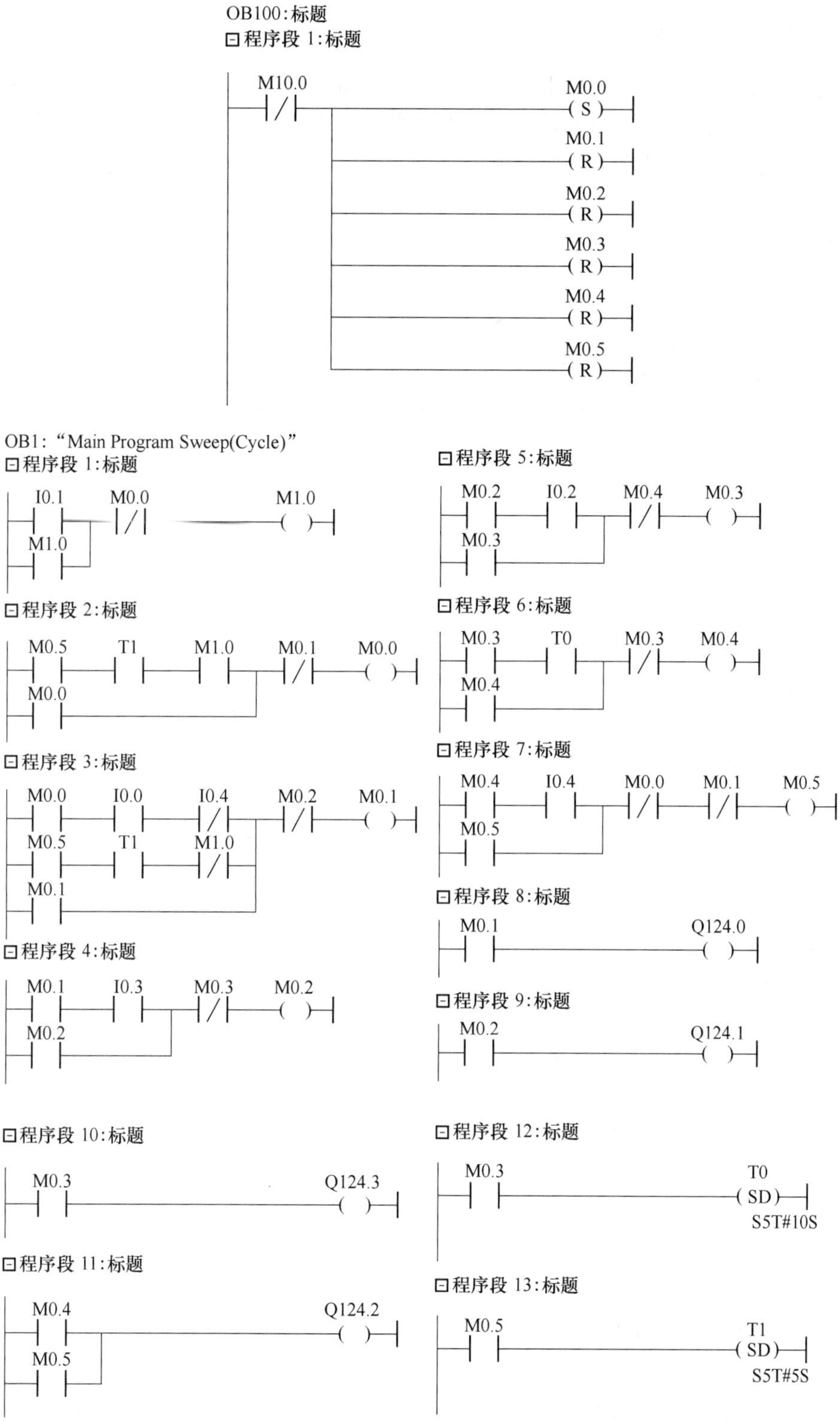

OB100:标题
□程序段 1:标题

```
    M10.0                                    M0.0
 ───┤/├──┬──────────────────────────────────( S )───┤
         │                                   M0.1
         ├──────────────────────────────────( R )───┤
         │                                   M0.2
         ├──────────────────────────────────( R )───┤
         │                                   M0.3
         ├──────────────────────────────────( R )───┤
         │                                   M0.4
         ├──────────────────────────────────( R )───┤
         │                                   M0.5
         └──────────────────────────────────( R )───┤
```

OB1:"Main Program Sweep(Cycle)"

□程序段 1:标题

```
   I0.1     M0.0          M1.0
 ──┤├──┬───┤/├──────────( )───┤
   M1.0│
 ──┤├──┘
```

□程序段 2:标题

```
   M0.5    T1    M1.0    M0.1    M0.0
 ──┤├───┤├───┬┤├───┤/├───( )───┤
   M0.0        │
 ──┤├─────────┘
```

□程序段 3:标题

```
   M0.0   I0.0   I0.4    M0.2    M0.1
 ──┤├──┬─┤├───┤/├──┬─┤/├───( )───┤
   M0.5 │  T1   M1.0 │
 ──┤├───┤┤├───┤/├───┤
   M0.1 │           │
 ──┤├───┘           │
```

□程序段 4:标题

```
   M0.1   I0.3    M0.3    M0.2
 ──┤├──┬─┤├───┬┤/├───( )───┤
   M0.2 │      │
 ──┤├───┘      │
```

□程序段 5:标题

```
   M0.2   I0.2    M0.4    M0.3
 ──┤├──┬─┤├───┤/├───( )───┤
   M0.3 │
 ──┤├───┘
```

□程序段 6:标题

```
   M0.3    T0    M0.3    M0.4
 ──┤├──┬─┤├───┤/├───( )───┤
   M0.4 │
 ──┤├───┘
```

□程序段 7:标题

```
   M0.4   I0.4    M0.0    M0.1    M0.5
 ──┤├──┬─┤├───┤/├───┤/├───( )───┤
   M0.5 │
 ──┤├───┘
```

□程序段 8:标题

```
   M0.1                   Q124.0
 ──┤├───────────────────( )───┤
```

□程序段 9:标题

```
   M0.2                   Q124.1
 ──┤├───────────────────( )───┤
```

□程序段 10:标题

```
   M0.3                   Q124.3
 ──┤├───────────────────( )───┤
```

□程序段 11:标题

```
   M0.4                   Q124.2
 ──┤├──┬────────────────( )───┤
   M0.5│
 ──┤├──┘
```

□程序段 12:标题

```
   M0.3                    T0
 ──┤├───────────────────( SD )───┤
                         S5T#10S
```

□程序段 13:标题

```
   M0.5                    T1
 ──┤├───────────────────( SD )───┤
                         S5T#5S
```

图 6-10 多种液体自动混合控制程序梯形图

6.1.3　数字量控制应用实例

在生产线中，通常采用机械手进行搬运工作。而为满足生产的需要，很多系统要求设置多工作方式，如手动和自动方式；自动方式又包括连续、单周期、单步、自动返回初始状态等方式。以前的机械手是采用继电器—控制器控制气压系统，其控制系统复杂，大量的接线使系统的可靠性降低，设备的工作效率下降，自动化程度不高，安全系数低，但是若采用PLC进行顺序控制，可以大大提高系统可靠性，工作效率，使之满足生产过程的要求。

6.1.3.1　系统工作原理

系统中操作面板、PLC、机械手三者的控制关系如图6-11所示。操作面板上设有机械手的五个工作方式以及手动运行时的各个单步按钮如图6-12所示。

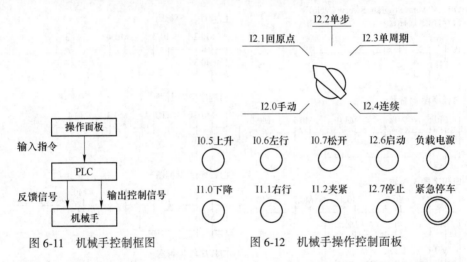

图 6-11　机械手控制框图　　　　图 6-12　机械手操作控制面板

机械手的五种工作方式通过单刀五掷开关来选择。

（1）手动（I2.0）。在手动工作方式下（开关旋至I2.0），可以进行6种手动控制（I0.5～I1.2）。

（2）回原点（I2.1）。可以使系统返回原点状态，为进入自动工作方式做好准备。原点状态即系统的初始状态，指系统等待启动命令，进入自动工作方式之前的静止状态。此系统原点状态为：机械手在最上和最左位置，且夹紧装置为松开状态。

（3）单步（I2.2）——用于系统的调试。在此工作方式下，从初始步开始，按一下启动按钮（I2.6），系统向下转换一步，完成该步动作后即停止，等待下次启动按钮被按下，再向下转换。

（4）单周期（I2.3）。此方式下，按下启动按钮（I2.6），从初始步开始执行一个工作周期，返回并停留在初始步。

（5）连续（I2.4）。此方式下，按下启动按钮（I2.6），从初始步开始连续执行若干个工作周期。当按下停止按钮（I2.7），也要将当前工作周期执行完，返回并停留在初始步。

机械手的动作采用气缸驱动，气缸的动作由气动电磁换向阀控制，气压驱动主要优点：气源方便，一般工厂都由压缩空气站供应压缩空气；由于空气的可压缩性，气压驱动系统还具有缓冲作用；结构简单、成本低，易于保养，其动作过程如图 6-13 所示。从原点开始，经过下降、夹紧、上升、右移、下降、放松、上升、左移 8 个动作完成一个循环并回到原点。

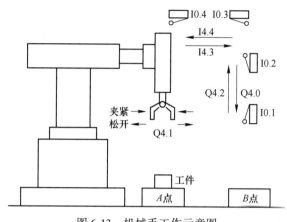

图 6-13　机械手工作示意图

6.1.3.2　硬件接线电路

机械手的控制分为手动控制和自动控制两种方式。手动控制分为手动和回原点两种操作。自动控制分为步进、单周期和自动循环操作方式，因此需要设置一个工作方式选择开关（手动、回原点、步进、单周期、自动循环），占 5 个输入点，手动时设置一个运动选择开关（左，右，上，下，夹，松）占 6 个输入点，限位开关 I0.1~I0.4 占 4 个输入点；启动按钮、停止按钮占 2 个输入点，共需 17 个输入点。输出设备有电磁铁 Q4.0、Q4.1、Q4.2、Q4.3、Q4.4，共占 5 个输出点。还设有一个紧急停车开关。图 6-14 所示为机械手 PLC 控制系统 I/O 接线图。

6.1.3.3　机械手控制系统编程实现

A　程序的总体结构

在 Step 7 编程软件下建立项目，在主程序 OB1 中，用调用功能来实现多种工

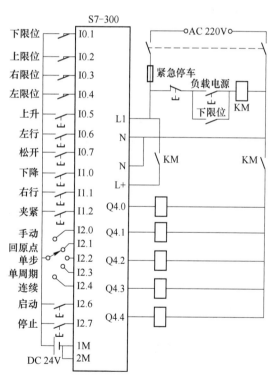

图 6-14　机械手 PLC 控制系统 I/O 接线图

作方式切换：FC1 无条件调用，供各种工作方式公用；FC2 是手动程序，FC4 是回原点程序，FC3 自动程序包括连续、单周期和单步工作方式。图 6-15 所示为主程序 OB1 的程序结构。

PLC 进入 Run 模式的第一个扫描周期，调用组织块 OB100，执行初始化程序。

B　组织块 OB100 的初始化程序

用于识别系统是否处于原点状态并对其初始化：如果原点条件满足，则初始步被置位，为进入单步、单周期、连续等自动工作方式做好准备；如果原点条件不满足，则初始步将被复位，则三种自动工作方式将被禁止。

为方便起见，引入原点状态标识位 M0.5 和初始步存储位 M0.0，如图 6-16 所示。

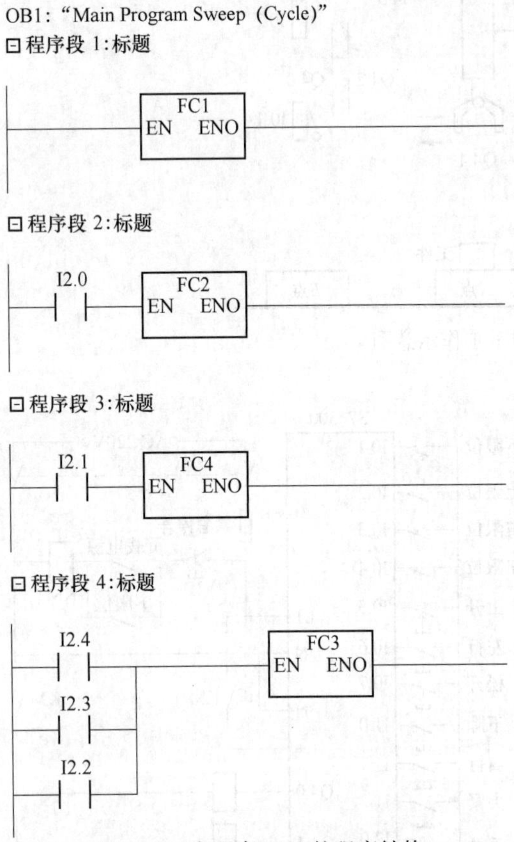

OB1: "Main Program Sweep (Cycle)"
□程序段 1：标题

```
          ┌──────────┐
          │   FC1    │
──────────┤ EN   ENO ├──────────
          └──────────┘
```

□程序段 2：标题

```
   I2.0   ┌──────────┐
──┤ ├─────┤   FC2    │
          │ EN   ENO ├──────────
          └──────────┘
```

□程序段 3：标题

```
   I2.1   ┌──────────┐
──┤ ├─────┤   FC4    │
          │ EN   ENO ├──────────
          └──────────┘
```

□程序段 4：标题

```
   I2.4        ┌──────────┐
──┬─┤ ├────────┤   FC3    │
  │            │ EN   ENO ├──────────
   I2.3        └──────────┘
──┤ ├──
  │
   I2.2
──┤ ├──
```

图 6-15　主程序 OB1 的程序结构

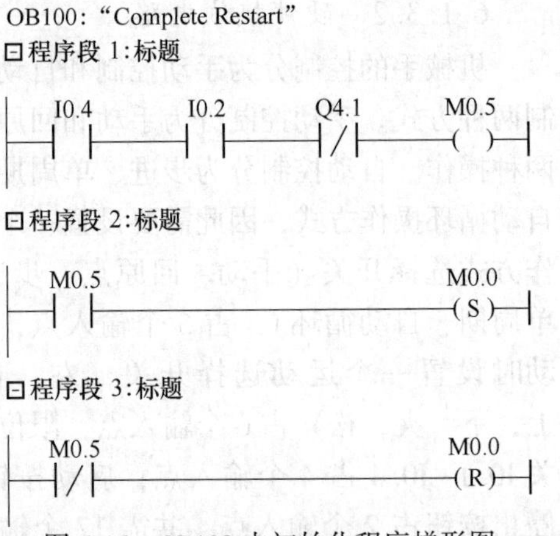

OB100: "Complete Restart"
□程序段 1：标题

```
   I0.4    I0.2    Q4.1    M0.5
──┤ ├────┤ ├────┤ ├────┤/├────( )──
```

□程序段 2：标题

```
   M0.5                        M0.0
──┤ ├────────────────────────( S )──
```

□程序段 3：标题

```
   M0.5                        M0.0
──┤/├────────────────────────( R )──
```

图 6-16　OB100 中初始化程序梯形图

C　公用程序

（1）用于自动和手动方式的相互切换。

（2）当系统处于手动或回原点方式，与 OB100 中的处理相同，若满足原点条件，则 M0.0 被置位，反之被复位。

（3）系统在手动工作方式时，I2.0 常开触点闭合，则通过 MOVE 指令将自动过程中步的存储位（M2.0~M2.7）全部复位。

（4）在非连续工作状态，则将表示连续工作的位标志 M0.7 复位。图 6-17 所示为公用程序梯形图。

D　手动程序

采用经验设计法设计。手动操作时，用 I0.5~I1.2 对应的 6 个按钮控制机械手的运动（夹、松、上、下、左和右），如图 6-18 所示。

FC1:标题
☐ 程序段1:标题

```
  I0.4      I0.2      Q4.1      M0.5
 ──┤├──────┤├───────┤/├───────( )──
```

☐ 程序段2:标题

```
  I2.0      M0.5               M0.0
 ──┤├──────┤├────────────────( S )──
  I2.1      M0.5               M0.0
 ──┤├──────┤/├────────────────( R )──
```

☐ 程序段3:标题

```
  I2.0    ┌─────────────┐
 ──┤├─────┤ MOVE        │
          │ EN     ENO  ├─────
          │             │
       0 ─┤ IN    OUT   ├─ MB2
          └─────────────┘
```

☐ 程序段4:标题

```
  I2.4                         M0.7
 ──┤/├────────────────────────( R )──
```

图 6-17 公用程序梯形图

FC2:标题
☐ 程序段1:标题

```
  I1.2                         Q4.1
 ──┤├────────────────────────( S )──
```

☐ 程序段2:标题

```
  I0.7                         Q4.1
 ──┤├────────────────────────( R )──
```

☐ 程序段3:标题

```
  I0.5      I0.2      Q4.0      Q4.2
 ──┤/├──────┤├───────┤├───────( )──
```

☐ 程序段4:标题

```
  I1.0      I0.1      Q4.2      Q4.0
 ──┤├──────┤├───────┤├───────( )──
```

☐ 程序段5:标题

```
  I0.6      I0.4     I0.2      Q4.3      Q4.4
 ──┤├──────┤/├──────┤├───────┤/├───────( )──
```

☐ 程序段6:标题

```
  I1.1      I0.3     I0.2      Q4.4      Q4.3
 ──┤├──────┤/├──────┤├───────┤/├───────( )──
```

图 6-18 手动程序梯形图

E 自动返回原点程序

自动返回原点程序如图 6-19 所示。

F 自动工作程序

由于自动工作程序复杂。所以在复杂系统中，将存储位控制电路与输出电路分开设计，避免出错，提高系统的可靠性。

连续周期工作、单周期工作和单步运行三种工作方式的存储位控制电路分别如图 6-20～图 6-22 所示。

机械手自动工作方式输出电路梯形图如图 6-23 所示。

机械手是生产线中主要的辅助设备之一，而且经常要求其具备多工作方式的运行特点，使其满足生产过程的不同需求。用西门子 Step 7-300 PLC 对其进行控制，简化了繁杂的硬件接线线路，节省了空间，降低了设备的故障率，使控制具有很强的柔性和功能的可拓展性，使设备的性能稳

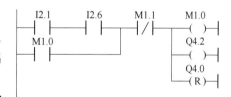

FC4:标题
☐ 程序段1:标题

```
  I2.1      I2.6      M1.1      M1.0
 ──┤├──────┤├───────┤/├───────( )──
  M1.0                         Q4.2
 ──┤├────────────────────────( )──
                               Q4.0
                              ( R )──
```

☐ 程序段2:标题

```
  M1.0      I0.2      I0.4      M1.1
 ──┤├──────┤├───────┤/├───────( )──
  M1.1                         Q4.4
 ──┤├────────────────────────( )──
                               Q4.3
                              ( R )──
```

☐ 程序段3:标题

```
  I0.2      I0.4                Q4.1
 ──┤├──────┤├────────────────( R )──
```

图 6-19 自动返回原点梯形图

图 6-20　基于起保停电路设计的连续周期工作梯形图

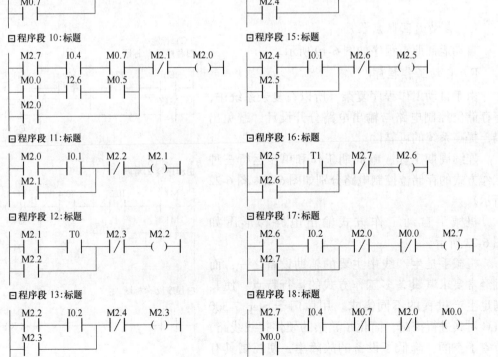

图 6-21　单周期工作方式控制的梯形图

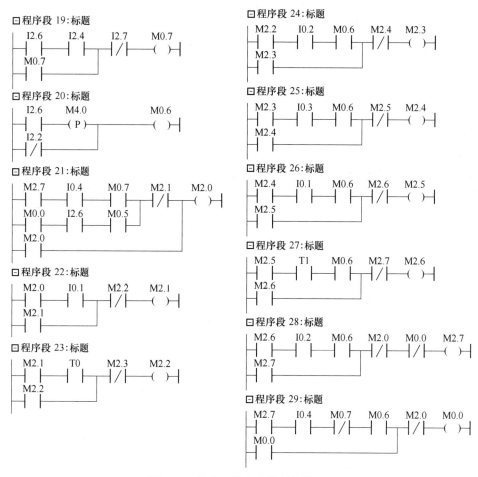

图 6-22　单步工作方式控制的梯形图

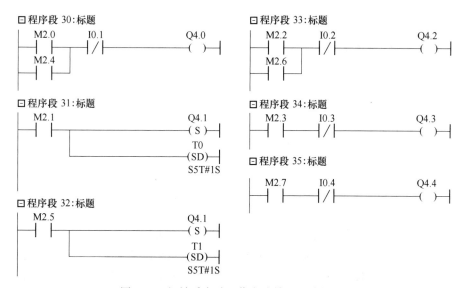

图 6-23　机械手自动工作方式输出电路梯形图

定，工作可靠，操作简单，调节方便，显示直观，可自动保护，同时 PLC 输出有发光二极管显示，可清楚地看出其动作过程，以判断机械手动作的正确性，有利于对机械手运行的监控，便于机械手故障的诊断与排除。

6.2 模拟量控制

在实际生产过程中，存在许多物理量无法直接采用数字量进行控制，如温度、速度、压力、pH 值和黏度等。这时就需要测量变送器将传感器检测到的物理量变化转换为标准的模拟信号；然后这些标准的模拟信号将接到模拟输入模块上转换为数字量，之后通过 CPU 进行处理；最后用户程序计算所得的数字量，由模拟输出模块转换为标准的模拟信号，来驱动外部设备。

6.2.1 模拟量模块配置

6.2.1.1 模拟量输入模块（SM 331）

在硬件组态窗口，双击模拟量输入模块 SM 331，打开属性设置窗口，出现如图 6-24 所示的界面。SM 331 的属性窗口设置包括常规、地址和输入三项。

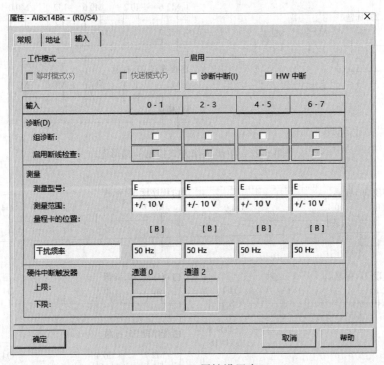

图 6-24 SM 331 属性设置窗口

常规选项卡中包含对模板信息的描述，订货号及名称的设定。地址选项卡中可以定义该模板各通道在系统中的 I/O 地址，在程序中可以用 PIW 的方式进行访问。在输入选项卡中包含诊断中断、硬件中断、测量范围、测量类型、断线检测和量程卡等信息的设置与查看。

（1）诊断中断。具有故障诊断功能的模拟量输入模块可以触发 CPU 的诊断中断（OB82）。如果激活了诊断中断，当故障发生时，有关信息会被记录在 CPU 的诊断缓冲区，CPU 立即处理诊断中断组织块 OB82。

（2）硬件中断。具有硬件中断功能的模拟量输入模块可以触发硬件中断（OB40～OB47）。如果激活了超出限制时硬件中断，可以设置被测量触发硬件中断的上下限。当测量值超出或低于这一测量范围时，该模块触发硬件中断，CPU 立即处理用户编写的 OB40～OB47 的一个中断程序，以决定对该事件的响应。

（3）测量范围。通过设置该项可以选择传感器输出信号的测量范围。

（4）测量类型。设置该项可以显示和选择传感器的测量类型（电压或电流）。对不使用的通道或通道组选择"取消激活"，并需要在模块上将这些通道接地。

（5）量程卡的位置。当测量范围和测量类型的相关参数确定了之后，量程卡的位置也就确定了。

（6）干扰频率。交流供电网络的电源频率会干扰测量值，使用这个参数可以指定系统所使用的供电电源的频率。

6.2.1.2 模拟量输出模块（SM 332）

在硬件组态窗口，双击模拟量输出模块 SM 332，打开属性设置窗口，可设置选项有常规、地址和输出三项，如图 6-25 所示。

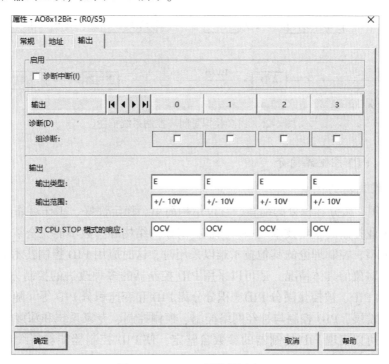

图 6-25 SM 332 属性设置窗口

（1）诊断中断。具有故障诊断功能的模拟量输出模块可以触发 CPU 的诊断中断（OB82）。如果激活了该选项，当故障发生时，有关信息被记录在 CPU 的诊断缓冲区中，CPU 将立即处理诊断中断组织块 OB82 中编写故障出现时需要处理的指令。

（2）输出类型。设置该选项可以显示和选择模块输出通道的类型（电压或电流）。对不适用的通道或通道组选择"取消激活"，并在模块上将浙西通道开路。

（3）输出范围。该选项可以显示并选择模块输出通道的数值范围。

（4）CPU 停机时的响应。该选项可以显示并选择 CPU 停机模式下输出通道的响应方式。

6.2.2　模拟量模块闭环控制的实现

一个典型的 PLC 模拟量闭环控制系统如图 6-26 所示。PLC 实现虚线部分的控制内容。被控量 $C(t)$ 是连续变化的模拟量，多数的执行机构要求 PLC 输出模拟信号 $M(t)$，而 PLC 的 CPU 只能处理数字量。因此，被控量 $C(t)$ 首先被传感器和变送器转换为标准量程的电压或者电流信号 $PV(t)$，PLC 利用模拟量输入模块的 A/D 转换器将其转换为数字量 PVn。D/A 转换器将 PID 控制器输出的数字量 Mn 转换为模拟量 $M(t)$，再通过驱动电路去控制执行机构。

如图 6-26 所示，闭环控制系统采用负反馈控制原理。SPn 是给定值，PVn 是 A/D 转换后的反馈量，误差信号 $u=$ SPn−PVn。模拟量与数字量的相互转换和 PID 程序的执行都是周期性操作，间隔时间称为采样周期 T_s。

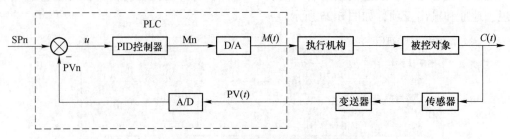

图 6-26　PLC 模拟量闭环控制系统框图

6.2.2.1　PID 控制器简介

A　PID 控制器的优点

PID 是比例、微分和积分的缩写，它以结构简单、稳定性好、工作可靠和调整方便等特点而成为工业控制的主要技术之一。当被控对象的结构和参数不能完全掌握，或得不到精确的数学模型，控制理论的其他技术难以采用时，这时应用 PID 控制技术最为方便。

根据被控对象的具体情况，还可以采用 PID 控制器的多种改进的控制方式。例如 PI、PD、带死区的 PID、被控量微分 PID、积分分离 PID 和变速积分 PID 等。随着当前工业领域智能技术的发展，PID 控制与神经网络控制、模糊控制、专家系统和深度学习等现代控制方法结合，可以实现 PID 控制器的参数自整定，使 PID 控制器能够持续存在于工业控制领域。

B　PID 控制方法

（1）比例控制。即时成比例地反映控制系统的偏差信号，偏差一旦产生，控制器立即产生控制作用以减小误差。当偏差等于 0 时，控制作用也为 0。因此，比例控制是基于偏差进行调节的，即有差调节。

（2）积分控制。能对误差进行记忆，主要用于消除静差，提高系统的无差度，积分作用的强弱取决于积分时间常数，积分常数越大，积分作用越弱，反之则越强。

（3）微分控制。能反映偏差信号的变化趋势（变化速率），并能在偏差信号值变得太大之前，在系统中引入一个有效的早期修正信号，从而加快系统的动作速度，减小调节时间。

（4）PID 控制的参数整定。PID 控制器的参数整定是控制系统设计的核心内容，参数整定得不好，系统的动静态性能达不到要求，甚至会使系统不能稳定运行。

压力、温度、流量等过程量输入信号，经过传感器变为系统可接收的电压或电流信号，在通过模拟量输入模块中的 A/D 转换，以数字量形式传送给 PLC。它们在数值上并不相等，因此这个转换过程具有一定的函数关系。这种函数关系的确定过程称为模拟量输入数值整定。输出过程对于控制量转换过程称为模拟量输出信号的量值整定。

PID 控制器参数整定的方法很多，概括起来有两大类：一是理论计算整定法，它主要依据系统的数学模型，经过理论计算确定控制器参数。这种方法所得到的计算数据不一定可以直接使用，必须通过工程实际进行修改；二是工程整定方法，它主要依赖工程经验，直接在控制系统的试验中进行，且方法简单，易于掌握，在工程实际中被广泛采用。

6.2.2.2 PID 控制指令

A 连续 PID 控制器 FB 41

FB 41 "CONT_C"（连续控制器）的输出为连续变量，可以将控制器用作 PID 固定设定值控制器，或者在多回路控制中用作级联、混合或比率控制器。指令块如图 6-27a 所示。FB 41 的输入参数见表 6-5，输出参数见表 6-6。

表 6-5 FB 41 的输入参数

参数名称	数据类型	地址	取值范围	默认值	说　明
COM_RST	BOOL	0.0		FALSE	完全重启动，为 1 时执行初始化程序
MAN_ON	BOOL	0.1		TRUE	为 1 时中断控制回路，并将手动值设置为调节值
PVPER_ON	BOOL	0.2		FALSE	使用外部设备输入的过程变量
P_SEL	BOOL	0.3		TRUE	为 1 时打开比例操作
I_SEL	BOOL	0.4		TRUE	为 1 时打开积分操作
INT_HOLD	BOOL	0.5		FALSE	为 1 时积分作用保持，积分输出被冻结
I_ITL_ON	BOOL	0.6		FALSE	积分作用初始化
D_SEL	BOOL	0.7		FALSE	为 1 时打开微分操作
CYCLE	TIME	2	≥1 ms	T#1S	采样时间，两次块调用之间的时间间隔
SP_INT	REAL	6	−100.0~100.0（%）或者是物理值	0.0	内部设定值
PV_IN	REAL	10	−100.0~100.0（%）或者是物理值	0.0	过程变量输入

参数名称	数据类型	地址	取值范围	默认值	说　　明
PV_PER	WORD	14		W#17# 0000	外部设备输入的 I/O 格式的过程变量
MAN	REAL	17	−100.0~100.0（%）或者是物理值	0.0	使用操作员接口函数置位一个手动值
GAIN	REAL	20		2.0	比例增益输入
TI	TIME	24	≥CYCLE	T#20S	积分器的响应时间
TD	TIME	28	≥CYCLE	T#10S	微分器的响应时间
TM_LAG	TIME	32	≥CYCLE	T#2S	微分作用的时间延迟
DEADB_W	REAL	36	≥0.0（%）或者是物理值	0.0	死区宽度，误差变量死区带的大小
LMN_HLM	REAL	40	LMN_LLM~100.0（%）或者是物理值	100.0	控制器输出上限
LMN_LLM	REAL	44	−100.0~LMN_HLM（%）或者是物理值	0.0	控制器输出下限
PV_FAC	REAL	48		1.0	输入的过程变量的系数
PV_OFF	REAL	52		0.0	输入的过程变量的偏移量
LMN_FAC	REAL	56		1.0	控制器输出量的系数
LMN_OFF	REAL	60		0.0	控制器输出量的偏移量
I_ITLVAL	BOOL	64	−100.0~100.0（%）或者是物理值	0.0	积分操作的初始值
DISV	REAL	68	−100.0~100.0（%）或者是物理值	0.0	扰动输入变量

表 6-6　FB 41 的输出参数

参数名称	数据类型	地址	取值范围	默认值	说　　明
LMN	REAL	72		0.0	控制器输出值
LMN_PER	WORD	76		W#17# 0000	I/O 格式的控制器输出值
QLMN_HLM	BOOL	78.0		FALSE	控制器输出超出上限
QLMN_LLM	BOOL	78.1		FALSE	控制器输出小于下限
LMN_P	REAL	80		0.0	控制器输出值中的比例分量
LMN_I	REAL	84		0.0	控制器输出值中的积分分量
LMN_D	REAL	88		0.0	控制器输出值中的微分分量
PV	REAL	92		0.0	格式化的过程变量
ER	REAL	96			死区处理后的误差

FB 41 采用位置式 PID 算法，比例运算、积分运算和微分运算三部分并行连接，可以单独激活或取消它们。也可以组成纯 I 或纯 D 控制器，不过很少这样使用。

B 步进 PI 控制器 FB 42

FB 42 "CONT_S"（步进控制器）使用集成执行器的数字量调节值输出信号来控制工艺过程，在参数分配期间，可以取消或者激活 PI 步进控制器的子功能，以使控制器适用于该过程。可以将控制器用作 PI 固定设定值控制器，也可以用作级联、混合或比例控制器中的刺激控制回路，但是不能当作主控制器使用。控制器的功能基于采样控制器的 PI 控制算法。指令块如图 6-27b 所示。

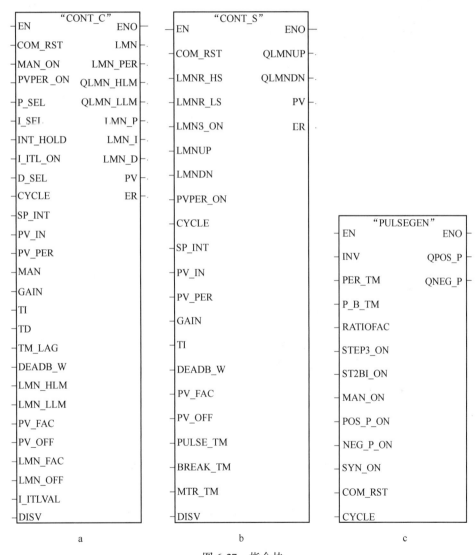

图 6-27 指令块

a—连续控制器 CONT_C；b—步进控制器 CONT_S；c—脉冲发生器 PULSEGEN

C 脉冲发生器 FB 43

FB 43 "PULSEGEN"（脉冲发生器）与 PID 控制器配合使用，以生成脉冲输出，用于比例执行器。FB 43 一般与连续控制器 "CONT_C" 一起使用,配置带有脉宽调制的二级或三级 PID 控制器。指令块如图 6-27c 所示。

6.2.2.3　PID 指令编程

首先对硬件进行组态,将所需 PLC 添加到导轨上,并根据所用传感器和加热装置在 PLC 属性中设置模拟量输入、输出的测量类型和测量范围,如图 6-28 所示。

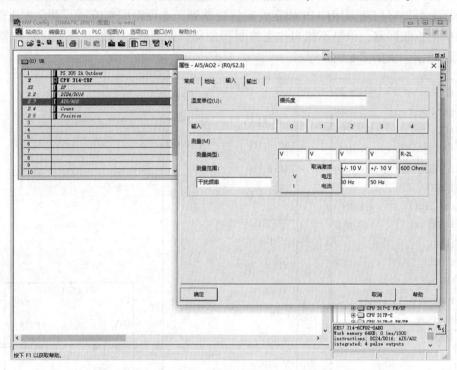

图 6-28　设置 PLC 模拟量输入输出属性

接着在 "块" 选项中添加新的循环组织块 OB32~OB35 中的任意一个。在选择的循环组织块 OB 中添加如图 6-27 所示的 PID 控制指令,然后进行对应数据的编程即可。

6.2.3　模拟量控制应用实例

6.2.3.1　实例说明

在对锂电池极片进行热辊压时,可以采取辊子中加热油的策略,但是需要对轧辊中的油进行恒温控制,若要实现油温在 50~70℃ 范围内可调,温度传感器选用测量范围为 0~100℃ 的 Pt100 一体化温度传感器,它可以将温度的变化转换为 4~20mA 的电流信号,经 PID 控制器计算后输出的控制信号通过控制加热装置的功率(0~1000W)来调节油温,当油温过高时可进行报警。

6.2.3.2　设备组态

导轨上添加电源和所需的 CPU,并将温度传感器接入到模拟量输入通道 0 的硬件组态,测量类型为电流,测量范围选择 4~20mA,干扰频率选择 50Hz,如图 6-29 所示。将控制加热装置接入到模拟量输出通道 0 的硬件组态,输出类型选择电压,输出范围设为 0~10V,如图 6-30 所示。

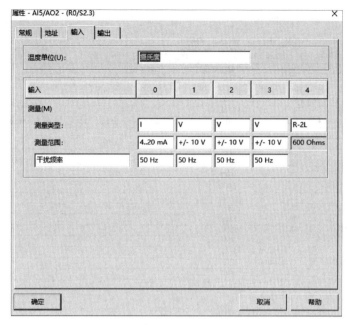

图 6-29　模拟量输入属性设置

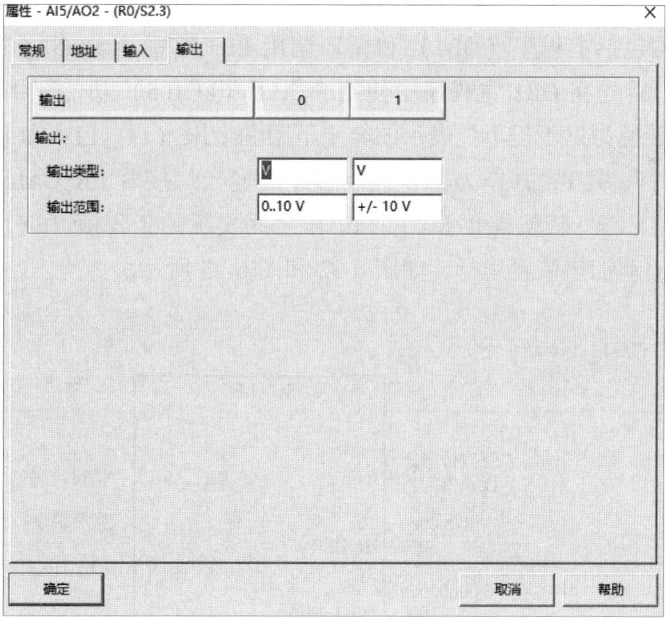

图 6-30　模拟量输出属性设置

6.2.3.3　PLC 编程

A　符号表编辑

本实例所需的变量名称、数据类型和地址如图 6-31 所示。

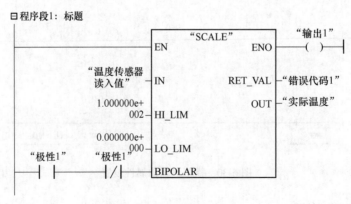

	状态	符号	地址		数据类型		注释
1		CONT_C	SFB	41	SFB	41	Continuous Control (Integrated Function, CPU 314 IFM)
2		CYC_INT5	OB	35	OB	35	Cyclic Interrupt 5
3		PID手动/自动切换	M	0.0	BOOL		
4		PID输出值	MD	30	REAL		
5		PULSEGEN	SFB	43	SFB	43	Pulse Generation (Integrated Function, CPU 314 IFM)
6		SCALE	FC	105	FC	105	Scaling Values
7		UNSCALE	FC	106	FC	106	Unscaling Values
8		报警	Q	0.3	BOOL		
9		错误代码1	MW	70	WORD		
1		错误代码2	MW	80	WORD		
1		极性1	M	60.0	BOOL		
1		极性2	M	60.1	BOOL		
1		加热功率	MW	50	INT		
1		设定值	MD	4	REAL		
1		实际温度	MD	20	REAL		
1		输出1	Q	0.0	BOOL		
1		输出2	Q	0.1	BOOL		
1		温度传感器读入值	IW	800	INT		
1		油温过高	I	0.1	BOOL		
2							

图 6-31　PLC 符号表

B　程序编辑

本例程序结构包括主程序（OB1）和循环调用 PID 程序（OB35），在"块"选项中建立对应组织块。首先在 OB1 主程序中使用 SCALE（FC105）功能，将温度传感器测得的整型值（IN）转换为以工程单位表示的介于下限和上限（LO_LIM 和 HI_LIM）之间的实型值，将结果写入 OUT，并作为 PID 控制程序的输入。接着 UNSCALE（FC106）功能将一个实数 REAL（IN）转换成介于下限和上限之间实际的工程值（IN），使用输出的结果（加热功率）驱动加热装置运行，如图 6-32 和图 6-33 所示。

图 6-32　OB1 主程序 FC105

OB34 循环调用 PID 程序，采用连续 PID 控制器 FB41"CONT_C"，如图 6-34 所示。

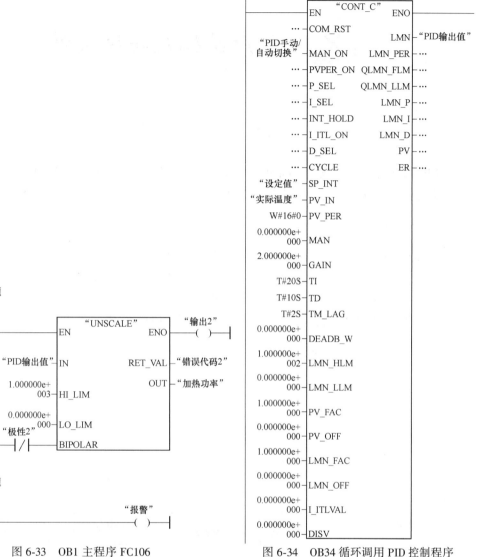

图 6-33　OB1 主程序 FC106

图 6-34　OB34 循环调用 PID 控制程序

6-1 试设计一个照明灯的控制程序。当按下接在 I0.0 上的按钮后，接在 Q4.0 上的照明灯可发光 30s，如果在这段时间内又有人按下按钮，则时间间隔从头开始。这样可确保在最后一次按完按钮后，灯光可维持 30s 照明。

6-2 简述模拟量输入、输出模块需要进行哪些属性设置。

6-3 模拟量模块是怎样与外部硬件设备实现闭环控制的？

6-4 简述 PID 控制的原理。

6-5 PID 指令编程需要进行哪些属性设置？

7 程序结构及程序设计

7.1 组织块与中断

组织块由操作系统调用，同时执行编写在组织块中的用户程序，组织块最基本的功能就是调用用户程序，也可以响应延时中断、硬件中断、日期时间中断和循环中断等。

7.1.1 组织块 OB

组织块 OB（Organization Block）是操作系统和用户程序之间的接口，用于控制程序的运行。不同 Step 7 系列 PLC 的不同 CPU 各有一套可编程的 OB。不同的 OB 由不同的事件启动，执行不同的功能，且具有不同的优先级。每一个 OB 在执行程序的过程中，可以被更高优先级的 OB 中断，即中断可嵌套。各种类型的组织块如图 7-1 所示。

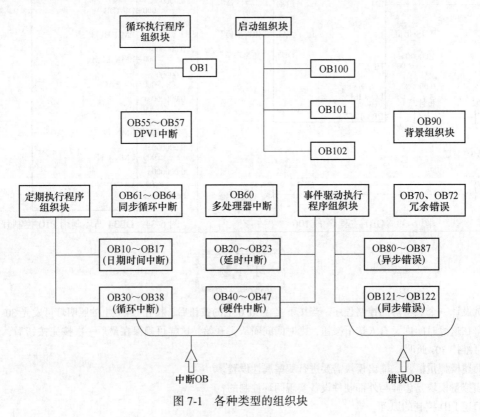

图 7-1　各种类型的组织块

Step 7 系列 PLC 的 CPU 支持的所有组织块通常按以下分类。

（1）循环执行的组织块。需要连续执行的程序存在组织块 OB1 里。OB1 中的用户程序执行完毕后，将开始一个新的循环——刷新映像区，然后从 OB1 的第一条语句重新开始执行。循环扫描时间和系统响应时间就是由这些操作来决定的。系统响应时间包括 CPU 操作系统总的执行时间和执行所有用户程序的时间。系统响应时间，也就是当输入信号变化后到输出动作的时间，等于两个扫描周期。

（2）启动组织块。启动组织块用于系统初始化，CPU 上电或操作模式更改时，在循环程序执行之前，要根据启动的方式执行启动程序 OB100～OB102 中的一个。可以在启动组织块中编程通信的初始化设置。

（3）定期执行的组织块。定期执行的组织块包括日期时间中断组织块 OB7～OB10 和循环中断组织块 OB30～OB38，可以根据设定的日期时间或时间间隔执行中断程序。通过循环中断，组织块可以每隔一段预定的时间（如 100ms）执行一次，可以在这些块中调用温度采样控制程序等。通过日期时间中断，一个组织块可以在特定的时间执行，如每天 17：00 保存温度数据等。

（4）事件驱动的组织块。延时中断 OB20～OB23 用于过程事件出现后延时一定的时间再执行中断程序；硬件中断 OB40～OB47 用于需要快速响应的过程事件，事件出现时马上中止循环程序，执行对应的中断程序。异步错误中断 OB80～OB87 和同步错误中断 OB121、OB122 用于决定在出现错误时系统如何响应。

（5）中断组织块。日期时间中断组织块 OB10～OB17、循环中断组织块 OB30～OB38、延时中断 OB20～OB23、硬件中断 OB40～OB47、DVP1 中断 OB55～OB57 以及 OB60 多处理器中断又可以划分为具备中断功能的组织块。

（6）错误组织块。组织块包括异步错误中断 OB80～OB87、同步错误中断 OB21～OB22 和多处理器错误中断 OB60。

（7）背景组织块。背景数据块 OB90 中可以放置一些对实时性要求不高的程序，以便 CPU 在最小循环扫描时间还有剩余的情况下执行。

操作系统为所有的组织块声明了一个 20 字节的包含 OB 启动信息的变量声明表，见表 7-1。声明表中变量的具体内容与组织块的类型有关。用户可以通过 OB 的变量声明表获得与启动 OB 的原因有关的信息。

表 7-1　OB 的变量声明表

地址（字节）	内　　容
0	事件级别与标识符，例如 OB40 为 B#16#11，表示硬件中断被激活
1	用代码表示与启动 OB 的事件有关的信息
2	优先级，例如 OB60 的优先级为 25
3	OB 块号，例如 OB60 的块号为 60
4～11	附加信息，例如 OB40 的第 5 个字节为产生中断的模块的类型，16#54 为输入模块，16#5 为输出模块。第 6、7 字节组成的字为产生中断的模块的起始地址，第 8～11 字节组成的双字为产生中断的通道号
12～19	启动 OB 的日期和时间（年、月、日、时、分、秒、毫秒和星期）

7.1.2　中断过程及优先级

7.1.2.1　中断过程

启动事件触发 OB 调用称为中断，中断处理用来实现对特殊内部事件或外部事件的快速响应。在 SIMATIC Step 7 中，对这些特殊事件的处理，安排了大量的组织块，可在这些组织块中编写相应的中断处理程序。如果没有中断时，CPU 循环执行组织块 OB1，因为除背景组织块 OB90 以外，OB1 的中断优先级最低，当 CPU 检测到中断源的中断请求时，操作系统在执行完当前程序的当前指令（即断点处）以后，就会根据中断优先级的高低立即响应中断。CPU 暂停正在执行的程序，调用中断源对应的用于中断的组织块来处理。执行完中断组织块以后则返回中断程序的断点处继续执行原来的程序。有中断发生时，如果没有下载对应的组织块，CPU 将会进入 STOP 模式。如果用户希望忽略某个中断事件，则可以生成和下载一个对应的空的组织块，出现该中断事件时，CPU 就不再进入 STOP 模式。如果在执行中断程序时，又检测到一个中断请求，CPU 将会比较两个中断源的中断优先级，如果优先级也相同，则按照产生中断请求的先后顺序来处理。如果后者的优先级高于正在执行的中断的优先级，CPU 将会中止当前正在执行的 OB，改为调用较高优先级的 OB（中断的优先级即是组织块的优先级）。这种处理的方式被称为中断程序的嵌套调用。

一个组织块的执行被另一个组织块中断时，操作系统会对现场进行保护。被中断的 OB 的局部数据压入 L 堆栈（局部数据堆栈），被中断的断点处的现场信息保存在 I 堆栈（中断堆栈）和 B 堆栈（块堆栈）中。

中断发生时，中断程序是由操作系统自动调用的，而不是由程序块调用的。编写中断程序时，首先要遵循"越短越好"的原则，尽量减少中断程序的执行时间，以减少对其他处理的延迟，否则可能引起主程序控制的设备操作异常。其次是因为不能预知系统何时调用中断程序，中断程序不能改写其他程序中可能正在使用的存储器，所以不要轻易使用其他程序中可能使用的编程元件，而应尽量使用相应组织块的临时局域变量。

7.1.2.2　中断的优先级

中断的优先级即是组织块的优先级，较高优先级的组织块可以中断较低优先级的组织块的处理过程。如果同时产生的中断请求不止一个，则最先执行优先级最高的 OB，然后按照优先级由高到低的顺序依次执行其他的组织块。OB 具有不同的优先级，优先级的范围为 1~29，其中"1"优先级最低，"29"优先级最高。每一个 OB 在执行过程中可以被更高优先级的事件中断，具有同等优先级的 OB 不能相互中断，而是按照发生的先后顺序执行。通常情况下组织块的号码越大，其优先级也就越高。表 7-2 为 Step 7-300 PLC 的常用组织块 OB 类型顺序表。

表 7-2　CPU314 组织块优先级顺序表

OB 类型	组织块	默认优先级
主程序扫描	OB1	1
日期时间中断	OB10~OB17	2

OB 类型	组织块	默认优先级
延时中断	OB20~OB23	3~6
循环中断	OB30~OB38	7~15
硬件中断	OB40~OB47	16~23
多处理器中断	OB60	25
同步循环中断	OB61~OB64	25
响应异步错误	OB80~OB87	26（启动时是 28）
背景循环	OB90	29
启动	OB100~OB102	27
同步错误中断	OB121~OB122	与被中断的 OB 优先级相同

同一个优先级可以分配给好几个 OB，具有相同优先级的 OB 则按启动它们的事件出现的先后顺序来处理。被同步错误启动的故障 OB 的优先级与错误出现时正在执行的 OB 的优先级相同。在生成逻辑块 OB、FB 和 FC 时，同时生成临时局部变量数据，CPU 的局部数据区按优先级划分。

每个组织块的局部数据区都有 20 字节的启动信息，它们只是在该块被执行时使用的临时变量，这些信息在 OB 启动时由操作系统提供，包括启动事件、启动日期与时间、错误及诊断事件。将优先级赋值为 0，或分配小于 20 字节的局部数据给某一个优先级，可以取消相应的中断 OB。

7.1.3 启动组织块

用于启动时的组织块包括 OB100、OB101 和 OB102。Step 7 CPU 在处理用户程序前，要先行一个启动程序，这就是操作系统要调用的启动组织块。

7.1.3.1 CPU 模块的启动模式

当 PLC 接通电源以后，CPU 有 3 种启动方式：暖启动（Warm Restart）、热启动（Hot Restart）和冷启动（Cold Restart），不同的 CPU 具有不同的启动模式。

（1）暖启动。暖启动时，过程映像数据以及非保持的存储器位、定时器和计数器被复位。具有保持功能的存储器位、定时器、计数器和所有数据块将保留原数值。程序将重新开始运行，CPU 会自动调用启动 OB100（如 Step 7-300 的 CPU 314 会调用 OB100），然后开始循环执行 OB1。手动暖启动时，将模式选择开关扳到 STOP 位置，STOP 的 LED 指示灯亮，然后扳到 RUN 或 RUN-P 位置。一般 Step 7-300 PLC 都采用此种启动方式。

（2）热启动。热启动时，所有数据（无论是保持型或非保持型）都将保持原状态，并且将 OB101 中的程序执行一次。然后程序从断点处开始执行。剩余循环执行完以后开始执行循环程序。仅 Step 7-400 PLC 具有此功能。

（3）冷启动。冷启动时，所有过程映像区和标志存储器、定时器和计数器（无论是保持型还是非保持型）都将被清零，而且数据块的当前值被装载存储器的原始值覆盖。然后将 OB102 中的程序执行一次后执行循环程序。手动冷启动时，将模式选择开关扳到

STOP 位置，STOP 的 LED 指示灯亮，再扳到 MRES 位置，STOP 的 LED 指示灯灭 1s、亮 1s，再灭 1s 后保持亮。最后将它扳到 RUN 或 RUN-P 位置。

7.1.3.2　CPU 启动组织块

发生下列事件，CPU 执行启动：

（1）CPU 上电后；

（2）将 CPU 模式选择器由 STOP 切换为 RUN-P 时；

（3）使用通信功能（编程设备中的菜单命令或者通过调用不同 CPU 上的通信功能块 19 "START" 或 21 "RESUME"）发出请求后；

（4）多值计算的同步；

（5）在链接之后的 H 系统中（仅适用于待机的 CPU）。

启动用户程序之前，先执行启动组织块 OB。在暖启动、热启动和冷启动时，操作系统分别调用 OB100、OB101、OB102 组织块。用户可以通过在启动组织块 OB100~OB102 中编写程序来设置 CPU 的初始化操作。例如设置开始运行时某些变量的初始值以及输出模块的初始值等。

启动程序没有长度和时间的限制，因为循环时间监视器还没有被激活。在启动程序期间不能执行时间中断程序和硬件中断程序。在设置 CPU 模块属性的对话框中，可以在"启动"选项卡中设置启动的各种参数。启动组织块 OB100 的局部变量中各参数的含义见表 7-3。

表 7-3　OB100 的局部变量的含义

变　量	类　型	描　述
OB100_EV_CLASS	BYTE	事件等级和标识符：B#16#13：激活
OB100_STRTUP	BYTE	启动方式
OB100_PRIORITY	BYTE	优先级：27
OB100_OB_NUMBR	BYTE	OB 编号（100、101 或 102）
OB100_RESERVED_1	BYTE	保留
OB100_RESERVED_2	BYTE	保留
OB100_STOP	WORD	导致 CPU 停止的事件的编号
OB100_STRT_INFO	DWORD	有关当前启动的辅助信息
OB100_DATE_TIME	DATE_AND_TIME	调用 OB 时的日期和时间

7.1.4　时间延时中断组织块

7.1.4.1　概述

在延时中断组织块中，用户可以编写将要延时的程序。Step 7 提供四个在指定延时后执行的 OB（OB20~OB23）。每个延时 OB 均可通过调用 SFC32（SRT_DINT）来启动。延时时间是 SFC 的一个输入参数。延时中断组织块的延时时间为 1~60000ms（1min），延时精度为 1ms，优于定时器的精度。

当用户程序调用 SFC32（SRT_DINT）时，需要提供 OB 编号、延时时间和用户专用的标识符。经过指定的延时后，OB 将会启动。

延迟时间（单位为 ms）同 OB 编号一起传送给 SFC32，时间到期后，操作系统将启动相应的 OB。要使用延时中断，必须执行两个任务：必须调用 SFC32（SRT_DINT）；必须将延时中断 OB 作为用户程序的一部分下载到 CPU。

只有当 CPU 处于 RUN 模式下时才会执行延时 OB。如果延迟时间已过而 CPU 未处于 RUN 模式，则延时中断 OB 调用将被延迟，直到 CPU 处于 RUN 模式。然后，将在执行 OB1 中的第一条指令前调用延时中断 OB。暖启动或冷启动将清除延时 OB 的所有启动事件。如果延时中断还未启动，则可使用 SFC33（CAN_DINT）取消执行。已到期的延迟时间可立即再次启动。可使用 SFC34（QRY_DINT）查询延时中断的状态。

发生以下两个事件之一，操作系统将调用异步错误组织块：如果操作系统试图启动一个尚未装载的 OB，并且用户在调用 SFC32 "SRT_DINT" 时指定了其编号；如果在完全执行延时 OB 之前发生延时中断的下一个启动事件。延时中断 OB20 的局部变量中各参数的含义见表 7-4。

表 7-4 OB20 的局部变量的含义

变 量	类 型	描 述
OB20_EV_CLASS 事件	BYTE	等级和标识符：B#16#11：中断处于激活状态
OB20_STRT_INF	BYTE	B#16#21~B#16#24：OB20~OB23 的启动请求
OB20_PRIORITY	BYTE	分配的优先级：默认值 3（OB20）~6（OB23）
OB20_OB_NUMBR	BYTE	OB 编号（20~23）
OB20_RESERVED_1	BYTE	保留
OB20_RESERVED_2	BYTE	保留
OB20_SIGN	WORD	用户 ID：调用 SFC32（SRT_DINT）的输入参数 SIGN
OB20_DTIME	TIME	已组态的延迟时间（单位为 ms）
OB20_DATE_TIME	DATE_AND_TIME	调用 OB 时的日期和时间

7.1.4.2 应用方法

首先可以在 Step 7 中查看可以支持的延时中断 OB，具体方法如下：在 Step 7 的硬件组态窗口中，双击项目机架上的 CPU 所在行，打开 CPU 属性对话框，点击 "中断" 选项，CPU 设置框中显示出当前 CPU 支持的延时中断组织块，如图 7-2 所示。

延时中断组织块 OB20 经过一段指定时间的延时时间后运行。在程序中，系统提供了 SFC32~SFC34 三个系统功能块供用户使用。OB20 在调用 SFC32 "SRT_DINT" 后启动，延时时间在 SFC32 的参数中设定；如果在延迟时间未到之前想取消延时程序的执行，可以调用 SFC33 "CAN_DINT"；同时可以使用 SFC34 "QRY_DNT" 查询延迟的状态。在应用中，必须将 OB20 和使用的 SFC 都下载到 PLC 中。见表 7-5 为 SFC32~SFC34 的参数说明。

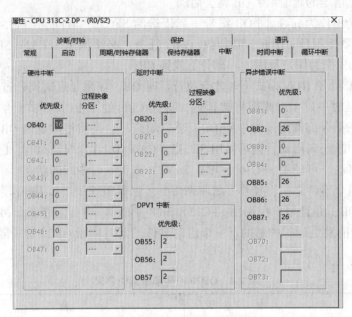

图 7-2　CPU 支持的延时中断组织块

表 7-5　SFC32~SFC34 的参数说明

参数	声明	数据类型	存储器	描　　述
OB_NR	INPUT	INT	I、Q、M、D、L、常数	将在延时后启动的 OB 的编号（OB20~OB23）
DTIME	INPUT	TIME	I、Q、M、D、L、常数	延时值（1~60000ms）
SIGN	INPUT	WORD	I、Q、M、D、L、常数	调用延时中断 OB 时，将显示在启动事件信息中的标识符
RET_VAL	OUTPUT	INT	I、Q、M、D、L	当系统功能处于激活状态时出错，则实际参数将包含错误代码
STATUS	OUTPUT	WORD	I、Q、M、D、L	延时中断状态

7.1.4.3　应用实例

【例 7-1】　I0.0 的上升沿作为控制启动延时中断 OB20 的触发脉冲，延时 5s 后中断一次，中断程序使得 MW2 加 1，I0.1 的上升沿控制取消延时中断 OB20。延时 5s 后启动程序梯形图如图 7-3 所示。

在图 7-3a 中调用系统功能 SFC 启动延时中断，DTME 端是延时的时间设置，此时为 T#5s。程序编译保存好后就可以下载到实际 PLC 或 PLCSIM 仿真软件中了。加 M1.0 防止扫描周期不停地采集、清零，对程序形成干扰。值得注意的是，要把所有的程序块都下载，包括 OB20、SFC32 等，选中要下载的程序块，再单击工具栏的下载按钮即可。

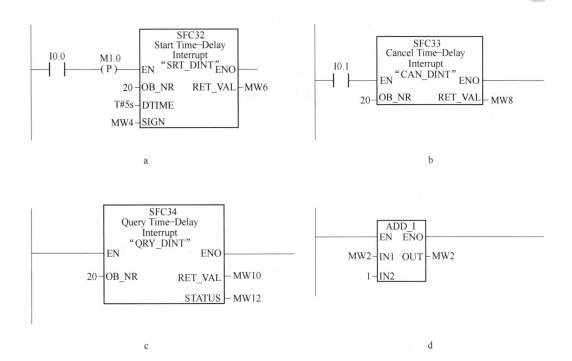

图 7-3 延时 5s 后启动程序梯形图

a—启动延时中断程序；b—取消延时中断程序；c—启动延时中断程序；d—OB20 的程序

7.1.5 硬件中断组织块

7.1.5.1 概述

Step 7 提供多达 8 个独立的硬件中断组织块 OB（OB40~OB47）。通过 Step 7 的硬件组态进行参数赋值，可以为能够触发硬件中断的每一个信号模板指定参数，哪个通道在哪种条件下触发一个硬件中断；各硬件中断 OB 被分配到单独的通道组，默认所有硬件中断被 OB40 处理。

在硬件中断被模板触发之后，操作系统识别相应的槽和相应的硬件中断 OB。如果这个 OB 比当前激活的 OB 优先级高，则启动该 OB，在硬件中断 OB 执行之后，将发送通道确认。

如果在对硬件中断进行标识和确认的这段时间内，在同一模块中发生了触发硬件中断的另一事件，则应用以下两种规则：如果该事件发生在先前触发硬件中断的通道中，则新中断丢失，即不处理它；如果该事件发生在同一模块的另一通道中，通常不会触发任何硬件中断，然而此中断不会丢失，而是在确认当前激活的硬件中断后被触发，如果来自另一模块中的硬件中断而使某一硬件中断被触发，并且其 OB 当前处于激活状态，则将记录新请求并且在 OB 空闲时对其进行处理。硬件中断组织块 OB40 的局部变量中各参数的含义见表 7-6。

可使用 SFC39~SFC42 来禁用或延迟，并重新启用硬件中断，也可以使用 SFC55~SFC57 为模块的硬件中断分配参数。表 7-7 为 SFC55~SFC57 的参数说明。

表 7-6　OB40 的局部变量的含义

变　　量	类　　型	描　　述
OB40_EV_CLASS	BYTE	事件等级和标识符：B#16#11，中断处于激活状态
OB40_STRT_INF	BYTE	B#16#41：通过中断行，1 中断
OB40_PRIORITY	BYTE	分配的优先级：默认值为 16（OB40）~23（OB47）
OB40_OB_NUMBR	BYTE	OB 编号（40~47）
OB40_RESERVED_1	BYTE	保留
OB40_IO_FLAG	BYTE	输入模块：B#16#54；输出模块：B#16#55
OB40_MDL_ADDR	WORD	触发中断的模块的逻辑基址
OB40_POINT_ADDR	DWORD	数字模块：触发硬件中断的模块上带输入状态的位字段； 模拟模块：位字段包含表示哪个通道超出何种限制的信息； CP 或 IM：模块的中断状态（与用户无关）
OB40_DATE_TIME	DATE_AND_TIME	调用 OB 时的日期和时间

表 7-7　SFC55~SFC57 的参数说明

参数	声明	数据类型	存储器	描　　述
REQ	INPUT	BOOL	I、Q、M、D、L、常数	REQ=1：写请求
IOID	INPUT	BYTE	I、Q、M、D、L、常数	地址区域的 ID：B#16#54=外设输入（PI），B#16#55=外设输出（PO），若是混合模块，指定最低地址的区域 ID
LADDR	INPUT	WORD	I、Q、M、D、L、常数	模块的逻辑基址。对于混合模块则指定两个地址中较低的一个
RECNUM	INPUT	BYTE	I、Q、M、D、L、常数	数据记录号
RET_VAL	OUTPUT	INT	I、Q、M、D、L	如果在功能激活时出错，则返回值包含故障代码
BUSY	OUTPUT	BOOL	I、Q、M、D、L	BUSY=1：写操作尚未完成

7.1.5.2　应用方法

首先可以在 Step 7 中查看可以支持的硬件中断组织块 OB，具体方法如下：在 Step 7 的硬件组态窗口中，双击项目机架上的 CPU 所在行，打开 CPU 属性对话框，点击"中断"选项，CPU 设置框中显示出当前 CPU 支持的硬件中断组织块，如图 7-2 所示。

7.1.5.3　应用实例

【例 7-2】　M0.0 的上升沿作为硬件中断触发脉冲，使用硬件中断 OB40，当来一次 M0.1 的上升沿，就使 MW4 自动加 1。

首先在硬件组态中设置中断触发信号。如上所述，并不是所有的信号模块都具有中断功能。此例中，需要一个数字量输入模块，图 7-4 所示为硬件组态，其右视图硬件目录中的"D-300"中有此版本软件支持的所有 SM321，单击一个模块后，右下角处将出现这个模块的基本信息。然后插入"CPU313-2 DP"和一块具有中断功能的数字量输入模块。然后双击模板，选择"中断"选项，可同时激活"硬件中断"和"硬件中断触发器"选项，图7-5所示为设置数字量输入模块的中断。

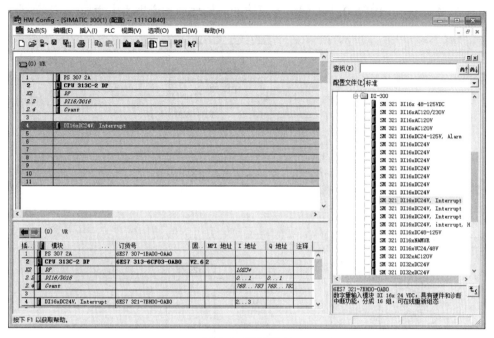

图7-4　硬件组态

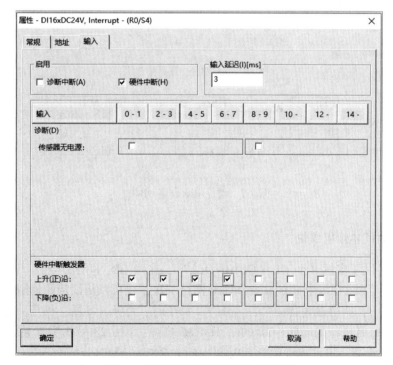

图7-5　设置数字量输入模块的中断

说明：在这个例子中，也可以使用 SFC9 和 SFC40 来取消和激活中断。这里只设置中断模块，并在 OB40 中编程即可完成功能。图 7-6 所示为启动硬件中断组织块，图 7-7 所示为硬件中断程序 OB40，在程序段 2 中利用局部变量 OB40_ MDL_ ADD 和 OB40_POINT_ ADDR，在 MW104 和 MW100 中得到输入模块的起始地址和产生的中断号。

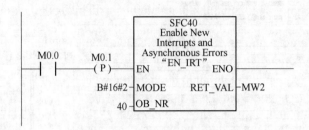

图 7-6   启动硬件中断组织块

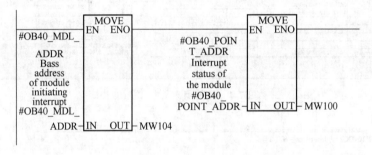

图 7-7   硬件中断程序 OB40

7.1.6   日期时间中断组织块

STEP 7 提供了多达 8 个 OB（OB10～OB17），这些 OB 可单次运行，也可定期运行。日期时间中断可以在某一特定的日期和时间执行一次，也可以从设定的日期时间开始，周期性地重复执行。执行参数有一次、每分钟、每小时、每天、每周、每月、月末和每年执行一次。对于每月执行的时间中断 OB，只可将 1、2、…、28 号作为起始日期。可以用 SFC28～SFC30 设置、取消或激活日期时间中断。系统已经在启动组织块 OB10 中定义了局部变量中各参数的含义，见表 7-8。

表 7-8　OB10 的局部变量的含义

变　量	类　型	描　述
OB10_EV_CLASS	BYTE	事件等级和标识符：B#16#11 = 中断处于激活状态
OB10_STRT_INFO	BYTE	B#16#11 ~ B#16#18 分别为 OB10 ~ OB17 的启动请求
OB10_PRIORITY	BYTE	分配的优先级；默认值为 2
OB10_OB_NUMBR OB	BYTE	编号（10 ~ 17）
OB10_RESERVED_1	BYTE	保留
OB10_RESERVED_2	BYTE	保留
OB10_PERIOD_EXE	WORD	OB 以指定的时间间隔执行：W#16#0000：单次；W#16#0201：每分钟一次；W#16#0401：每小时一次；W#16#1001：每天一次；W#16#1201：每周一次 W#16#1401：每月一次；W#16#1801：每年一次；W#16#2001：月末
OB10_RESERVED_3	INT	保留
OB10_RESERVED_4	INT	保留
OB10_DATE_TIME	DATE_AND_TIME	调用 OB 时的日期和时间

为了启动时间中断，用户首先必须设置时间中断的参数，然后再激活它。用户可以用组态或编程的方法来启动时间中断。

7.1.6.1　设置和启动日期时间中断

时间中断有下面三种可能的启动方式。

（1）基于硬件组态的自动启动时间中断，在硬件组态工具中设置和激活。在 Step 7 中打开硬件组态工具，双击机架中 CPU 模块所在的行，打开设置 CPU 属性的对话框，单击"日期时间中断"选项卡，设置启动日期时间中断的日期和时间，选中"激活"复选框，在执行列表中选择执行方式为，"每分钟"，如图 7-8 所示。将硬件组态数据保存编译下载到 CPU 中可以实现日期时间中断的自动启动。

（2）用上述方法设置日期时间中断的参数，但不选择"激活"而是在用户程序中用 SFC30"ACT_TINT"激活日期时间中断。

（3）可以在程序中通过调用 SFC28"SET_TINT"来设置时间中断，然后通过调用 SFC30"ACT_TINT"来激活它。

7.1.6.2　查询日期时间中断

要想查询设置了哪些日期时间中断，以及这些中断什么时间发生，可以调用 SFC31"QRY_TINT"查询日期时间中断。SFC31 输出的状态字节（STATUS）见表 7-9。

7.1.6.3　禁止和激活日期时间中断

用 SFC29"CAN_TINT"取消日期时间中断，用 SFC28"SET_TINT"重新设置那些被禁用的日期时间中断，SFC30"ACT_TINT"重新激活日期时间中断。SFC28 的参数说明见表 7-10。

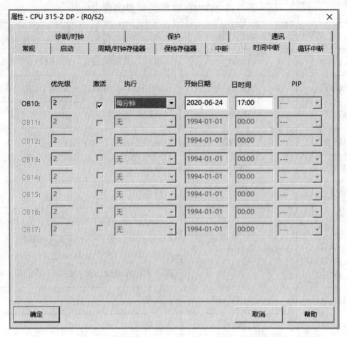

图 7-8　设置启动日期时间中断的日期和时间

表 7-9　SFC31 输出的状态字节

位	取　值	意　义
0	0	日期时间中断已被激活
1	0	允许新的日期时间中断
2	0	日期时间中断未被激活或时间已过去
3	0	
4	0	没有装载日期时间中断组织块
5	0	日期时间中断组织块的执行没有被激活的测试功能禁止
6	0	以基准时间为日期时间中断的基础
7	0	以本地时间为日期时间中断的基础

表 7-10　SFC28 的参数说明

参数	声明	数据类型	存储器	描　述
OB_NR	INPUT	INT	I、Q、M、D、L、常数	在时间 SDT + PERIOD 的倍数处启动的 OB 的编号（OB1~OB17）
SDT	INPUT	DT	D、L、常数	启动日期和时间：将忽略指定的启动时间的秒和毫秒值，并将其设置为 0 如果要设置每月启动时间中断 OB，则只能使用日期 1、2、…、28 号作为启动日期

续表 7-10

参数	声明	数据类型	存储器	描　述
PERIOD	INPUT	WORD	I、Q、M、D、L、常数	从启动点 SDT 开始的周期：W#16#0000：一次；W#16#0201：每分钟；W#16#0401：每小时；W#16#1001：每日；W#16#1201：周；W#16#1401：每月；W#16#1801：年；W#16#2001：月末
RET_VAL	OUTPUT	INT	I、Q、M、D、L	如果在功能处于激活状态时出错，则 RET_VAL 的实际参数将包含错误代码

7.1.6.4　应用实例

【例 7-3】　自 2021-6-24 的 21：50 开始，每分钟中断一次，每次中断使 MW2 自动加 1。要求在 I0.0 的上升沿脉冲调用 SFC28 来设置时间中断，在 I0.1 的上升沿调用 SFC29 来取消时间中断。图 7-9 所示为主程序 OB1，图 7-10 所示为中断程序 OB10。在程序段 7-9a

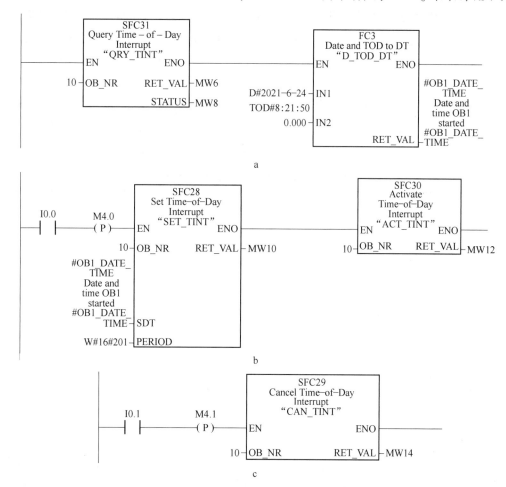

图 7-9　主程序 OB1

a—查询时间中断的状态和合并日期和时间值；b—设置和激活时间中断；c—取消时间中断

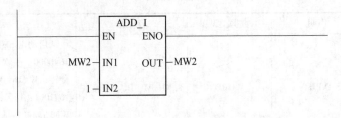

图 7-10　中断程序 OB10

中调用 SFC31 查询时间中断的状态，调用系统 EC 功能 FC3 "DATE and ToD to DT" 合并日期和时间值；在程序段 7-9b 中用 SFC28 设置时间中断和激活时间中断 OB10；在程序段 7-9c 中取消时间中断 OB10。

7.1.7　循环中断组织块

7.1.7.1　概述

Step 7 提供了 9 个循环中断组织块（OB30～OB38），它们经过一段固定的时间间隔中断用户的程序。循环中断用于按精确的时间间隔循环执行中断程序，例如周期性地执行闭环控制系统的 PID 控制程序，间隔时间从 STOP 切换到 RUN 模式时开始计算。

必须确保每个循环中断 OB 的运行时间远远小于其时间间隔。如果因时间间隔已到期，如果在预期的再次执行前未完全执行循环中断 OB，则启动时间错误 OB80，CPU 将进入 STOP 模式下。表 7-11 为循环中断 OB 的默认时间间隔和优先级。

表 7-11　循环中断 OB 的默认时间间隔和优先级

OB 编号	默认时间间隔	默认优先级
OB30	5s	7
OB31	2s	8
OB32	1s	9
OB33	500ms	10
OB34	200ms	11
OB35	100ms	12
OB36	50ms	13
OB37	20ms	14
OB38	10ms	15

以 OB35 为例来说明其用法，循环中断组织块 OB35 是按设定的时间间隔循环执行的中断程序，间隔时间从 STOP 切换到 RUN 模式时开始计时。表 7-12 为 OB35 的局部变量。

表 7-12 OB35 的局部变量

变量	类型	描述
OB3x_EV_CLASS	BYTE	事件等级和标识符 B#16#11：中断处于激活状态
OB3x_STRT_INF	BYTE	B#16#30：H 系统中周期性中断组织块的特殊启动请求（选择了特殊处理，用于切换到"冗余"系统状态） B#16#31~B#16#39：OB30~OB38 的启动请求
OB35_PRIORITY	BYTE	分配的优先级：缺省值为 7（OB30）~15（OB38）
OB35_OB_NUMBR	BYTE	OB 编号（30~38）
OB35_RESERVED_1	BYTE	保留
OB35_RESERVED_2	BYTE	保留
OB35_PHASE_OFFSET	WORD	如果 OB35_STRT_INF=B#16#3A：相位偏移单位为 μs； 在其他情况下：相位偏移以 ms 为单位
OB35_RESERVED_3	INT	保留
OB35_EXC_FREQ	INT	如果 OB35_STRT_INF=B#16#3A：以 μs 为单位表示的循环时间；在其他情况下，时间间隔（单位为 ms）
OB35_DATE_TIME	DATE_AND_TIME	调用 OB 时的 DATE_AND_TIME

7.1.7.2 应用方法

首先可以在 Step 7 中查看可支持的循环中断 OB。具体方法：在 Step 7 的硬件组态窗口中，双击项目机架上的 CPU 所在的行，打开 CPU 属性对话框，单击"循环中断"选项卡，设置框就显示当前 CPU 可以使用的循环中断块，可以设置循环中断，如图 7-11 所示。用户可以在"优先级"编辑框中设置当前循环 OB 的优先级，在"执行"编辑框可改变默认的时间间隔，范围是 0~60000ms。相位偏移量用于错开不同时间间隔的几个循环中断 OB，以减少连续执行多个循环中断 OB 的时间。

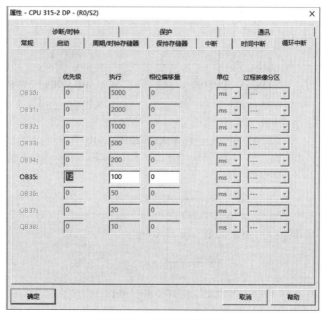

图 7-11 设置循环中断

与 OB20 使用方法不同的是，系统没有提供专用的激活和禁止循环中断 SFC，但可以运用 SFC39～SFC42 取消、延时和再次使用循环中断。SFC40 "EN_INT" 是用于激活新的中断和异步错误的系统功能，其参数 MODE 为 0 时激活所有的中断和异步错误；为 1 时激活部分中断和异步错误；为 2 时激活指定的 OB 编号对应的中断和异步错误。SFC39 "DIS_INT" 是禁止新的中断和异步错误的系统功能，其参数 MODE 为 2 时禁止指定的 OB 编号对应的中断和异步错误。表 7-13 为 SFC39～SFC42 的参数说明。

表 7-13　SFC39～SFC42 的参数说明

参数	声明	数据类型	存储器	描　述
MODE	INPUT	BYTE	I、Q、M、D、L、常数	指定禁用哪些中断和异步错误
OB_NR	INPUT	INT	I、Q、M、D、L、常数	OB 编号
RET_VAL	OUTPUT	INT	I、Q、M、D、L	如果 SFC39 或 SFC40 在功能激活时出错，则返回值包含故障代码； SFC41：延迟数=调用数； SFC42：完成或发生错误消息时仍编程的延迟数

7.1.7.3　应用实例

【例 7-4】　每 800ms 中断一次，每次中断 MW6 加 1。要求启动 OB100 一次，在 I0.2 的上升沿调用系统功能块 SFC40 来激活 OB35 对应的循环中断，在 I0.3 的上升沿调用系统功能块 SFC39 来禁止 OB35 对应的循环中断，MODE 为 2 激活或禁止 OB_NR 输入参数指定的 OB 编号对应的中断。可以在图 7-12 中设置 OB35 的循环间隔时间为 800ms。图 7-12 所示为程序调用 OB100 一次，图 7-13 所示为循环中断程序 OB35，图 7-14 所示为主程序 OB1。

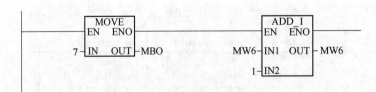

图 7-12　程序调用 OB100 一次

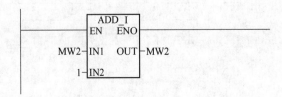

图 7-13　循环中断程序 OB35

OB1: "Main Program Sweep (Cycle)"

注释:

□ 程序段1: 标题

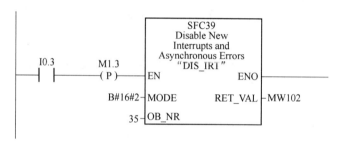

□ 程序段2: 标题

图 7-14 主程序 OB1

7.2 功能 FC 和功能块 FB

在 Step 7 的编程中, 经常会用到功能 (FC) 和功能块 (FB) 来简化程序编制, 减少程序空间占用。以发动机控制系统为例, 介绍生成和调用功能 (FC)、功能块 (FB) 的方法。发动机程序结构的示意图, 如图 7-15 所示。

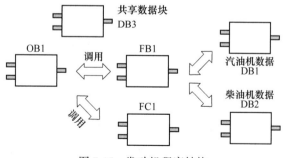

图 7-15 发动机程序结构

7.2.1 功能 FC

功能 FC 属于个人自己编程的块。功能是一种"不带内存"的逻辑块。属于 FC 的临时变量保存在本地数据堆栈中。执行 FC 时, 该数据将丢失, 为永久保存该数据, 功能也

164

可使用共享数据块。FC 没有相关的背景数据块（DB），没有可以存储块参数值的数据存储器，因此，调用函数时，必须给所有形参分配实参。所谓无参 FC，是指在编辑 FC 时，在局部变量声明表不进行形式参数的定义，在 FC 中直接使用绝对地址完成控制程序的编程。

7.2.1.1 生成功能

用鼠标右键单击 SIMATIC 管理器左边窗口中的"块"，执行出现的快捷菜单中的"插入新对象"中的"功能"命令，生成一个新的功能。在出现新的功能属性对话框中，采用系统自动生成的功能的名称"FC1"，选择梯形图为功能默认的编程语言。

7.2.1.2 局部变量

双击 SIMATIC 管理器中的"FC1"的图标，打开程序编辑器双击生成的"FC1"，将鼠标的光标放在右边的程序区最上面的分隔条上，如图 7-16 所示，按住鼠标左键，往下拉动分隔条，分隔条上面是功能块的变量声明表，下面是程序区，左边是指令列表框和库。

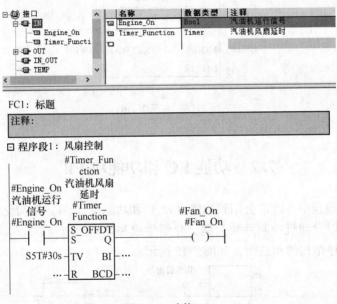

图 7-16 功能 FC1

由图 7-16 可知，功能块有 4 种局部变量。

（1）IN（输入参数）用于将数据从调用块传送到被调用块。

（2）OUT（输出参数）用于将块的执行结果从被调用块返回给调用它的块。

（3）IN_OUT（输入输出参数）参数的初值由调用它的块提供，块执行后由同一个参数将执行结果返回给调用它的块。

（4）TEMP（临时变量）暂时保存在局部数据区中的变量。只是在执行块时使用临时变量，执行完后，不再保存临时变量的数值，它可能被同一优先级中别的块里的临时数据覆盖。临时变量区（L 堆栈）相当于"无人管理的公告栏"，谁都可以往上面"贴告示"，"后贴的告示"将"原来的告示"覆盖掉。

FC 有一个返回值 RETURN，它实际上是一个输出参数。返回值的设置与 IEC6113-3 标准有关，该标准的功能没有输出参数，只有一个返回值。

功能 FC1 用来控制发动机的风扇，要求在发动机运行信号 Engine_On 变为 1 时启动风扇，发动机停车后，用输出的 BOOL 变量 Fan On 控制的风扇继续运行 30s 后关断。

在 FC1 中，用延时断开定时器 S_OFFDT 来定时。在功能的变量声明表中定义的输入参数 Timer_Function 是延时断开定时器的编号，数据类型为 Timer，在调用 FC1 时用它来为不同的发动机指定不同的定时器。

7.2.2　功能的调用

双击打开 SIMATIC 管理器中的 OB1，为梯形图显示方式，将左边窗口中的"FC 块"文件夹中的 FC1 拖入到程序段 1 的水平导线上，无条件调用符号名为"风扇控制"的 FC1。图 7-17 给出了 OB1 中控制汽油机的程序段 1。

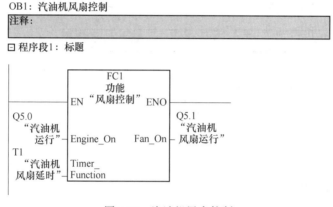

图 7-17　汽油机风扇控制

方框的左边是块的输入参数和输入/输出参数，右边是输出参数。方框内的 Engine_On 等是 FC1 的变量声明表中定义的 IN 和 OUT 参数，称为形式参数，简称为形参。方框外的符号地址"汽油机运行"等是形参对应的实际参数，简称为实参。调用功能或功能块时应将实参赋值给形参，并保证实参与形参的数据类型一致。

输入参数的实参可以是绝对地址、符号地址或常数，输出参数或输入输出参数的实参必须指定为绝对地址或符号地址。将不同的实参赋值给形参，就可以实现对类似的但不完全相同的被控对象（汽油机）的控制。

7.2.3　功能块 FB

功能块 FB 属于个人自己编程的块。功能块是一种"带内存"的块。分配数据块作为其内存（实例数据块）。传送到 FB 的参数和静态变量保存在实例 DB 中。临时变量则保存在本地数据堆栈中。

7.2.3.1　生成功能块

选中 SIMATIC 管理器左边窗口中的"块"图标，用右键单击右边窗口，执行出现的快捷菜单中的"插入新对象"中的"功能块"命令，生成一个新的功能块。在出现的功能块属性对话框中，采用系统自动生成的功能块的名称"FB1"，默认选择梯形图编程语言。单击"多重背景功能"前面的复选框，使小框中的"勾"消失。单击"确认"键后返回 SIMATIC 管理器，可以看到右边窗口中新生成的功能块 FB1。

7.2.3.2 局部变量

双击生成的"FB1"，打开程序编辑器。将鼠标的光标放在右边的程序区最上面的分隔条上，如图 7-18 所示，按住鼠标左键，往下拉动分隔条，分隔条上面是功能块的变量声明表，下面是程序区，左边是指令列表框和库。将水平分隔条拉至程序编辑器视窗的顶端，不再显示变量声明表，但是它依然存在。

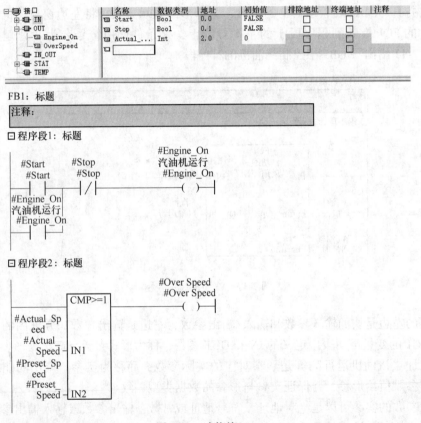

图 7-18　功能块 FB1

与功能的变量声明表相比，功能块多了一个静态变量（STAT）。从功能块执行完，到下一次重新调用它，静态变量的值保持不变。在功能块的背景数据块中使用。关闭功能块后，其静态数据保持不变。

选中变量声明表左边窗口中的输入参数"IN"，在右边窗口中生成两个 BOOL 变量和 INT 变量。用类似的方法生成其他局部变量，如图 7-18 所示，FB1 的背景数据块中的变量与变量声明表中的局部变量（不包括临时变量）相同。

块的局部变量名必须以字母开始，只能由英文字母、数字和下划线组成，不能使用汉字，但是在符号表中定义的共享数据块的符号名可以使用其他字符（包括汉字）。

在变量声明表中赋值时，不需要指定存储器地址。根据各变量的数据类型，程序编辑器各自为所有的局部变量指定存储器地址。

块的输入参数、输出参数的数据类型可以使用基本数据类型、复杂数据类型、Timer（定时器）、Counter（计数器）、块（FB、FC、DB）、Pointer（指针）和 ANY 等。

7.2.3.3 生产梯形图程序

图 7-18 的程序是功能块 FB1 的梯形图程序，用启保停电路来控制汽油机的运行，功能的输入参数 Start 和 Stop 分别用来接收启动和关闭命令，输出参数 Engine_On 用来控制汽油机的运行，用比较指令来监视转速，检查实际转速 Actual_Speed 是否大于或等于预置转速（Preset_Speed）。如果满足比较条件，BOOL 输出参数#Overspeed（超速）为 1。

7.2.3.4 背景数据块

背景数据块是指专门指定给某个功能块（FB）或系统功能块（SFB）使用的数据块，它是 FB 或 SFB 运行时的工作存储区。

背景数据块用来保存 FB 和 SFB 的输入参数、输出参数、输入/参数和静态数据，背景数据块中的数据是自动生成的，它们是功能块变量声明表中的变量，临时变量存储在局部数据堆栈中。每次调用功能块时应指定不同的背景数据块。背景数据块相当于每次调用功能块时对应被控对象的"私人数据仓库"，它保存的数据不受其他逻辑块的影响。

功能块的数据保存在它的背景数据块中，功能块执行完后也不会丢失，以供下次执行时使用。其他逻辑块可以访问背景数据块中的变量。用户不能直接删除和修改背景数据块中的变量，只能在它对应的功能块的变量表中删除和修改这些变量。

使用不同的背景数据块调用功能块，可以控制多个同类的对象。生成功能块后，可以首先生成它的背景数据块，然后在调用该功能块时使用它。选中 SIMATIC 管理器左边窗口中的"块"图标，用右键单击右边的窗口，执行出现的快捷菜单中的"插入新对象"中的"数据块"命令，生成一个新的数据块，在出现的数据块属性对话框中，选择数据块的类型为"背景数据块"，如果有多个功能块，还需要设置它是哪一个功能块的背景数据块。图 7-19 是 FB1 的背景数据块 DB1 中的数据，功能块的变量声明表决定了它的背景数据块的结构和变量。

	地址	声明	名称	类型	初始值	实际值	备注
1	0.0	in	Start	BOOL	FALSE	FALSE	
2	0.1	in	Stop	BOOL	FALSE	FALSE	
3	2.0	in	Actual_Speed	INT	0	0	
4	4.0	out	Engine_On	BOOL	FALSE	FALSE	汽油机运行
5	4.1	out	OverSpeed	BOOL	FALSE	FALSE	
6	6.0	stat	Preset_Speed	INT	1500	1500	

图 7-19　FB1 的背景数据块

生成功能块的输入参数、输出参数和静态变量时，它们被自动指定一个初始值，可以对实际值修改。它们被传送给 FB 的背景数据块，作为同一个变量的初始值，调用 FB 时没有指定实参的形参使用背景数据块中的初始值。

7.2.4　功能块的调用

将 OB1 左边窗口中的"FB 块"文件夹中的 FB 图标拖放到程序 2 的水平导线上，如图 7-20 所示。FB1 的符号名为"发动机控制"。方框内的名称 Start 等是 FB1 的变量声明表中定义的输入输出参数（形参）。方框外的符号地址"启动汽油机"等是方框内的形参对应的实参。实参"共享 PE_Speed"是符号名为"共享"的数据块 DB3 中的变量 PE_Speed（汽油机的实际转速）。在调用块时，CPU 将实参分配给形参的值存储在背景数据块中。如果调用时没有给形参指定实参，功能块将使用背景数据块中形参的数值，该数值可能是在功能块的变量声明表中设置的形参（例如静态变量 Preset_Speed）的初始值，也可能是上一次调用时存储在背景数据块中的数值。

程序段2：汽油机控制

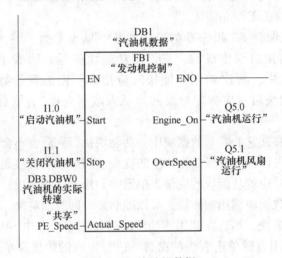

图 7-20　汽油机数据

在 FB1 方框的上面，可以输入已经生成的 FB1 的背景数据块，也可以输入一个不存在的背景数据块，例如 DB2。输入后按"Enter"键，出现提示信息"实例数据块 DB2 不存在，是否要生成它？"单击"是"按钮确认，可以在 SIMATIC 管理器中看到新生成的 DB2。

两次调用 FB1 时，使用不同的实参和不同的背景数据块，使 FB1 分别用于控制汽油机和柴油机。两个背景数据块中的变量相同，区别仅在于变量的值（即实参的值）不同。

7.3　数据块 DB

在西门子的可编程控制器中，数据是以变量的形式来存储的，有一些数据，如 I、Q、M、C 等，存放在系统存储区内，而大量的数据存放在数据块，数据块占用程序容量。数据块里只有数据，而没有用户程序。从用户的角度出发，数据块主要有两个作用：其一是用来存放一些在设备运行之前就必须存放到 PLC 中的重要数据，在运行过程中，用户程序主要是读这些数据；其二是在数据块中根据需要安排好存放数据的位置和顺序，以便在生产过程中把一些重要的数据（如产量、实际测量值等）存放在这些指定的位置上。Step 7 按照数据块的使用方法把数据分为如下三类。

（1）共享数据块。共享数据块又称全局数据块，用于存储全局数据，所有逻辑块（OB、FB、FC）都可以访问共享数据块存储的信息，CPU 可以同时打开一个共享数据块和一个背景数据块。如果某个逻辑块被调用，它可以使用临时局域数据（即 L 堆栈）。逻辑块执行结束后，其局域数据区中的数据丢失，但是共享数据块中的数据不会被删除。

（2）背景数据块。背景数据块也称为"私有存储器区"，即用作功能块（FB）的存储器 FB 的参数和静态变量安排在其背景数据块中。背景数据块不是由用户编辑的，而是由编辑器生成的。背景数据块只能被指定的功能块访问。应首先生成功能块，然后生成其背景数据块。在生成背景数据块时，应说明它的类型为背景数据块，并指明其数据块的编号，如 FB 背景数据块的功能块被执行完后，背景数据块中存储的数据不会丢失。在调用功能块时使用不同的背景数据块，可以控制多个同类的对象。

（3）用户定义的数据块。用户定义数据块是以 UDT 为模板所生成的数据块，创建用户定义数据块之前，必须先创建一个用户定义数据类型，如 UDT1，并在 STL/FBD/LAD Step 7 程序编辑器内定义。

CPU 有两个数据块寄存器：DB 寄存器和 DI 寄存器。这样可以同时打开两个数据块。

7.3.1 数据块中的数据类型

在 Step 7 中数据块的数据类型可以采用基本数据类型、复杂数据类型或参数数据类型。

7.3.1.1 基本数据类型

根据 IEC1131-3 定义，基本数据类型长度不超过 32 位（即不超过累加器 ACCU 的长度）可利用 Step 7 基本指令处理，能完全装入 Step 7 处理器的累加器中。基本数据类型包括位（BOOL）、字节（BYTE）、字（WORD）、双字（DWORD）、整数（INT）、双整数（DNT）和浮点数（REAL）等。基本数据类型详见表 5-1。

7.3.1.2 复杂数据类型

复杂数据类型就是基本数据类型的组合，只能结合共享数据块的变量声明使用，数据长度超过 32 位。因为数据长度超过累加器的长度，所以不可以一次性用装入指令把整个数据装入累加器中，一般利用库中的标准块（"IEC"Step 7 程序）处理复杂数据。复杂数据类型包括日期和时间（DATE AND TIME）、字符串（STRING）、数组（ARRAY）和结构（STRUCT）等。

A 日期和时间

日期和时间用 8 个字节的 BCD 码来存储。第 0~5 号字节分别存储年、月、日、时、分和秒，毫秒存储在字节 6 和字节 7 的高 4 位，星期存放在字节 7 的低 4 位。

例如 2004 年 7 月 27 日 12 点 30 分 25.123 秒可以表示为 DT#040727-12：30：25.123。通过调用程序编辑器的文件夹"Libraries \ Standard Library \ IEC Function Block"中的 IEC 功能，可以实现 DATA_AND_TIME 数据类型与基本数据之间的相互转换、日期时间的比较和加减。

B　字符串

字符串（STRING）的操作数在一个字符串中存储多个字符，最多由254个字符和2字节的头部组成。第一个字节是字符串的最大字符长度，第二个字节是字符串当前有效字符的个数，字符从第三个字节开始存放，字符串的默认长度为254B。在DB4中定义字符串Fault的长度为20个字符，它只占用从DB4DBB20开始的22B，其初值只有4个字符Over。STRING变量中未使用的字节地址被初始化为B#16#00。

C　数组

数组（ARRAY）是与相同类型（基本或复杂）的数据组合形成单个单元，数组的维数最多为6维。ARRAY后面的方括号中的数字用来定义每一维的起始元素和结束元素在该维的编号，可以取−32768~32767之间的整数。各维之间的数字用逗号隔开，每一维开始和结束的编号用两个小数点隔开。如果某一维有n个元素，该元素的起始元素和结束元素的编号可以采用1和n，例如ARRAY [1...100]，ARRAY [1...2，1...3] 是一个二维数组，共有6个整数元素，其信息储存结构如图7-21所示。

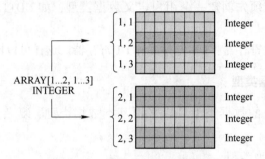

图7-21　二维数组的信息储存结构

D　结构

结构（STRUCT）是与不同的数据类型组合形成单个单元。用户可以用基本数据类型、复杂数据类型（包括数组和结构）作为结构中的元素，结构可以嵌套8层。图7-22说明包含整数、字节、字符、浮点数和布尔值的信息储存结构。

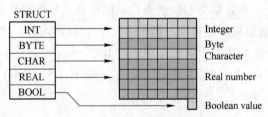

图7-22　结构数据类型的信息储存

如果使用结构作为参数，对于形式参数和实际参数的两个结构必须具有相同的组件。换句话说，相同的数据类型必须以相同的顺序排列。

E　用户定义数据类型

用户定义数据类型（User-Defined Data Types，UDT）是一种特殊的数据结构，通过使用一次创建的UDT，可以生成具有相同数据结构的大量数据块，然后就可以使用这些数据块为特定的任务输入不同的实际值。用户定义数据类型由基本数据类型和复杂数据类型组成。定义好以后可以在符号表中为它指定一个符号名，使用 UDT 可以节约录入数据的时间。

7.3.1.3 参数数据类型

参数数据类型是专用于功能或者功能块的接口参数的数据类型，是传递给被调用块的形参的数据类型。参数数据类型及其用途见表 7-14。

表 7-14 数据类型及用途

参数类型	容量	描 述
TIMER	2 个字节	可用于指定在被调用代码块中所使用的定时器，如果使用 TIMER 参数类型的形参，则相关的实参必须是定时器，例如：T1
COUNTER	2 个字节	可用于指定在被调用代码块中使用的计数器。如果使用 COUNTER 参数类型的形参，则相关的实参必须是计数器，例如：C1
BLOCK_FB BLOCK_FC BLOCK_DB BLOCK_SDB	2 个字节	可用于指定在被调用代码块中用作输入的块。参数的声明决定所要使用的块类型（例如：FB、FC、DB）。如果使用 BLOCK 参数类型的形参，则将指定一个块地址作为实参。例如：DB30
POINTER	6 个字节	参考变量的地址，指针包含地址而不是值，当赋值给其参数数据类型的形式参数，指定地址作为实际参数，格式：P#M50.0
ANY	10 个字节	适合于任何数据类型的实际参数的块定义形式参数，当调用块是未知或可以改变时、允许任何数据类型时、已提供了实际参数的数据类型时会用到，格式：P#M50.0 BYTE 10

7.3.2 建立数据块

在 Step 7 中，为了避免出现系统错误，在使用数据块之前，必须先建立数据块，并在块中定义变量（包括变量符号名、数据类型及初始值等）。数据块中变量的顺序及类型决定了数据块的数据结构，变量的数量决定了数据块的大小。数据块建立后，还必须同程序块一起下载到 CPU 中，才能被程序访问。

建立数据块的方法和建立功能块的方法一样。用鼠标右键单击 SIMATIC 管理器左边窗口中的"块"，执行出现的快捷菜单中的"插入新对象"中的"数据块"命令，生成一个新的功能。在出现新的数据块属性对话框中，采用系统自动生成的数据块的名称"DB1"，可以选择"共享的 DB"或"背景数据块"。双击数据块图标，就把这数据块打开了，如图 7-23 所示。

地址	名称	类型	初始值	注释
		DB1 -- S7_Pro44\SIMATIC 300 站点\CPU312(1)		
0.0		STRUCT		
+0.0	DB_VAR	INT	0	临时占位符变量
=2.0		END_STRUCT		

图 7-23 编辑数据块

刚打开的数据块是空的，用户必须自己编辑这个数据块。在"名称"栏目中填上变量名称，在"类型"栏目中填上数据类型。在"名称"栏目中可以用鼠标右键列出数据类型清单，然后选择合适的数据类型。名称和类型是必须填写的。系统会根据数据类型自动地为每个变量分配地址。这是一个相对地址，它相当重要，因为在程序中往往需要根据地址来访问这个变量。在初始值栏目，可以按需要填上初始值，也可以不填。若不填写，则初始值就为零；若填写了初始值，则在首次存盘时系统会将该值赋值到实际值栏中。下载数据块时，下载的值是实际值，初始值不能下载。注释栏目，填写该变量的注释，也可以空着。每个数据块的长度取决于实际编辑的长度，对于Step7-300 最大的长度是 8KB。

数据块编辑好后，一定要存盘、下载。可以建立的数据块的数量取决于 CPU 型号。

7.3.3　访问数据块

在用户程序中可能存在多个数据块，而每个数据块的数据结构并不完全相同，因此在访问数据块时，必须指明数据块的编号、数据类型与位置。如果访问不存在的数据单元或数据块，而且没有编写错误处理 OB 块，CPU 将进入 STOP 模式。

（1）寻址数据块。

数据块中的数据单元按字节寻址，Step7-300 的最大块长度是 8KB。可以装载数据字节、数据字、双字。当使用数据字时，需要指定第一个字节地址，如 DBW2，按该地址装入 2B。使用双字时，按该地址装入 4B。

（2）访问数据块。

在 Step 7 中可以采用传统访问方式，即先打开后访问。也可以采用完全表示的直接访问方式。

用指令"OPN DB..."打开共享数据块（自动关闭之前打开的共享数据块），如果DB 已经打开，则可用装入（L）或传送（T）指令访问数据块。

（3）直接访问数据块。

所谓直接访问数据块，就是在指令中同时给出数据块的编号和数据在数据块中的地址。可以用绝对地址，也可以用符号地址直接访问数据块。

7.4　线性程序

所谓线性程序结构，就是将整个用户程序连续放置在一个循环程序块（OB1）中，块中的程序按顺序执行，CPU 通过反复执行OB1 来实现自动化控制任务，如图 7-24 所示。这种结构和 PLC 所代替的硬接线继电器控制类似，CPU 逐条地处理指令。事实上所有的程序都可以用线性结构实现，不过，线性结构一般适用于相对简单的程序编写。

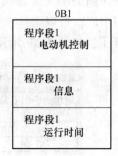

图 7-24　线性化编程
示意图

7.4.1　线性化程序的执行

线性化程序是一条一条重复执行的一组指令。所有的指令都在一个块内（通常是组织块），这个块是连续执行的，在每个 CPU 的扫描周期内都在处理线性化的程序。

7.4.2 线性化编程的特点

因为线性化编程的所有指令都在一个块内，所以采用这个方法只适合单人编写程序的工程。由于只有一个程序文件，软件管理的功能变得相对简单。但由于所有的指令都在一个块内，每个扫描周期所有的程序都要执行一次，即使程序的某些部分并没有使用也会对其进行扫描，导致 CPU 的利用率变低。另外，如果在程序中有多个设备，其指令相同但参数不同，在编程时就需要因为参数的不同而重复编写这部分程序，所以建议不采用这种结构进行编程。

通常不建议用户采用线性化编程的方式，除非是初学者或者程序非常简单。

7.5 分部式程序

所谓分部程序，就是将整个程序按任务分成若干个部分，并分别放置在不同的功能（FC）、功能块（FB）及组织块中，在一个块中可以进一步分解成段。在组织块 OB1 中包含按顺序调用其他块的指令，并控制程序执行。

7.5.1 分部式程序的执行

组织块 OB1 中的指令决定块的调用和执行，被调用的块执行结束后，返回到 OB1 中程序块的调用点，继续执行 OB1，该过程如图 7-25 所示。分部化编程中 OB1 起着主程序的作用，功能（FC）或功能块（FB）控制着不同的过程任务，如电动机控制，电动机相关信息及其运行时间等，相当于主循环程序的子程序。

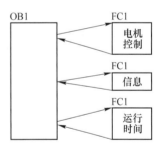

图 7-25 分部式程序示意图

7.5.2 分部式编程的特点

在分部式编程中，在主循环程序和被调用块之间没有数据交换，也不存在重复利用的程序代码。但是在每个功能区被分成不同的块，这样就易于几个人同时编程，而相互之间也不会有冲突。另外，把程序分成若干小块，将易于对程序进行调试和查找故障。

OB 中的程序包含调用不同块的指令。由于每次循环中不是所有的块都执行，只有需要时才调用有关的程序块，这样 CPU 将更有效地得到利用。功能（FC）和功能块（FB）不传递也不接收参数。

分部程序结构的编程效率比线性程序有所提高，程序测试也较方便，对程序员的要求也不太高。对不太复杂的控制程序可考虑采用这种程序结构。

7.6 结构化程序

结构化程序通过传递参数和程序块重复调用，实现复杂的控制任务，并支持多人协同编写大型用户程序，对设计人员的要求较高，本节进行详细介绍。

7.6.1 结构化编程

所谓结构化程序，就是处理复杂自动化控制任务的过程中，为了使任务更易于控制，常把过程要求类似或相关的功能进行分类，分割为可用于几个任务的通用解决方案的小任务，这些小任务以相应的程序段表示，称为块（FC 或 FB）。OB1 通过调用这些程序块来完成整个自动化控制任务。

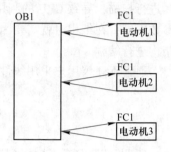

结构化程序的特点是每个块（FC 或 FB）在 OB1 中可能会被多次调用，以完成具有相同过程工艺要求的不同控制对象。这种结构可简化程序设计过程、减小代码长度、提高编程效率，比较适合于较复杂自动化控制任务的设计。

图 7-26 所示为编一个控制电机的通用程序（如 FC1），在主程序 OB1 中多次调用以控制不同的电机。

图 7-26   结构化程序示意图

7.6.2 实现形式

以图 7-27 电机单向启动停止的程序为例，其中 I0.0 为启动按钮，I0.1 为停止按钮，Q4.0 为控制电机的接触器。该程序只能完成针对某个电机特定的控制。

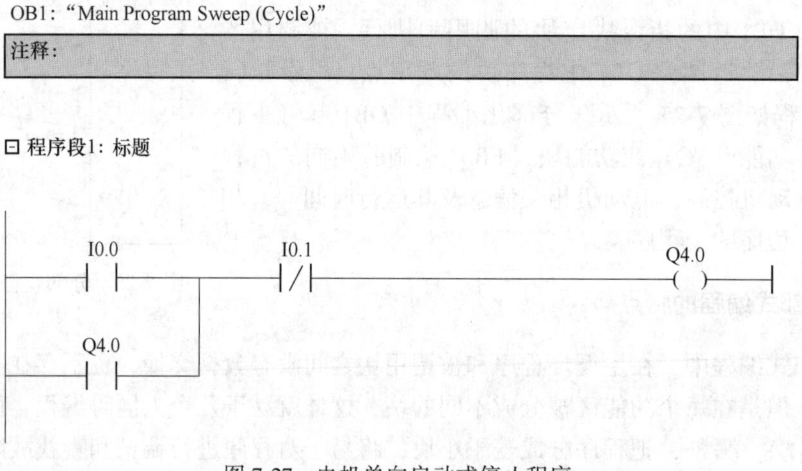

OB1："Main Program Sweep (Cycle)"

注释：

□ 程序段1：标题

```
         I0.0            I0.1                          Q4.0
        ─┤ ├─           ─┤/├─                         ─( )─

         Q4.0
        ─┤ ├─
```

图 7-27   电机单向启动或停止程序

建立一个功能 FC1，在 FC1 的变量声明表里声明：Start 为 IN 参数，数据类型为 BOOL；Stop 为 IN 参数，数据类型为 BOOL；Motor 为 OUT 参数，数据类型为 BOOL。然后，用变量名（Start、Stop 或 Motor）代替原来的地址，如图 7-28 所示。

这样，FC1 就变成了电机单向启动停止的通用程序，也就成了一个结构。这一结构在程序中可以被多次调用，在每次调用中再指定具体的控制目标，如图 7-29 所示。图中，FC1 框中的程序段 1 变量称为形式参数，在框外填上的地址称为实际参数。PLC 在运行中每次调用 FC1 时，把实际参数代到形式参数中进行运算，这称为参数赋值。

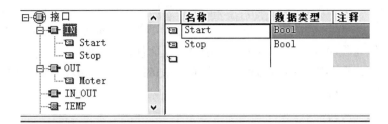

接口
IN
Start
Stop
OUT
Moter
IN_OUT
TEMP
名称
数据类型
注释
Start
Bool
Stop
Bool
FC1: 标题
注释:
程序段1: 标题
#Start
#Start
#Start
#Start
#Moter
#Moter
#Moter
#Moter

图 7-28 参数化编程

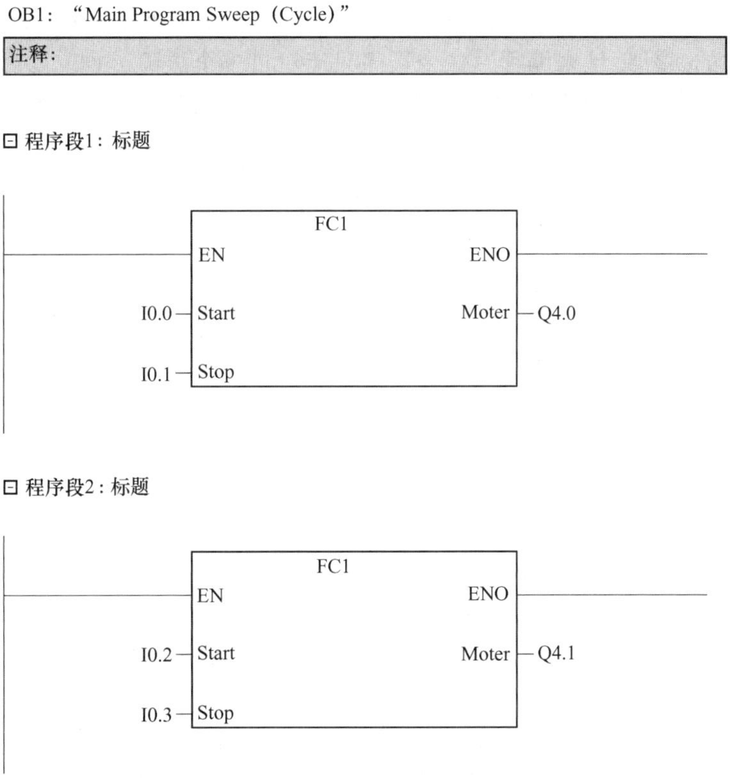

OB1: “Main Program Sweep (Cycle)”
注释:
程序段1: 标题
FC1
EN
ENO
I0.0
Start
Moter
Q4.0
I0.1
Stop
程序段2: 标题
FC1
EN
ENO
I0.2
Start
Moter
Q4.1
I0.3
Stop

图 7-29 OB1 中多次调用 FC1 的程序

凡是通用的、典型的程序，都可以参数化、结构化。在 Step 7 中工作的顺序如下：

在 FC、FB 的变量声明表中规范变量，也就是声明变量的名称、变量的类型和变量的数据类型。在编写程序的时候，不使用实际地址，而使用变量的名称（形式参数），得到一个普通的程序。在调用这些通用程序（结构）的时候，利用参数赋值的方法指定实际的控制条件和控制目标。

7.6.3 结构化程序设计实例

【例 7-5】 设计故障信息显示电路，其故障信息显示的控制要求如图 7-30 所示。

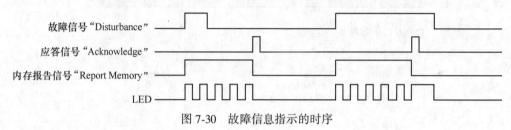

图 7-30 故障信息指示的时序

故障信号"Disturbance"出现的时候，故障显示 LED 闪烁。值班人员看到后，按应答按钮"Acknowledge"，此时，如果故障已经排除，故障显示 LED 熄灭；如果故障尚未排除，故障显示 LED 长亮。很短的故障信息也需要显示，为此，利用故障信号"Disturbance"的上升沿将"Report Memory"信号置 1，作为 LED 的工作标志。应答信号"Acknowledge"将这个工作标志复位（清零）。如果按照故障信号"Disturbance"和显示信号 LED 的实际地址来编程，这个程序只能对付一个故障。把它参数化、结构化，这就是故障显示的通用程序。建立故障处理的功能 FC10 并填写变量声明表，见表 7-15。

表 7-15 FC10 变量声明表

接口类型	名称	数据类型	地址
IN	Disturb_input	BOOL	0.0
IN	Acknomledge	BOOL	0.1
IN	Flash_freq	BOOL	0.2
OUT	Display	BOOL	2.0
IN_OUT	Edge_men_bit	BOOL	4.0
IN_OUT	Report_memory	BOOL	4.1

变量声明表中的参数，有 IN、OUT、IN_OUT 三种参数类型。其中，IN 为输入参数，其值需要在被调用时从外部输入，在本块程序中是只读变量；OUT 为输出参数，其值需要送出外部，在本块程序中是只写变量；IN_OUT 为输入输出参数，可以从外部输入也可以送出外部，是读或写变量。

变量声明表中还有临时变量 TEMP，用于存放一些中间结果。对于一个变量，除了要声明它的变量、参数类型之外，还要声明它的数据类型。可以用的数据类型与数据块的相同。按照控制要求，利用变量声明表中提供的参数编写程序，如图 7-31 所示。

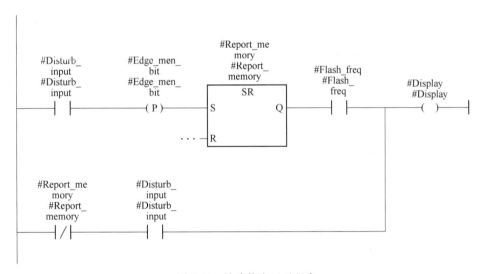

图 7-31　故障信息显示程序

在程序中，变量值符号前面有"#"的，说明其是本块变量（Local Variable），而全局变量（Global Variable，在符号表中定义）的变量名上会有双引号。如果全局变量和本块变量没有重名，系统会自动辨别；如果有重名，系统首先会认为是本块变量，如果不是则需要用户在输入的时候自己加上双引号。现在，FC10 就可以被多次调用了。在 OB1 中两次调用 FC10 的例子如图 7-32 所示。

【例 7-6】　多级分频器控制程序设计。本例拟在功能 FC1 中编写二分频器控制程序，然后在 OB1 中通过调用 FC1 实现多级分频器的功能。多级分频器的时序关系如图 7-33 所示。其中 I0.0 为多级分频器的脉冲输入端；Q40～Q43 分别为 2、4、8、16 分频的脉冲输出端；Q4.4～Q4.7 分别为 2、4、8、16 分频指示灯驱动输出端。

1. 创建多级分频器的 Step 7 项目

（1）创建项目：使用菜单"文件"中的"新建"创建多级分频器的 Step 7 项目，并为其命名。

OB1: "Main Program Sweep (Cycle)"

注释:

□ 程序段1: 标题

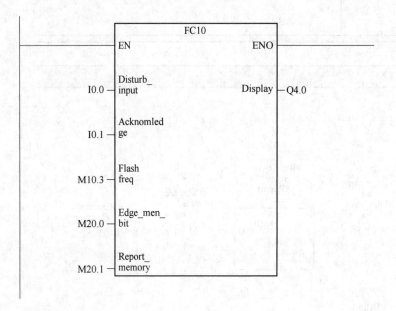

□ 程序段2: 标题

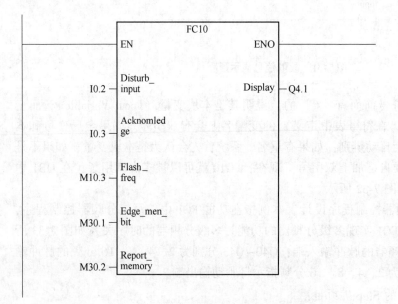

图 7-32　OB1 中两次调用 FC10

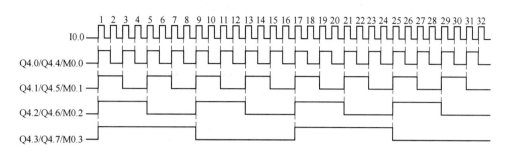

图 7-33 多级分频器控制时序图

（2）硬件配置：在新建的项目内插入"SIMATIC 300 站点"文件夹，双击硬件配置图标打开硬件配置窗口，并按图 7-34 所示完成硬件配置。

(0) UR
1	PS 307 5A
2	CPU 315
3	
4	DO32xDC24V/0.5A
5	DO32xDC24V/0.5A

插..	模块	...	订货号	固件	MPI 地址	I 地址	Q 地址	注释
1	PS 307 5A		6ES7 307-1EA00-0AA0					
2	CPU 315		6ES7 315-1AF02-0AB0		2			
3								
4	DO32xDC24V/0.5A		6ES7 322-1BL00-0AA0				0...3	
5	DO32xDC24V/0.5A		6ES7 322-1BL00-0AA0				4...7	
6								
7								
8								
9								
10								
11								

图 7-34 硬件配置

（3）编写符号表：打开"Step 7 程序"文件夹，双击"符号"编辑器图标，多级分频器符号表如图 7-35 所示。

符号编辑器 - [S7 程序(1) (符号) -- youcanFC\SIMATIC 300(1)\CPU 315]

符号表(S)　编辑(E)　插入(I)　视图(V)　选项(O)　窗口(W)　帮助(H)

	状 /	符号	地址		数据类型		注释
1		二分频器	FC	1	FC	1	对输入信号二分频
2		In_port	I	0.0	BOOL		脉冲信号输入端
3		F_P2	M	0.0	BOOL		2分频器上升沿检测标志
4		F_P4	M	0.1	BOOL		4分频器上升沿检测标志
5		F_P8	M	0.2	BOOL		8分频器上升沿检测标志
6		F_P16	M	0.3	BOOL		16分频器上升沿检测标志
7		Cycle_Execution	OB	1	OB	1	主循环组织块
8		Out_port2	Q	4.0	BOOL		2分频器脉冲信号输出端
9		Out_port4	Q	4.1	BOOL		4分频器脉冲信号输出端
10		Out_port8	Q	4.2	BOOL		8分频器脉冲信号输出端
11		Out_port16	Q	4.3	BOOL		16分频器脉冲信号输出端
12		LED2	Q	4.4	BOOL		2分频器信号指示灯
13		LED4	Q	4.5	BOOL		4分频器信号指示灯
14		LED8	Q	4.6	BOOL		8分频器信号指示灯
15		LED16	Q	4.7	BOOL		16分频器信号指示灯
16							

图 7-35 多级分频器符号表

（4）规划程序结构：按结构化方式设计控制程序，如图7-36所示。结构化的控制程序由两个逻辑块构成，其中OB1为主循环组织块，FC1为二分频器控制程序。

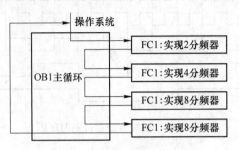

图7-36　多级分频器程序结构

2. 编辑 FC1 程序

（1）定义 FC1 的局部变量声明：在块文件中插入一个新对象"功能"，并命名为"FC1"。由于在符号表内已经为 FC1 定义了符号，因此在 FC 的属性对话框内系统会自动添加符号表。定义 FC1 的变量声明如表7-16所示。

表7-16　FC1 的局部变量声明

接口类型	名称	数据类型	注释
IN	S_IN	BOOL	脉冲输入信号
OUT	S_OUT	BOOL	脉冲输出信号
OUT	LED	BOOL	输出状态指示
IN_OUT	F_P	BOOL	上跳沿检测标志

（2）编辑 FC1 的控制程序：二分频器的时序如图7-37所示。分析二分频器的时序图可以看到，输入信号每出现一个上升沿，输出便改变一次状态，据此可采用上跳沿检测指令实现。

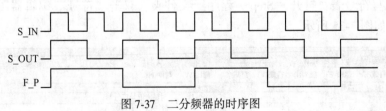

图7-37　二分频器的时序图

如果输入信号 S_IN 出现上升沿，则对 S_OUT 取反，然后将 S_OUT 的信号状态送 LED 显示；否则，程序直接跳转到 LP1，将 S_OUT 的信号状态送 LED 显示。在项目内选择"块"文件夹，双击 FC1，编写二分频的控制程序，如图7-38所示。

3. 编辑 OB1 程序

在 OB1 中调用 FC1，在 LAD 语言环境下可以以块的形式调用 FC1，如图7-39所示。如果程序注释出现乱码可以打开"选项"中的"自定义"窗口，更改"LAD/FBD"中的布局或地址域宽度。

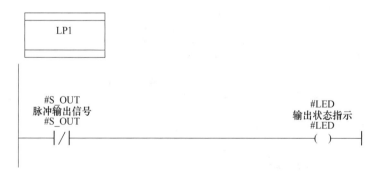

FC1:二分频控制功能

注释:

□ 程序段1：标题

#S_IN
脉冲输入信号
#S_IN

#F_P
上跳沿检测标志
#F_P
─(P)─

─┤ NOT ├─

LP1
─(JMP)─

□ 程序段2：标题

#S_OUT
脉冲输出信号
#S_OUT
─┤ / ├─

#S_OUT
脉冲输出信号
#S_OUT
─( )─

□ 程序段3：标题

LP1

#S_OUT
脉冲输出信号
#S_OUT
─┤ / ├─

#LED
输出状态指示
#LED
─( )─

图 7-38　FC1 控制程序

【例 7-7】　使用多重背景设计发动机组控制系统。

1. 创建多重背景的项目

（1）创建 Step 7 项目：使用菜单"文件"中的"新建"创建多级分频器的 Step 7 项目，并为其命名。

（2）硬件配置：在新建的项目内插入"SIMATIC 300 站点"文件夹，双击硬件配置图标打开硬件配置窗口，并按图 7-40 完成硬件配置。

OB1：多级分频器主循环组织块

注释：

□ 程序段1：调用FC1实现2分频

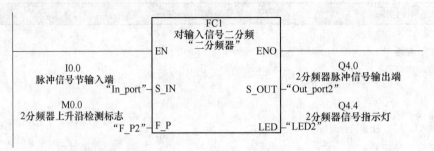

□ 程序段2：调用FC1实现4分频

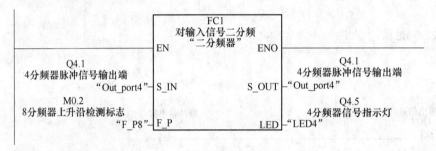

□ 程序段3：调用FC1实现8分频

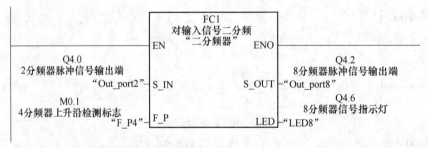

□ 程序段4：调用FC1实现16分频

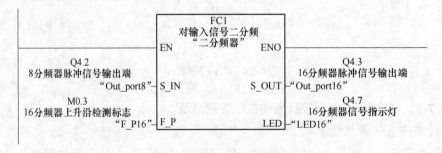

图 7-39　OB1 主程序

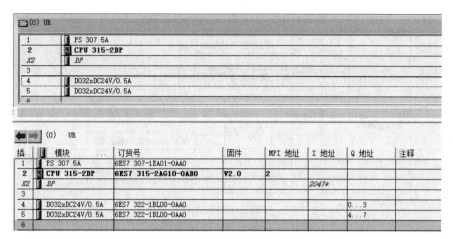

图 7-40 硬件配置

（3）编辑符号表：打开符号编辑器，编辑好的符号表如图 7-41 所示。

	状态	符号	地址		数据类型		注释
1		Automatic_Mode	Q	4.2	BOOL		运行模式
2		Automatic_On	I	0.5	BOOL		自动运行模式控制按钮
3		DE Failure	I	1.6	BOOL		柴油发动机故障
4		DE_ Foolow_On	T	2	TIMER		柴油发动机风扇的继续运行时间
5		DE_ Preset_Speed	Q	5.5	BOOL		显示"已达到柴油发动机的预设转速
6		DE_Actual_Speed	MW	4	INT		柴油发动机的实际转速
7		DE_Fan_On	Q	5.6	BOOL		启动柴油发动机风扇的命令
8		DE_On	Q	5.4	BOOL		柴油发动机的启动命令
9		Engine	FB	1	FB	1	发动机控制
1		Engine_Data	DB	10	DB	10	FB10的实例数据块
1		Engines	FB	10	FB	10	多重卖例的上层功能块
1		Fan	FC	1	FC	1	风扇控制
1		Main_Program	OB	1	OB	1	此块包含用户程序
1		Manual_On	I	0.6	BOOL		手动运行模式控制按钮
1		PE_Actual_Speed	MW	2	INT		汽油发动机的实际转速
1		PE_Failure	I	1.2	BOOL		汽油发动机故障
1		PE_Fan_On	Q	5.2	BOOL		启动汽油发动机风扇的命令
1		PE_Foolow_On	T	1	TIMER		汽油发动机风扇的继续运行时间
1		PE_On	Q	5.0	BOOL		汽油发动机的启动命令
2		PE_Preset_Speed	Q	5.1	BOOL		显示"已达到汽油发动机的预设转速
2		S_Date	DB	3	DB	3	共享数据块
2		Switch off_PE	I	1.1	BOOL		关闭汽油发动机
2		Switch_off_DE	I	1.5	BOOL		关闭柴油发动机
2		Switch_on_DE	I	1.4	BOOL		启动柴油发动机
2		Switch_on_PE	I	1.0	BOOL		启动汽油发动机
2							

图 7-41 发动机组控制系统符号表

（4）规划程序结构：程序结构如图 7-42 所示，FB10 为上层功能块，它把 FB1 作为其"局部实例"通过二次调用本地实例，分别实现对汽油机和柴油机的控制。这种调用不占用数据块 DB1 和 DB2，它将每次调用（对于每个调用实例）的数据存储到体系的上层功能块 FB10 的背景数据块 DB10 中。

2. 编辑功能（FC）

FC1 用来实现发动机（汽油机或柴油机）的风扇控制。按照控制要求，当发动机启

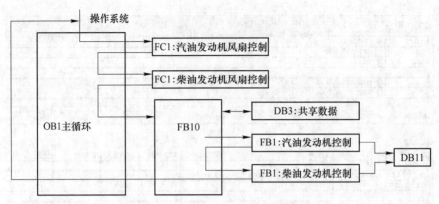

图 7-42　发动机组控制系统程序结构

动时，风扇应立即启动；当发动机停机后，风扇应延时关闭。因此 FC1 需要一个发动机启动信号、一个风扇控制信号和一个延时定时器。

（1）定义局部变量声明表：局部变量声明表如表 7-17 所示，表中包含 3 个变量，其中 2 个 IN 型变量，1 个 OUT 型变量

表 7-17　FC1 变量声明表

接口类型	名称	数据类型	注释
IN	Engine_On	BOOL	发动机启动信号
IN	Timer_Off	Timer	用于关闭延时的定时器号
OUT	Fan_On	BOOL	启动风扇信号

（2）编辑 FC1 的控制程序：FC1 所实现的控制要求为：当发动机启动时风扇启动，当发动机关闭后，风扇继续运行 4s，然后停止。定时器采用断电延时定时器，控制程序如图 7-43 所示。

FC1:风扇控制功能

注释：

□ 程序段1：控制风扇

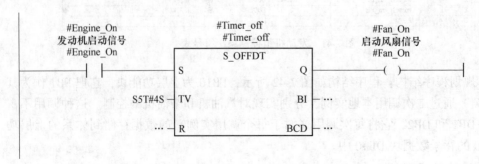

图 7-43　FC1 控制程序

3. 编辑共享数据块

共享数据块 DB3 可为 FB10 保存发动机（汽油机和柴油机）的实际转速，当发动机转速都达到预设速度时，还可以保存该状态的标志数据，如图 7-44 所示。

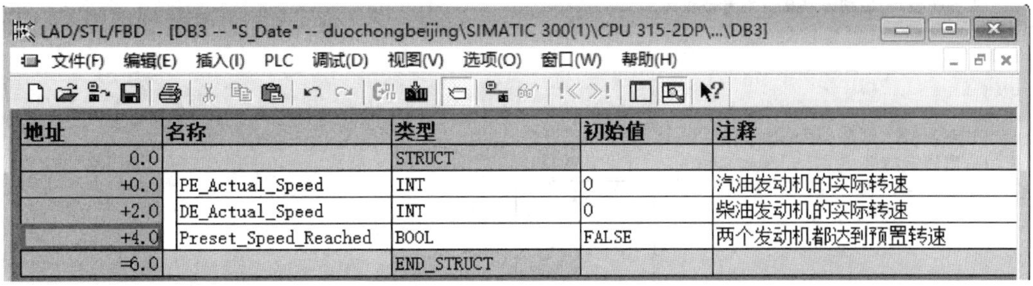

地址	名称	类型	初始值	注释
0.0		STRUCT		
+0.0	PE_Actual_Speed	INT	0	汽油发动机的实际转速
+2.0	DE_Actual_Speed	INT	0	柴油发动机的实际转速
+4.0	Preset_Speed_Reached	BOOL	FALSE	两个发动机都达到预置转速
=6.0		END_STRUCT		

图 7-44　共享数据块

4. 编辑功能块（FB）

在该系统的程序结构内，有 2 个功能块：FB1 和 FB10。FB1 为底层功能块，所以应首先创建并编辑；FB10 为上层功能块，可以调用 FB1。

（1）编辑底层功能块 FB1：在所建项目内创建 FB1，符号名" Engine"。功能 FB 的变量声明表见表 7-18。

表 7-18　FB1 的变量声明表

接口类型	名称	数据类型	地址	初始值	注释
IN	Switch_On	BOOL	0.0	FALSE	启动发动机
	Switch_Off	BOOL	0.1	FALSE	关闭发动机
	Failure	BOOL	0.2	FALSE	发动机故障导致发动机关闭
	Actual_Speed	INT	2.0	0	发动机的实际转速
OUT	Engine_On	BOOL	4.0	FALSE	发动机已开启
	Preset_Speed_Reached	BOOL	4.1	FALSE	达到预置的转速
STAT	Preset_Speed	INT	6.0	1500	要求的发动机转速

FB1 主要实现发动机的启停控制及速度监视功能，其控制程序如图 7-45 所示。

（2）编辑上层功能块：FB10 在所建项目内创建 FB10，符号名"Engines"。在 FB10 的属性对话框内激活"多重背景功能"选项，如图 7-46 所示。

要将 FB1 作为 FB10 的一个"局部背景"调用，需要在 FB10 的变量声明表中为 FB1 的调用声明不同名称的静态变量，数据类型为 FB1（或使用符号名"Engine"），见表 7-19。

在变量声明表内完成 FB1 类型的局部实例"Petrol_Engine"和"Diesel_Engine"的声明以后，在程序元素目录的"多重背景"目录中就会出现所声明的多重实例，如图 7-47 所示。接下来可在 FB10 的代码区调用 FB1 的"局部实例"。

（3）编写功能块 FB10 的控制程序：调用 FB1 局部实例时，不再使用独立的背景数据块，FB1 的实例数据位于 FB10 的实例数据块 DB10 中，FB10 的控制程序如图 7-48 所示。

186

FB1：发动机控制功能块

注释：

□ 程序段1：启动发动机，信号取反

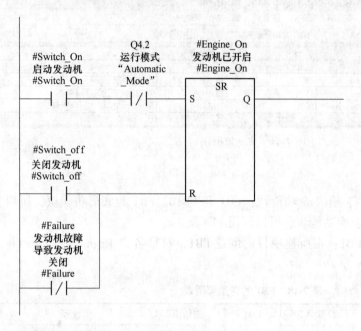

□ 程序段2：监视转速

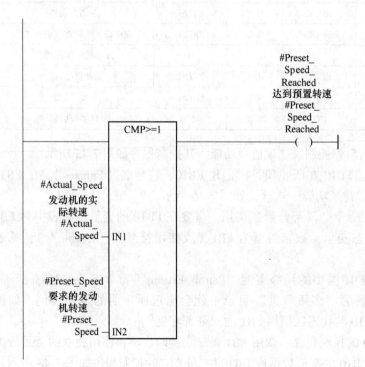

图 7-45　FB1 主程序

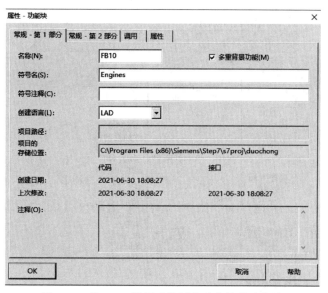

图 7 46 将 FB10 设置成使用多重背景的功能块

表 7-19 FB10 的变量声明表

接口类型	名称	数据类型	地址	初始值	注释
OUT	Preset_Speed_Reached	BOOL	0.0	FALSE	两个发动机都已经达到预置转速
STAT	Petrol_Engine	FB1	2.0		FB1 "Engine" 的第一个局部实例
	Diesel_Engine	FB1	10.0		FB1 "Engine" 的第二个局部实例
TEMP	PE_Preset_Speed_Reached	BOOL	0.0	FALSE	达到预置的转速（汽油发动机）
	DE_Preset_Speed_Reached	BOOL	0.1	FALSE	达到预置的转速（柴油发动机）

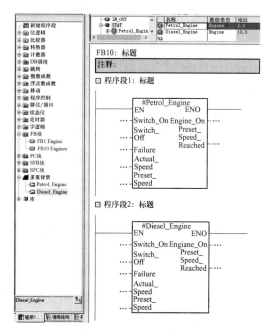

图 7-47 调用局部实例

FB10：启动汽油发动机

注释：

□ 程序段1：标题

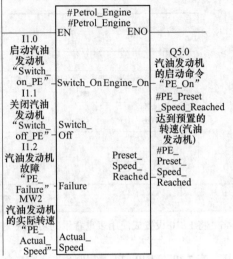

□ 程序段2：启动柴油发动机

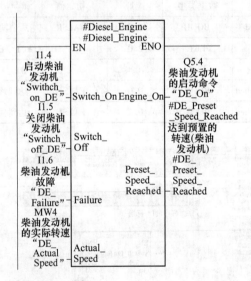

□ 程序段3：标题

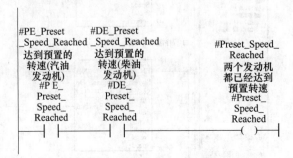

图 7-48　FB10 的控制顺序

发动机的实际转速可直接从共享数据块中得到，如 DB3. DBWO（符号地址为"S_Data".
PE_Actual_speed）。

5. 生成多重背景数据块 DB10

在"多重背景"项目内创建一个与 FB10 相关联的多重背景数据块 DB11，符号名
"Engine_Data"，如图 7-49 所示。

6. 在 OB1 中调用功能（FC）及上层功能块（FB）

OB1 控制程序如图 7-50 所示，在程序段 4 中调用了 FB10。

	地址	声明	名称	类型	初始值	实际值	备注
1	0.0	out	Preset_Speed_Reached	BOOL	FALSE	FALSE	两个发动机都已经到达预置转速
2	2.0	stat:in	Petrol_Engine.Switch_On	BOOL	FALSE	FALSE	启动发动机
3	2.1	stat:in	Petrol_Engine.Switch_Off	BOOL	FALSE	FALSE	关闭发动机
4	2.2	stat:in	Petrol_Engine.Failure	BOOL	FALSE	FALSE	发动机故障导致发动机关闭
5	4.0	stat:in	Petrol_Engine.Actual_Speed	INT	0	0	发动机的实际转速
6	6.0	stat:out	Petrol_Engine.Engine_On	BOOL	FALSE	FALSE	发动机已开启
7	6.1	stat.out	Petrol_Engine.Preset_Speed_Reached	BOOL	FALSE	FALSE	达到预置转速
8	8.0	stat	Petrol_Engine.Preset_Speed	INT	0	0	要求的发动机转速
9	10.0	stat:in	Diesel_Engine.Switch_On	BOOL	FALSE	FALSE	启动发动机
10	10.1	stat:in	Diesel_Engine.Switch_Off	BOOL	FALSE	FALSE	关闭发动机
11	10.2	stat:in	Diesel_Engine.Failure	BOOL	FALSE	FALSE	发动机故障导致发动机关闭
12	12.0	stat:in	Diesel_Engine.Actual_Speed	INT	0	0	发动机的实际转速
13	14.0	stat:out	Diesel_Engine.Engine_On	BOOL	FALSE	FALSE	发动机已开启
14	14.1	stat:out	Diesel_Engine.Preset_Speed_Reached	BOOL	FALSE	FALSE	达到预置转速
15	16.0	stat	Diesel_Engine.Preset_Speed	INT	0	0	要求的发动机转速

图 7-49 DB11 的数据结构

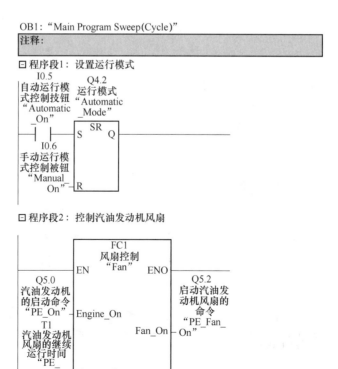

OB1："Main Program Sweep(Cycle)"

注释：

□ 程序段1：设置运行模式

□ 程序段2：控制汽油发动机风扇

⊟ 程序段3：控制柴油发动机风扇

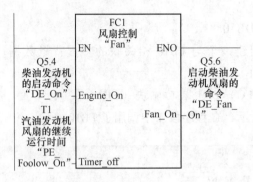

⊟ 程序段4：调用上层功能块FB10

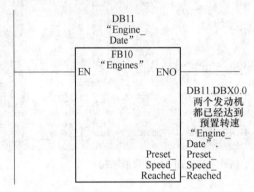

图 7-50　OB1 控制程序

【例 7-8】　交通信号灯控制系统程序设计。

图 7-51 所示为双干道交通信号灯设置示意图。信号灯的动作受开关总体控制，按一下启动按钮，信号灯系统开始工作，并周而复始地循环动作；按一下停止按钮，所有信号灯都熄灭。信号灯控制的具体要求见表 7-20。

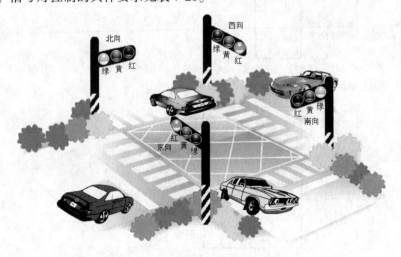

图 7-51　双干道交通信号灯示意图

表 7-20 信号灯控制时间表

<table>
<tr><td rowspan="2">南北方向</td><td>信号</td><td>SN_G 亮</td><td>SN_G 闪</td><td>SN_G 亮</td><td colspan="3">SN_R 亮</td></tr>
<tr><td>时间</td><td>45s</td><td>3s</td><td>2s</td><td colspan="3">30s</td></tr>
<tr><td rowspan="2">东西方向</td><td>信号</td><td colspan="3">EW_R 亮</td><td>EW_G 亮</td><td>EW_G 闪</td><td>EW_Y 亮</td></tr>
<tr><td>时间</td><td colspan="3">50s</td><td>25s</td><td>3s</td><td>2s</td></tr>
</table>

根据十字路口交通信号灯的控制要求，可画出信号灯的控制时序图，如图 7-52 所示。

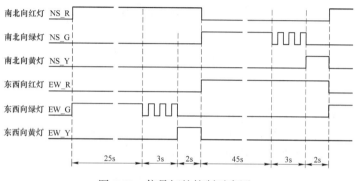

图 7-52 信号灯的控制时序图

1. 创建多级分频器的 Step 7 项目

（1）创建项目：使用菜单“文件”中的“新建”创建多级分频器的 Step 7 项目，并为其命名。

（2）硬件配置：在新建的项目内插入“SIMATIC 300 站点”文件夹，双击硬件配置图标打开硬件配置窗口，并完成硬件配置。

（3）编写符号表：打开“Step 7 程序”文件夹，双击“符号”编辑器图标，编辑符号表如图 7-53 所示。

	状态	符号	地址		数据类型		注释
1		Complete	OB	100	OB	100	全启动组织块
2		Cycle Execution	OB	1	OB	1	主循环组织块
3		EW_G	Q	4.1	BOOL		东西向绿色信号灯
4		EW_R	Q	4.0	BOOL		东西向红色信号灯
5		EW_Y	Q	4.2	BOOL		东西向黄色信号灯
6		F_1Hz	M	10.5	BOOL		1Hz时钟信号
7		MB10	MB	10	BYTE		CPU时钟存储器
8		SF	M	0.0	BOOL		系统启动标志
9		SN_G	Q	4.4	BOOL		南北向绿色信号灯
1		SN_R	Q	4.3	BOOL		南北向红色信号灯
1		SN_Y	Q	4.5	BOOL		南北向黄色信号灯
1		Start	I	0.0	BOOL		启动按钮
1		Stop	I	0.1	BOOL		停止按钮
1		T_EW_G	T	1	TIMER		东西向绿灯常亮延时定时器
1		T_EW_GF	T	6	TIMER		东西向绿灯闪亮延时定时器
1		T_EW_R	T	0	TIMER		东西向红灯常亮延时定时器
1		T_EW_Y	T	2	TIMER		东西向黄灯常亮延时定时器
1		T_SN_GF	T	7	TIMER		南北向绿灯闪亮延时定时器
1		T_SN_G	T	4	TIMER		南北向绿灯常亮延时定时器
2		T_SN_R	T	3	TIMER		南北向红灯常亮延时定时器
2		T_SN_Y	T	5	TIMER		南北向黄灯常亮延时定时器
2		东西数据	DB	1	FB	1	为东西向红灯及南北向绿黄灯控制提供实参
2		红绿灯	FB	1	FB	1	红绿灯控制无静态参数的FB
2		南北数据	DB	2	FB	1	为南北向红灯及东西向绿黄灯控制提供实参
2							

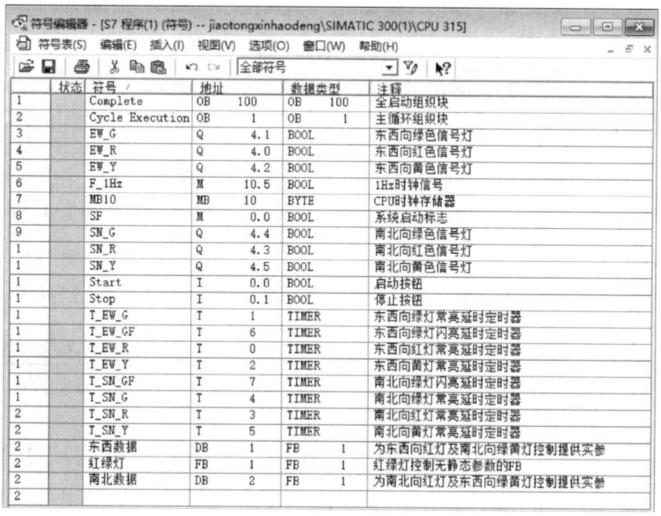

图 7-53 多级分频器符号表

（4）规划程序结构：按结构化方式设计控制程序。如图 7-54 所示，OB1 为主循环组织块，OB100 为初始化程序，FB1 为单向红绿灯控制程序，DB1 为东西数据块，DB2 为南北数据块。

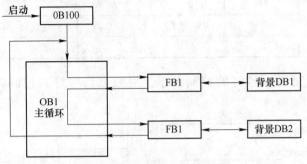

图 7-54　交通信号灯程序结构

2. 编辑 FC1 程序

（1）定义 FC1 的局部变量声明：在块文件中插入一个新对象"功能"，并命名为"FC1"。由于在符号表内已经为 FC1 定义了符号，因此在 FC 的属性对话框内系统会自动添加符号表。定义 FC1 的变量声明如表 7-21 所示。

表 7-21　FC1 的局部变量声明

接口类型	名称	数据类型	地址	初始值	注释
	R_ON	BOOL	0.0	FALSE	当前方向红灯开始亮标志
	T_R	Timer	2.0		当前方向红色信号灯常亮定时器
IN	T_G	Timer	4.0		另一方向绿色信号灯常亮定时器
	T_Y	Timer	6.0		另一方向黄色信号灯常亮定时器
	T_GF	Timer	8.0		另一方向绿色信号灯闪亮定时器
IN	T_RW	S5Time	10.0	S5T#0MS	T_R 定时器的初始值
	T_GW	S5Time	12.0	S5T#0MS	T_G 定时器的初始值
	STOP	BOOL	14.0	S5T#0MS	停止信号
	LED_R	BOOL	10.0	FALSE	当前方向红色信号灯
OUT	LED_G	BOOL	10.1	FALSE	另一方向绿色信号灯
	LED_Y	BOOL	10.2	FALSE	另一方向黄色信号灯
STAT	T_GF_W	S5Time	18.0	S5T#3S	绿灯闪亮定时器初值
	T_Y_W	S5Time	20.0	S5T#3S	黄灯常亮定时器初值

（2）编写 FB1 程序代码，如图 7-55 所示。

（3）建立背景数据块：由于在创建 DB1 和 DB2 之前，已经完成了 FB1 的变量声明，建立了相应的数据结构，所以在创建与 FB1 相关联的 DB1 和 DB2 时，Step 7 自动完成了数据块的数据结构，如图 7-56 所示。

FB1: 红绿灯控制

□ 程序段1: 当前方向红色信号灯延时关闭

```
#R_ON    #T_Y                    #T_R
──┤├──────┤/├──────────────────(SD)──
                                 #T_RW
          #T_R                   #LED_R
         ──┤/├──────────────────( )──
```

□ 程序段2: 另一方向绿色信号灯延时控制

```
#R_ON    #T_Y                    #T_G
──┤├──────┤/├──────────────────(SD)──
                                 #T_GW
```

□ 程序段3: 启动另一方向绿色信号灯闪亮延时定时器

```
#T_G                             #T_GF
──┤├───────────────────────────(SD)──
                                 #T_GF_W
```

□ 程序段4: 另一方向黄色信号灯延时控制

```
#T_GF    #T_Y                    #T_Y
──┤├──────┤├───────────────────(SD)──
                                 #T_Y_W
                                 #LED_Y
                                ──( )──
```

□ 程序段5: 另一方向绿色信号灯常亮及闪亮控制

```
#T_G     #T_GF    "F_1Hz"   "R_ON"   #LED_G
──┤├──────┤/├──────┤/├───────┤├──────( )──
#T_G
──┤/├──
```

图 7-55 FB1 主程序

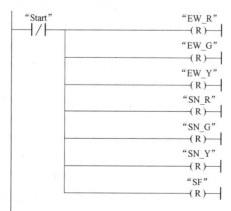

图 7-56 DB1 的数据结构

	地址	声明	名称	类型	初始值	实际值	备注
1	0.0	in	R_ON	BOOL	FALSE	FALSE	当前方向红灯开始亮标志
2	2.0	in	T_R	TIMER	T 0	T 0	当前方向红色信号灯常亮定时器
3	4.0	in	T_G	TIMER	T 0	T 0	另一方向绿色信号灯常亮定时器
4	6.0	in	T_Y	TIMER	T 0	T 0	另一方向黄色信号灯常亮定时器
5	8.0	in	T_GF	TIMER	T 0	T 0	另一方向绿色信号灯闪定时器
6	10.0	in	T_RW	S5TIME	S5T#0MS	S5T#0MS	T_R定时器的初始值
7	12.0	in	T_GW	S5TIME	S5T#0MS	S5T#0MS	T_G定时器的初始值
8	14.0	in	STOP	BOOL	FALSE	FALSE	停止信号
9	16.0	out	LED_R	BOOL	FALSE	FALSE	当前方向红信号灯
10	16.1	out	LED_G	BOOL	FALSE	FALSE	另一方向绿信号灯
11	16.2	out	LED_Y	BOOL	FALSE	FALSE	另一方向黄信号灯
12	18.0	stat	T_GF_W	S5TIME	S5T#0MS	S5T#0MS	绿灯闪亮定时器初值
13	20.0	stat	T_Y_W	S5TIME	S5T#0MS	S5T#0MS	黄灯常亮定时器初值

3. 编辑启动组织块 OB100。

启动组织块 OB100 程序如图 7-57 所示。

OB100: "Complete Restart"

□ 程序段1: CPU启动时关闭所有信号灯及启动标志

```
"Start"                          "EW_R"
──┤/├──────┬────────────────────(R)──
           │                     "EW_G"
           ├────────────────────(R)──
           │                     "EW_Y"
           ├────────────────────(R)──
           │                     "SN_R"
           ├────────────────────(R)──
           │                     "SN_G"
           ├────────────────────(R)──
           │                     "SN_Y"
           ├────────────────────(R)──
           │                     "SF"
           └────────────────────(R)──
```

图 7-57 启动组织块 OB100 程序

4. 在 OB1 中调用有静态参数的功能块（FB）

OB1 控制程序如图 7-58 所示，在程序段 3 和程序段 4 中调用了 FB1。

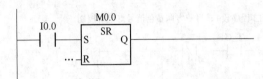

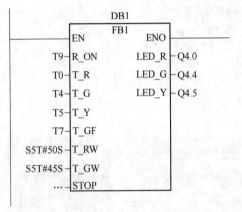

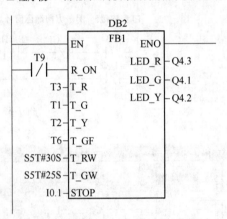

图 7-58　OB1 控制程序

习　题

7-1　Step 7 的程序结构可分为哪几类？

7-2　延时中断与定时器都可以实现延时，它们有什么区别？

7-3　如何处理优先级相同的两个中断？

7-4　利用循环组织块 OB35 建立振荡电路，周期为 2s。

7-5　要求每 600s 在 OB35 中将 MW0 加 1，在 I0.0 的上升沿停止调用 OB35，在 I0.1 的上升沿允许调用 OB35。生成项目，组态硬件，编写程序，并用 PLCSIM 调试程序。

7-6　在主程序 OB1 中实现以下功能。

（1）在 I0.0 的上升沿用 SFC32 启动延时中断 OB20，10s 后 OB20 被调用，在 OB20 中将 Q4.0 置位，并立即输出。

（2）在延时过程中如果 I0.1 由 0 变为 1，在 OB1 中用 SFC33 取消延时中断，OB20 不会再被调用。

（3）I0.2 由 0 变为 1 时 Q4.0 被复位。

7-7　用 I0.0 控制接在 Q4.0～Q4.7 上的 8 个彩灯循环移位，用 T37 定时，每 0.5s 移 1 位，首次扫描时给 Q4.0～Q4.7 置初值，用 I0.1 控制彩灯移位的方向，试设计梯形图程序。

7-8　设计一个程序，完成对 3 台电动机的控制：1 号电动机可以自由启动，2 号电动机在 1 号电动机启动后才可以启动，3 号电动机在 2 号电动机启动后才可以启动。3 号电动机可以自由停止。若 3 号电动机不停止，则 2 号电动机也不能停止。若 2 号电动机不停止，则 1 号电动机也不能停止。

8 通信与联网

8.1 通信基础知识

8.1.1 通信网络

8.1.1.1 工业自动化网络

在现如今用到自动化技术较多的制造业中，一般都是采用多级网络的形式。大部分的可编程控制器制造商经常用生产金字塔结构来描述其产品可以实现的功能。国际标准化组织（ISO）确定了企业自动化系统的初步模型，如图 8-1 所示。实际工厂中一般采用 2~4 级子网构成复合型结构，而不一定是 6 级，各层应采用相应的通信协议。图 8-1 中下半部的控制部分包括参数检测与执行、设备控制、过程控制及监控，分别对应现场设备层、单元层和工厂管理层。

（1）现场设备层。现场设备层的主要功能是连接现场设备。例如，分布式 I/O、传感器、驱动器、执行机构和开关设备等，以完成现场设备控制及设备间连锁控制。其中，主站负责总线通信管理及从站的通信。总线上所有设备的生产工艺控制程序均存储在主站中，并由主站统一执行。

（2）单元层。单元层又称为车间监控层，主要是用来完成车间主要生产设备之间的连接，实现车间级设备的监控。车间级监控包括生产设备状态的在线监控、设备故障报警及维护等。通常还具有诸如生产统计、生产调度等车间级生产管理功能。车间级监控通常要设立车间监控室，有操作员工作站及打印设备。车间级监控网络可采用 PROFIBUS-FMS 或工业以太网。

（3）工厂管理层。车间操作员工作站可以通过集线器与车间办公管理网连接，将车间生产数据送到车间管理层。车间管理网作为工厂主网的一个子网，通过交换机、网桥和路由器等连接设备连接到厂区主干网，将车间的生产数据集成到工厂管理层。

图 8-1 企业自动化系统初步模型

8.1.1.2 S7-300 的通信网络

S7-300 的通信网络示意图，如图 8-2 所示。

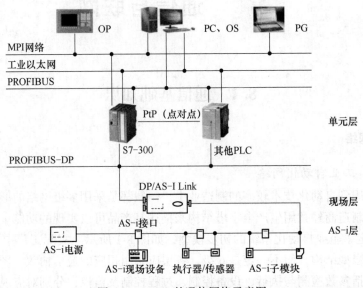

图 8-2 S7-300 的通信网络示意图

（1）多点通信（MPI）。MPI 是多点接口（Multi Point Interface）的简称。MPI 的物理层是 RS-485，最大传输速率为 12Mbit/s。PLC 通过 MPI 能同时连接运行 Step 7 的编程器、计算机、人机界面（HMI）和其他 SIMATIC S7、M7 和 C7。这是最经济而且有效的解决方案。Step 7 的用户界面提供了通信组态功能，使通信的组态变得非常简单。

（2）现场总线通信（PROFIBUS）。现场总线通信是用于车间级监控和现场层的通信系统，它符合 IEC 61158 标准，具有开放性，符合该标准的各厂商生产的设备都可以接入同一网络中。S7-300 系列 PLC 可以通过通信处理器或集成在 CPU 上的 PROFIBUS-DP 接口连接到 PROFIBUS-DP 网络上。

（3）工业以太网。工业以太网（Industrial Ethernet）是用于工厂管理和单元层的通信系统，符合 IEEE 802.3 国际标准，用于对时间要求不太严格但需要传送大量数据的通信场合。工业以太网支持广域的开放型网络模型，可以采用多种传输介质。西门子的工业以太网的传输速率为 10Mbit/s 或 100Mbit/s，最多 1024 个网络节点，网络的最大传输距离为 150km。

（4）点对点连接。点对点连接（Point to Point Connections）可以连接两台 S7 PLC 以及计算机、打印机、机器人控制系统、扫描仪和条码阅读器等非西门子设备。使用 CP340 和 CP341 通信处理模块，或者通过 CPU313-2PtP 和 CPU314C-2PtP 集成的通信接口，可以建立经济而方便的点对点连接。

（5）执行器-传感器接口通信（AS-i）。执行器-传感器接口（Actuator-Sensor-Interface）是位于自动控制系统最底层的网络，用来连接有 AS-i 接口的现场二进制设备，只能传送如开关状态等的少量数据。

8.1.2 通信的分类

S7-300 通信可以分为全局通信、基本通信和扩展通信三类。

（1）全局数据通信。全局数据通信通过 MPI 接口在 CPU 间循环交换数据，如图 8-3 所示。用全局数据表来设置各 CPU 之间需要交换的数据存放的地址区和通信速率，通信是自动实现的，不需要用户编程，当过程映像被刷新时，在循环扫描检测点进行数据交换。全局数据可以是输入、输出、标志位（M）、定时器和数据区。

S7-300 CPU 每次最多可以交换 4 个包含 22B 的数据包，最多可以有 16 个 CPU 参与数据交换。通过全局数据通信，一个 CPU 可以访问另一个 CPU 的数据块、存储器位和过程映像等。全局通信用 Step 7 中的全局表进行组态，对 S7、M7 和 C7 的通信服务可以用系统功能块来建立。

图 8-3　全局数据通信

（2）基本通信（非配置的连接）。基本通信可以用于所有的 S7-300 CPU，通过 MPI 站内的 K 总线（通信总线）传送最多 76B 的数据，如图 8-4 所示。在用户程序中用系统功能来传送数据。在调用系统功能时，通信连接被动态的建立，CPU 需要一个自由的连接。

图 8-4　基本通信

（3）扩展通信（配置的通信）。这种通信适用于所有的 S7-300 CPU，通过多点通信、现场总线和工业以太网最多可以传送 64KB 的数据，如图 8-5 所示。扩展通信是通过系统功能块来实现的，支持所有应答通信。在 S7-300 中可用 SFB15 PUT 和 SFB14 GET 写出或读入远端 CPU 数据。扩展的通信功能还能执行控制功能，例如控制通信对象的启动和停机。这种通信方式需要用连接表配置连接，被配置的连接在站启动时建立并一直保持。

图 8-5　扩展通信

8.1.3 通信方式

计算机的通信方式可分为串行通信与并行通信，按传输方式可分为单工、半双工与全双工通信。

8.1.3.1 串行通信与并行通信

A 串行通信

串行通信方式如图 8-6 所示。串行数据通信是以二进制的位（bit）为单位的数据传输方式，每次只传送一位，最少只需要两根线（双绞线）就可以连接多台设备，组成控制网络。串行通信需要的信号线少，适用于距离较远的场合且成本较低。计算机和 PLC 都有通用的串行通信接口，如常用的 U 盘 USB 接口、RS-232C 或 RS-485 接口，工业控制中计算机之间的通信一般采用串行通信方式。

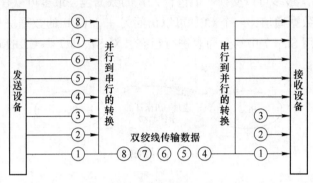

图 8-6 串行通信方式

串行通信有两种基本的信息传送方式：异步通信与同步通信。也称为异步传送与同步传送，两者最主要的区别在于通信方式的"帧"不同。

（1）异步通信。异步通信方式又称起止方式。它在发送字符时，要先发送起始位，然后是字符本身，最后是停止位，字符之后还可以加入奇偶校验位。异步通信方式具有硬件简单、成本低的特点，主要用于传输速率低于 19.2kbit/s 以下的数据通信。

（2）同步通信。同步通信方式在传递数据的同时，也传输时钟同步信号，并始终按照给定的时刻采集数据。其传输数据的效率高，硬件复杂，成本高，一般用于传输速率高于 20kbit/s 以上的数据通信。

B 并行通信

并行通信方式如图 8-7 所示。并行数据通信是以字节或字为单位的数据传输方式，除了 8 根、16 根或 32 根数据线，一根公共线，还需要通信双方联络用的控制线。并行通信

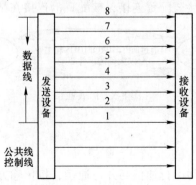

图 8-7 并行通信方式

的传送速度快，但是传输线的数量多，抗干扰能力较差，一般用于近距离数据传送，如 PLC 的模块之间的数据传送，老式打印机的打印口和计算机的通信。

8.1.3.2 单工、半双工和全双工通信

A 单工

单工（Simplex）指数据只能实现单向传送的通信方式，一般用于数据的输出，不可以进行数据交换，如图 8-8 所示。

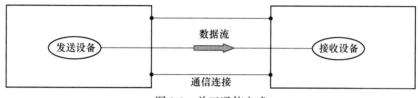

图 8-8 单工通信方式

B 半双工

半双工（Halt Simplex）指数据可以进行双向数据传送，同一时刻，只能发送数据或者接收数据，如图 8-9 所示。通常需要一对双绞线连接，通信线路成本较低。例如，RS-485 只用一对双绞线时就是"半双工"通信方式。

图 8-9 半双工通信方式

C 全双工

全双工（Full Simplex）也称为双工，指数据可以进行双向数据传送，同一时刻既能发送数据，也能接收数据，如图 8-10 所示。通常需要两对双绞线连接，通信线路成本相对半双工较高。例如，RS-422 就是"全双工"通信方式。

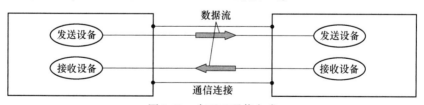

图 8-10 全双工通信方式

8.2 多点通信及其应用

8.2.1 多点通信简介

MPI 是当通信速率要求不高、通信数据量不大时可以采用的一种简单经济的通信方

式。通过它可组成小型 PLC 通信网络，实现 PLC 之间的少量数据交换，它不需要额外的硬件和软件就能网络化。通过 MPI，PLC 可以同时与多个设备建立通信连接，这些设备包括编程器 PG 或运行 Step 7 的 PC、人机界面（HIM）及其他 SIMATIC S7、M7 和 C7，同时连接的通信对象的个数与 CPU 的型号有关。

MPI 的基本功能是 S7 的编程接口可以进行 S7-300 之间的小数据量的通信。MPI 物理接口符合 PROFIBUS RS-485（EN 50170）接口标准。S7-300 通常默认设置为 187.5kbit/s，只有能够设置为 PROFIBUS 接口的 MPI 网络才支持 12Mbit/s 的通信速率。两个相邻节点间的最大连接距离为 50m，加中继器时为 1000m，采用光纤和星形连接时为 23.8km。

8.2.2　S7-300 PLC 之间的多点通信

S7-300 PLC 与 S7-300 PLC 间的 MPI 通信可以采用全局数据通信方式，这种通信方式可以在 S7-300 PLC 与 S7-300 PLC、S7-400 PLC 与 S7-300 PLC、S7-400 PLC 与 S7-400 PLC 之间通信，用户不需要编写程序，在硬件组态时，组态所有 MPI 的 PLC 站之间的发送区与接收区即可。

8.2.2.1　生成 MPI 硬件工作站

打开 Step 7，首先执行菜单命令"文件→新建"，创建一个 S7 项目，并命名为"全局数据"。选中"全局数据"项目名，然后执行菜单命令"插入→站点→SIMATIC300 站点"，在此项目下插入 2 个 S7-300 的 PLC 站，如图 8-11 所示。

图 8-11　新建"全局数据"项目

在"全局数据"项目结构窗口中单击"SIMATIC300（1）"，然后在对象窗口中双击"硬件"，进入 SIMATIC300（1）的 HW Config 界面。在此界面中拖入机架（Rail）、电源（PS 307 2A）和 CPU（CPU315-2DP），完成硬件组态。用同样的方法完成 SIMATIC300（2）的硬件组态，如图 8-12 所示。

8.2.2.2　设置 MPI 地址

双击 CPU315-2DP，配置 MP 地址和通信速率，两个站点的 MPI 地址分别设置为 2 号和 3 号，通信速率为 187.5kbit/s，如图 8-13 所示。完成后单击"确定"按钮，保存并编译硬件组态。最后将硬件组态数据下载到相应的 CPU。

8.2.2.3　连接网络

用 PROFIBUS 电缆连接 MIP 节点，接着就可以与所有的 CPU 建立在线连接。可以用 SIMATIC 管理器中"组态网络"功能来测试它。

8.2.2.4　生成全局数据表

单击工具图表 器 ，打开"NetPro"窗口，如图 8-14 所示。

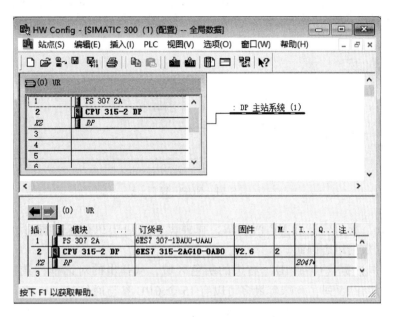

图 8-12　SIMATIC300 的硬件组态

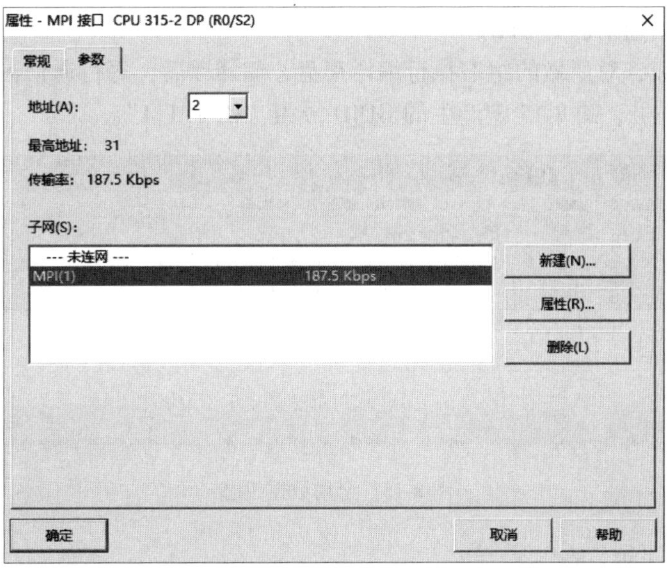

图 8-13　配置 MP 地址和通信速率

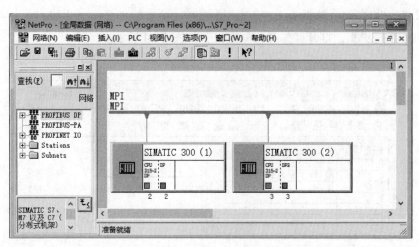

图 8-14　NetPro 窗口

在"NePro"窗口中右击 MP 网络线，在弹出的窗口中执行菜单命令"定义全局数据"，进入全局数据组态画面。

双击"全局数据（GD）ID"右边的灰色区域，从弹出的对话框内选择需要通信的 CPU。CPU 栏共有 15 列，意味着最多可以有 15 个 CPU 参与通信。

在每个 CPU 栏底下填上数据的发送区和接收区，例如，SIMATIC300（1）站发送区为 DB1. DBB0~DB1. DBB20，可以填写为 DB1. DBB0：20，然后单击工具按钮◇，选择 SMAT-IC 300（1）站为发送器。SIMATIC300（2）站的接收区为 DB. DBB0~DB1. DBB20，可以填写为 DB1. DBB0：20，并自动设为接收器。

地址区可以为 DB、M、1、Q 区，对于 S7-300 最大长度为 22B。发送器与接收器的长度要一致，本例中通信区为 21B。

单击工具按钮，对所做的组态执行编译存盘，编译以后，每行通信区都会自动产生全局数据（GD）ID 号，图 8-15 中产生的 GDID 号为"GD1.1.1"。

	全局数据(GD)ID	SIMATIC 300 (1)\ CPU 315-2 DP	SIMATIC 300 (2) \ CPU 315-2 DP	
1	GD 1.1.1	>DB1.DBB0:20	DB1.DBB0:20	
2	GD			
3	GD			
4	GD			

图 8-15　全局数据组态

8.2.2.5　下载组态信息

单击工具栏中的"下载"按钮■。选定 SIMATIC300（1）和 SIMATIC300（2）分别下载到对应的站点中去，这样数据就可以相互交换了，如图 8-16 所示。

下载到模块
下载到所有 CPU(A)
下载到所选 CPU(S)
所选 CPU(C):
SIMATIC 300 (1)\CPU 315-2 DP
SIMATIC 300 (2) \CPU 315-2 DP
确定
取消
帮助

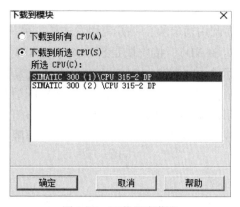

图 8-16 下载组态信息

8.2.2.6 编写程序

【例 8-1】 用一个例子介绍 S7-300 PLC 与 S7-300 PLC 之间的全局数据 MPI 通信。有两台设备，各由一台 CPU315C-2DP 控制，从设备 1 上的 CPU315C-2DP 发出启停控制命令，设备 2 的 CPU315C-2DP 收到命令后，对设备 2 进行启停控制，同时设备 1 上的 CPU315C-2DP 监控设备 2 的运行状态。全局数据的 MPI 通信，只要硬件进行组态就可以通信了，通信部分是不要编写程序的，像本例这样简单的工程，若组态合理不需要编写一条程序。但一个实际的工程不编写程序是很不现实的。主站 2 和从站 3 的程序如图 8-17 和图 8-18 所示。

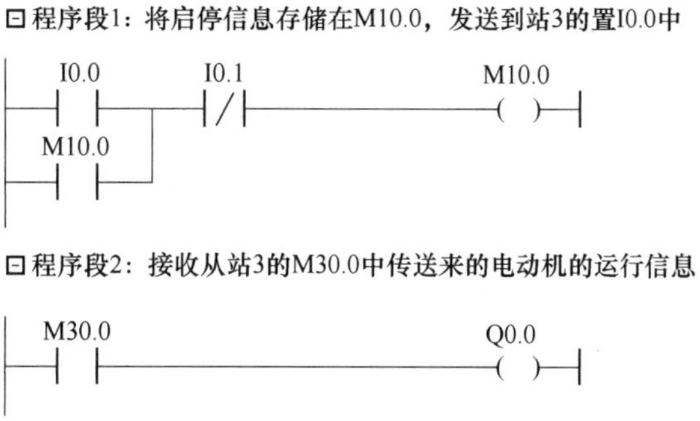

程序段1：将启停信息存储在M10.0，发送到站3的置I0.0中
I0.0
I0.1
M10.0
M10.0
程序段2：接收从站3的M30.0中传送来的电动机的运行信息
M30.0
Q0.0

图 8-17 主站 2 的程序

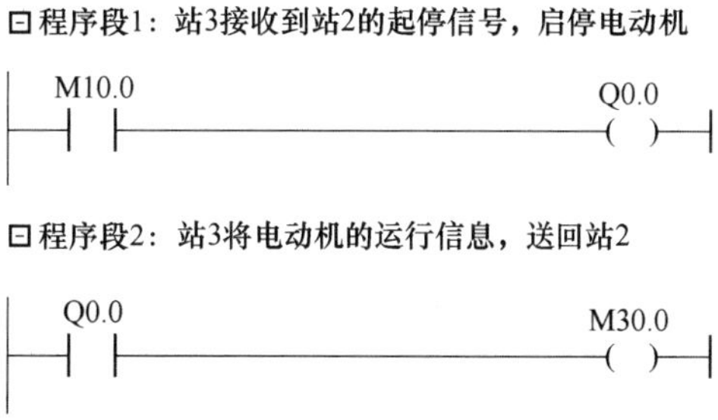

程序段1：站3接收到站2的起停信号，启停电动机
M10.0
Q0.0
程序段2：站3将电动机的运行信息，送回站2
Q0.0
M30.0

图 8-18 从站 3 的程序

【例8-2】　不用连接组态的 MPI 通信，通过调用 SFC 来实现双向通信。下面通过例子介绍，双向通信双方都需要调用通信块，一方调用发送块，另一方就要调用接收块来接收数据。发送块是 SFC65（X_SEND），接收块是 SFC66（X_RCV）。

新建一个项目，创建两个站 CPU316-2DP（MPI 站地址为 2）和 CPU315-2DP（MPI 站地址为 4），将 2 号站中的数据发送给 4 号站，4 号站判断后放在相应的数据区中。注意：在 2 号站的 OB35 中调用 SFC65，如果扫描时间太短，发送频率太快，对方没有响应将加重 CPU 的负荷，在 OB35 中调用发送块，发送任务将间隔 100ms 执行一次。图 8-19 所示为示例程序。

□ 程序段 1：发送数据1

REQ=1，激活发送请求；CONT=1，发送完成后保持连接；DEST_ID，接收方的MPI地址；REQ_ID，数据标识符，此处数据标识为1；SD，本地PLC发送区，表示第一包数据为DB1中从DBX0.0开始的76个字节，发送区最大字节为76；RET，返回值；BUSY=1表示发送未完成。

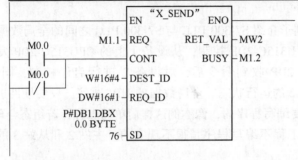

□ 程序段2：发送数据2

第二包数据为DB2中从DBX0.0开始的76个字节

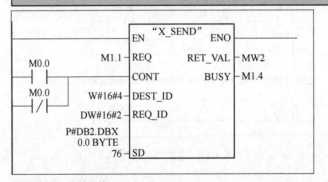

□ 程序段3：释放连接

m1.6为1时，与4号站建立的连接断开

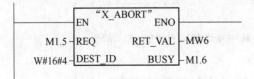

图 8-19　OB35 程序

在图 8-19 中，M1.1 和 M1.3 为 1 时，CPU316-2DP 将发送标识符为 1 和 2 的两包数据给 4 号站 CPU315-2DP。M1.1 和 M1.3 为 0 时，建立的连接并没有释放，必须调用 SFC69 释放连接。编写多个连接时，由于 CPU 的资源有限而不能通信，可以通过查看 CPU 的"模块信息"对话框的"通信"选项卡进行检测。图 8-20 所示为 4 号站 OB1 接收程序。

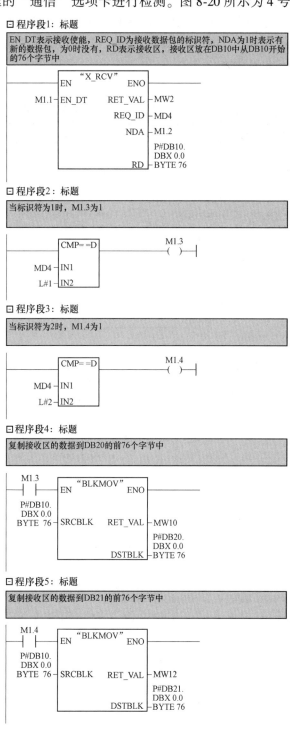

图 8-20 4 号站 OB1 程序

【**例 8-3**】 不用连接组态的 MPI 通信，通过调用 SFC 来实现单向通信。双向通信发送方和接收方都需要编写程序，而单向通信只需要在一方编写通信程序，这也是客户机与服务器的关系，编写程序一方的 CPU 作为客户机，没有编写程序一方的 CPU 作为服务器，客户机调用 SFC 通信块对服务器的数据进行读写操作。

新建一个项目，创建两个站 CPU316-2DP（MPI 站地址为 2）和 CPU315-2DP（MPI 站地址为 4），CPU416 作 CPU316-2DP 为客户机，CPU315-2DP 为服务器。在 CPU316-2DP 中编写程序，如图 8-21 所示。

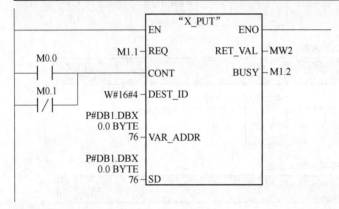

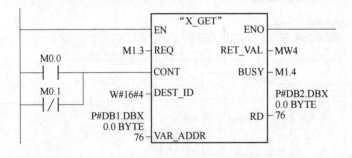

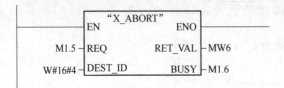

图 8-21 示例程序

一个 S7-300 PLC 作为服务器，无须任何编程，另一个 S7-300 PLC 作为客户机，利用 S7-300 PLC 编程软件的库功能 SFC67（X_GET）读取服务器数据区的数据到客户机的本地数据区，利用 SFC68（X_PUT）将本地数据区数据写入服务器的指定数据区。使用 PROFIBUS 电缆连接 CPU315 2DP 的 X1 MPI 口和 CPU 224XP 的端口 0 后，在客户机 S7-300 PLC 中编写程序，如图 8-22 所示。

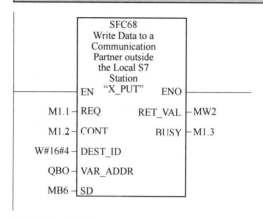

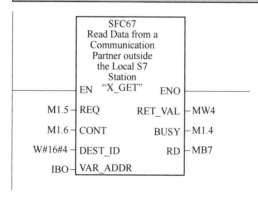

图 8-22　客户机 S7-300 中编写的程序

8.3　现场总线通信及其应用

8.3.1　现场总线通信简介

PROFIBUS 是目前国际上通用的现场总线标准之一，是不依赖生产厂家的、开放式的现场总线，各种自动化设备均可以通过同样的接口交换信息。PROFIBUS 可以用于分布式 LO 设备、传动装置、PLC 以及基于 PC 的自动化系统等。目前，全球自动化和流程自动化应用系统所安装的 PROFIBUS 节点设备已远远超过其他现场总线。

8.3.1.1 PROFIBUS 的组成

PROFIBUS 协议结构以 ISO/OSI 参考模型为基础，其协议结构如图 8-23 所示。第 1 层为物理层，定义了物理的传输特性；第 2 层为数据链路层；第 3~6 层 PROFIBUS 未使用；第 7 层为应用层，定义了应用的功能。PROFIBUS 包括以下 3 个相互兼容的部分。

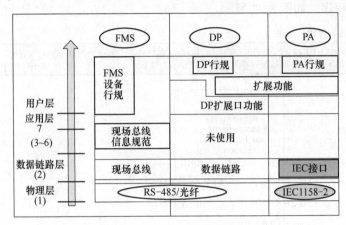

图 8-23　PROFIBUS 协议结构

A　PROFIBUS-DP（Distributed Periphery，分布式外部设备）

PROFIBUS-DP 用于自动化系统中单元级控制设备与分布式 I/O 的通信，可以取代 4~20mA 模拟信号传输。

PROFIBUS-DP 使用了第 1 层、第 2 层和用户接口层。第 3~7 层未使用，这种精简的结构高速数据传输。直接数据链路映像程序（DDLM）提供对第 2 层的访问，在用户接口中规定了 PROFIBUS-DP 设备的应用功能以及各种类型的系统和设备的行为特征。

这种为了高速传输用户数据而优化的 PROFIBUS 协议，特别适用于可编程序控制器与现场分散的 I/O 设备之间的通信。

B　PROFIBUS-FMS（Fieldbus Message Specification，现场总线报文规范）

PROFIBUS-FMS 使用了第 1、2 和 7 层。应用层（第 7 层）包括 FMS（现场总线报文规范）和 LLI（低层接口），FMS 包含应用协议和提供的通信服务，LL1 建立各种类型的通信关系，并给 FMS 提供不依赖于设备的对第 2 层的访问途径。

FMS 主要用于系统级和车间级的不同供应商的自动化系统之间的数据传输，处理单元级（PLC 和 PC）的多主站数据通信。功能强大的 FMS 服务可在广泛的应用领域内使用，并为解决复杂通信任务提供了很大的灵活性。

PROFIBUS-DP 和 PROFIBUS-FMS 使用相同的传输技术和总线存取协议。因此，它们可以在同一根电缆上同时运行。

C　PROFIBUS-PA（Process Automation，过程自动化）

PROFIBUS-PA 用于过程自动化的现场传感器和执行器的低速数据传输，使用扩展的 PROFIBUS-DP 进行数据传输。此外，它执行规定现场设备特性的 PA 设备行规。传输技术依据 IEC61158-2 [7] 标准，确保本质安全和通过总线对现场设备供电。使用段耦合器可将 PROFIBUS-PA 设备很容易地集成到 PROFIBUS-DP 网络之中。

PROFIBUS-PA 是为过程自动化工程中的高速、可靠的通信要求而特别设计的。用 PROFIBUS-PA 可以把传感器和执行器连接到普通的现场总线段上，即使在防爆区域的传感器和执行器也可如此。

PROFIBUS-PA 使用屏蔽双绞线电缆，由总线提供电源。在危险区域每个 DP/PA 链路可以连接 15 个现场设备，在非危险区域每个 DP/PA 链路可以连接 31 个现场设备。

8.3.1.2 PROFIBUS-DP 的功能

PROFIBUS 现场总线中，PROFIBUS-DP 的应用最广。DP 主要用于 PLC 与分布式 I/O 和现场设备的高速数据通信。典型的 DP 配置是单主站结构，也可以是多主站结构。DP 的功能包括 DP-V0、DP-V1 和 DP-V2 三个版本。

A 基本功能 (DP-V0)

a 总线存取方法

各主站间为令牌传送，主站与从站间为主从循环传送，支持单主站或多主站系统，总线上最多 126 个站。可以采用点对点用户数据通信、广播（控制指令）方式和循环主从用户数据通信。

b 循环数据交换

DP-V0 可以实现主站与从站间的快速循环数据交换，主站发出请求报文，从站收到后返回响应报文。总线循环时间应小于主站的循环时间，DP 的传送时间与网络中站的数量和传输速率有关。

c 诊断功能

经过扩展的 PROFIBUS-DP 诊断，能对站级、模块级、通道级三级故障进行诊断和快速定位，诊断信息在总线上传输并由主站采集。

d 保护功能

只有授权的主站才能直接访问从站。从站用监控定时器监视与从站的通信。从站用监控定时器检测与主站的数据传输。

e 基于网络的组态功能与控制功能

动态激活或关闭从站，对主站进行配置，可以设置站点的数目、从站的地址、输入/输出数据的格式、诊断报文的格式等，还可以检查从站的组态等。

f 同步与锁定功能

主站可以发送命令给一个从站或同时发送命令给一组从站。接收到从站的同步命令后，从站进入同步模式，这些从站的输出被锁定在当前状态。

锁定（FREEZE）命令使指定的从站组进入锁定模式，即将各从站的输入数据锁定在当前状态，直到主站发送下一个锁定命令时才可以刷新。

此外，还支持主站与从站或系统组态设备之间的循环数据传输。

B DP-V1 的扩展功能

a 非循环数据交换

除 DP-V0 的功能外，DP-V1 最主要的特征是具有主站与从站之间的非循环数据交换功能，可以用它来进行参数设置、诊断和报警处理。非循环数据交换与循环数据交换是并行执行的，但是优先级较低。

b　工程内部集成 EDD 与 FDT

在工业自动化中，GSD（电子设备数据）文件适用于较简单的应用；EDD（Electronic Device Description，电子设备描述）适用于中等复杂程序的较简单的应用；FDT/DTM（Field Device Tool/ Device Type Manager，现场设备工具/设备类型管理）是独立于现场总线的"万能"接口，适用于复杂的应用场合。

c　基于 IEC61131-3 的软件功能块

为了实现与制造商无关的系统行规，应为现存的通信平台提供应用程序接口（API），PNO（PROFIBUS 用户组织）推出了"基于 IEC61131-3 的通信与代理（Proxy）功能块"。

d　故障-安全通信（PROFIsafe）

考虑了在串行总线通信中可能发生的故障，如数据的延迟、丢失、重复，不正确的时序、地址和数据的损坏等。

e　扩展的诊断功能

DP 从站通过诊断报文将突发事件（报警信息）传送给主站，主站收到后发送确认报文给从站。从站收到后只能发送新的报警信息，这样可以防止多次重复发送同一报警报文。状态报文由从站发送给主站，不需要主站确认。

C　DP-V2 的扩展功能

a　从站与从站之间的通信

广播式数据交换实现了从站之间的通信，从站作为出版者（Publisher），不经过主站直接将信息发送给作为订户（Subscribers）的从站。

b　同步（Isochronous）模式功能

同步功能激活主站与从站之间的同步，误差小于 1ms。通过"全局控制"广播报文，所有有关的设备被周期性地同步到总线主站的循环。

c　时钟控制与时间标记（Time Stamps）

通过用于时钟同步的新的连接 MS3，主站将时间标记发送给所有的从站，将从站的时钟同步到系统时间，误差小于 1ms。利用这一功能可以实现高精度的事件追踪。在有大量主站的网络中，对于获取定时功能特别有用。主站与从站之间的时钟控制通过 MS3 服务来进行。

d　HARTonDP

HARTonDP 是一种应用较广的现场总线。HART 规范将 HART 的客户-主机-服务器模型映射到 PROFIBUS。

e　上载与下载（区域装载）

此功能允许用少量的命令装载任意现场设备中任意大小的数据区，如不需要人工装载就可以更新程序或更换设备。

f　功能请求（Function Invocation）

功能请求服务用于 DP 从站的程序控制（启动、停止、返回或重新启动）和功能调用。

g　从站冗余

在很多应用场合，要求现场设备的通信有冗余功能。冗余的从站有两个 PROFIBUS 接口，一个是主接口，另一个是备用接口。它们可能是单独的设备，也可能分散在两个设备中。冗余从站设备可以在一条 PROFIBUS 总线或两条冗余的 PROFIBUS 总线上运行。

8.3.2 S7-300 PLC 之间的现场总线通信

8.3.2.1 PROFIBUS-DP 网络的组态

新建一个项目，插入一个 S7300 站 CPU3152DP 并进行硬件组态。在硬件组态编辑器中，选中数据表格中的"DP"项，单击右键选择"添加主站系统"，打开"PROFIBUS 接口 DP"属性对话框，如图 8-24 所示，在"地址"项输入该站的 PROFIBUS 地址，单击"新建"按钮，打开图 8-25 所示的"PROFIBUS 网络属性"对话框，在"常规"选项卡中输入新建的 PROFIBUS 网络的名称，在"网络设置"选项卡中选择传输速率和总线行规，此处采用默认即可。

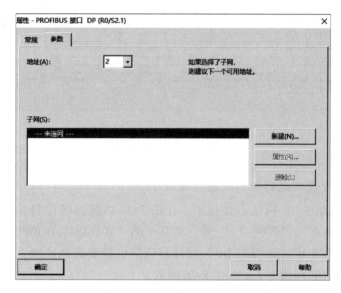

图 8-24 "PROFIBUS 接口 DP"属性对话框

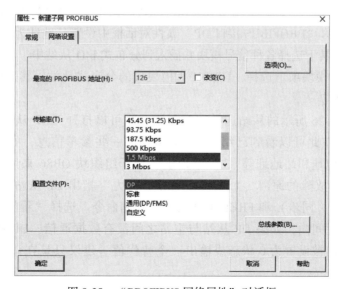

图 8-25 "PROFIBUS 网络属性"对话框

选中新建的 PROFIBUS 网络，则在硬件组态编辑器的组态窗口中 DP 后面出现 PROFI-BUS 网络线，如图 8-26 所示。

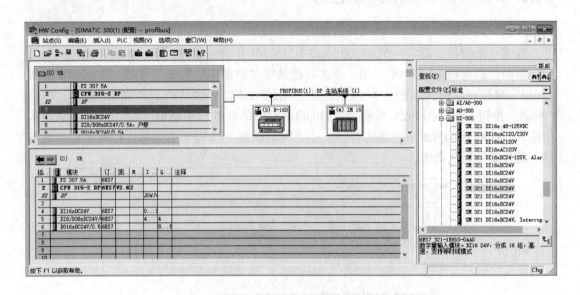

图 8-26　组态的非智能从站

8.3.2.2　非智能从站的组态及通信编程

下面向 PROFIBUS-DP 网络添加从站。在图 8-26 右侧的硬件目录 "PROFIBUS-DP" 项中，单击 "ET200B" 项前的 "+" 号，将其下的 "B-16DU16DODP" 拖动至左侧的网络上，在打开的 "PROFIBUS 接口 DP" 属性对话框中设置其地址为 3，即将该 I/O 从站连接至 PROFIBUS-DP 网络上了，如图 8-26 所示。

接下来添加 ET200M 从站。从硬件目录中单击 "ET200M" 项前的 "+" 号，根据实际订货号选择接口模块将其拖动至 PROFIBUS-DP 网络上，此处以 "IM153-1，Release1-5" 为例，在打开的 "PROFIBUS 接口 DP" 属性对话框中设置其地址为 4，单击接口模块前的 "+" 号，从其下选择各种信号模块并插入到分布式 I/O 从站中。注意：该信号模块只能从对应的接口模块项下选择。ET20M 为模块式的分布式从站，其采用的机架和模块与 S7-300 PLC 相同。

右键单击图 8-26 所示的从站选择 "对象属性" 可以打开 "DP 从站" 属性对话框，如图 8-27 所示，在此可以看到已组态的 DP 从站的一些参考信息，如订货号、设备系列、类型、诊断地址和站地址等。"诊断地址" 用于组织块 OB86 来读出诊断信息，以找到 DP 从站出现故障的原因。"SYNC/FREEZE 能力" 指出 DP 从站是否能执行由 DP 主站发出的 SYNC（同步）和 FREEZE（锁定）控制命令。选择 "看门狗" 功能，在预定义的响应监视时间内，如果 DP 从站与主站之间没有数据通信，DP 从站将切换到安全状态，所有输出被设置为 0 状态或输出一个替代值。建议只是在调试时才关闭 "看门狗"。

图 8-27　"属性-DP 从站"对话框

8.3.2.3　智能从站的组态及通信编程

下面通过一个例子介绍智能从站的组态和编程。

【例 8-4】　新建一个项目，插入一个 S7-300（1）站 CPU316-2DP 和一个 S7-300（2）站 CPU315-2DP。对 S7-300（2）PLC 进行硬件组态，在 "PROFIBUS 接口 DP" 对话框中将其地址设置为 4，但不连接到任何 PROFIBUS 网络上。在 DP 的 "对象属性" 对话框 "工作模式" 选项卡中将该站设置为 "DP 从站"。

组态 S7-300（1）站，插入一个 DP 网络，将硬件组态编辑器右侧硬件目录中的 "PRO-FIBUS-DP" → "Configured Stations" → "CPU3lx" 拖放到建立的 DP 网络上，此时将自动打开 "DP 从站属性" 对话框，如图 8-28 所示，选中列表中的 "CPU3152DP"，单击 "连接" 按钮将该站连接到网络中。连接好后，单击 "断开连接" 按钮可以将从站从网络上断开。

选择图 8-28 的 "组态" 选项卡，用于为主从通信配置通信双方的输入输出区地址，如图 8-29 所示。

单击 "新建" 按钮，打开图 8-30 所示的组态对话框，其部分项含义如下。

（1）地址类型。选择 "输入" 对应 I 区，"输出" 对应 Q 区。

（2）长度。设置通信区域的大小，最多 32B。

（3）单位。选择是按字节还是按字来通信。

（4）一致性。选择 "单位" 是按在定义的数据格式即字节或字发送；若选择 "全部" 表示是打包发送，每包最多 32B。

设置完成单击 "应用" 按钮确认，可继续加入通信数据，通信区的大小与 CPU 型号有关，最大为 244B。图 8-30 所示为设置将主站 S7-300（1）PLC 的输出 QB0 自动对应从站 S7-300（2）PLC 的输入 IB0。

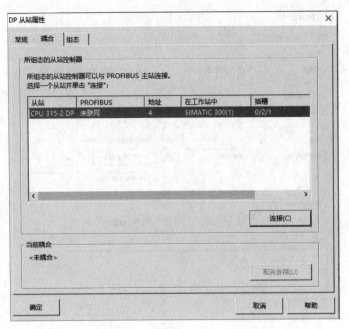

图 8-28　"DP 从站属性"对话框

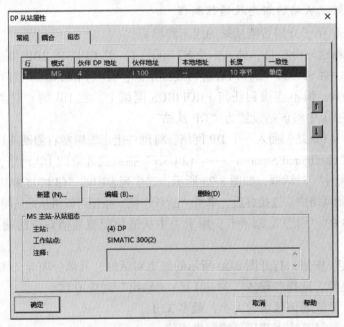

图 8-29　DP 从站属性"组态"选项卡

8.3.2.4　使用 SFC14 和 SFC15 传输连续数据

组态 DP 时经常遇到参数"一致性（Consistency）"，如图 8-30 所示，若选择"单位"则数据的通信以定义的字节或字发送和接收，假设主站以字节格式发送 20B 数据，从站将逐字节地接收和处理这 20B 数据。如果数据不在同一时刻到达从站接收区，从站

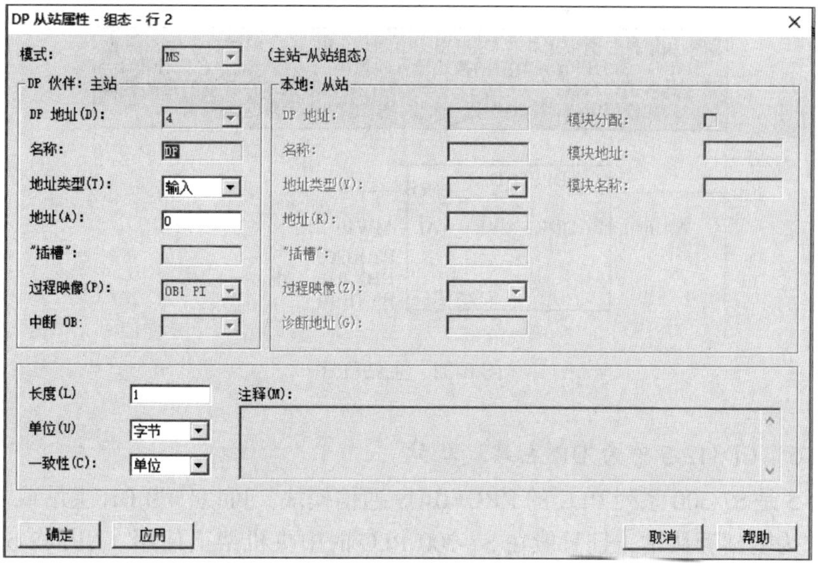

图 8-30 组态对话框

就可能不在一个循环周期处理接收区的数据，对处理复杂的控制功能，如模拟量闭环控制或电气传动等从站，需要保持数据的一致性，则要选择参数"全部"；同时从站需要更大的输入输出区域，可以调用系统功能 SFC14 "DPRD_DAT" 和 SFC15 "DPWR_DAT" 来访问这些输入输出数据区域。

使用 MOVE 指令访问 I/O 时，最多只能读写 4 个连续字节即一个双字。通过 SFC14 和 SFC15 可以读写 DP 标准从站的多个连续数据，最大长度与 CPU 的型号有关。

下面通过一个例子说明 SFC14 和 SFC15 的使用方法。

【例 8-5】 假设一个 CPU315-2DP 作为主站，另一个 CPU315-2DP 作为智能从站，将从站的 DB10. DBB0 开始的 10B 数据发送给主站 DB20. DBB0 开始的 10B 数据中。

在从站的 OB1 编写的程序如图 8-31 所示，主站编写的 OB1 程序如图 8-32 所示，注意 SFC14 和 SFC15 位于"库"→"Standard Library"→"System Function Blocks"中。分别将程序下载后，用变量表进行调试观察运行结果。

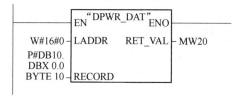

图 8-31 从站程序

□ 程序段1: SFC14

解包从站打包的数据并存放到DB20中DDB0开始的10B的数据中，参数
"LADDR"为要写入数据的模块输入映像区的起始地址，必须使用十
六进制格式；参数"RECORD"含义为存放读取的用户数据的目的数据
区，只能使用BYTE数据类型；参数"RET_VAL"为返回值

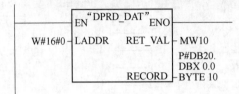

图 8-32   主站程序

8.3.2.5   CP342-5 作为 DP 主站或从站

CP342-5 是 S7-300 系列 PLC 的 PROFIBUS 通信模块，可以作为 DP 主站或从站，但是不能同时作为主站和从站，且只能在 S7-300 PLC 的中央机架上使用。CP342-5 与 CPU 上集成的 DP 接口不一样，其对应的通信接口区不是 I 区和 Q 区，而是虚拟的通信区，需要调用 CP 通信功能 FC1 和 FC2。

A   CP342-5 作为 DP 主站

此处通过一个例子即 S7-300 PLC 通过 CP342-5 连接分布式从站 ET200M 等来说明其配置方法及编程。

【例 8-6】   新建一个项目，插入一个 S7-300 站，硬件组态如图 8-33 所示。插入 S7-300 PLC 的各种模块后，选中 CP342-5，单击右键选择"添加主站系统"，添加 PROFIBUS 网络，网络设置采用默认即可。与前面操作类似，在 DP 网络上分别添加 ET200M 及 ET200B，此处 ET200M 的配置如图 8-33 所示，ET200B 为 24DI/8DO。由图可以看出，分

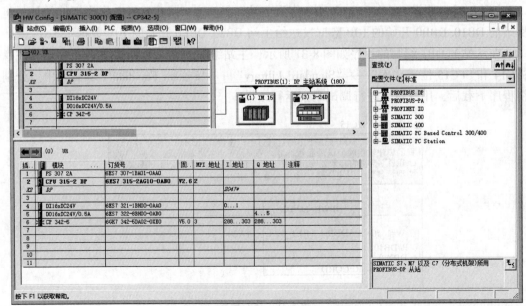

图 8-33   硬件组态

布式从站的输入输出地址均为 S7-300 PLC 的虚拟地址映射区，不占用 S7-300 PLC 的实际 I/Q 区。虚拟地址的输入区和输出区在主站上要分别调用 FC1（DP_SEND）和 FC2（DP_RECV）进行访问。

主站需要编写 OB1 程序如图 8-34 所示，注意 FC1 和 FC2 位于"库"→"SIMATIC_NET_CP→CP300"中。

FC1 的发送区大小和 FC2 的接收区大小要和虚拟的输出和输入字节数匹配。此处虚拟的输入输出都是 5B。如果虚拟地址的起始地址不为 0，则调用 FC 的长度要增加，假设虚拟地址的输入区开始为 4，长度为 10B，则对应的接收区偏移 4B，相应长度为 14B，接收区的第 5 字节对应从站输入的第 1 个字节。

□ 程序段1：FC1

参数"CPLADDR"为CP342-5的地址；参数"SEND"为发送区，对应从站的输出区，参数"DONE"发送完成一次产生一个脉冲；参数"ERROR"为错误位；参数"STATUS"为状态字

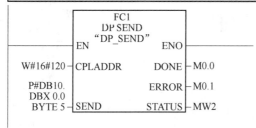

□ 程序段2：FC2

参数"CPLADDR"为CP342-5的地址；参数"RECV"为接收区，对应从站的输入区，参数"DONE"发送完成一次产生一个脉冲；参数"ERROR"为错误位；参数"STATUS"为状态字；参数"DPSTATUS"为状态字节

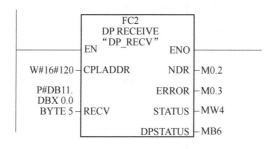

图 8-34 OB1 程序

使用 CP342-5 作为主站时，本身数据是打包发送，不需要调用 SFC14 和 SFC15。由于 CP342-5 寻址方式是通过调用 FC1 和 FC2 访问从站地址而不是直接访问 I/Q 区，所以从站上不能插入智能模块，如 FM350-1、FM352 等

B CP342-5 作为 DP 从站

CP342-5 作为从站时同样需要调用 FC1 和 FC2 建立通信接口区。此处以 CPU315-2DP 作为主站、CP342-5 作为从站为例说明其配置及编程。

【例 8-7】 新建一个项目，插入一个 S7-300（1）站，第 4 槽为 CP342-5。新建一个 PROFIBUS 网络，其参数为默认值。在硬件组态编辑器中通过 CP342-5 的"对象属性"→

"工作模式"选项卡设置其为"DP 从站"。组态完成保存编译并下载到 S7-300 PLC 中。

插入 S7-300（2）站，组态 CPU 时选择建立的 PROFIBUS 网络。在硬件目录"PRO-FIBUS DP"→"Configured Staitons"→"S7-300 CP342-5 DP"中选择订货号和版本号完全相同的 CP342-5，在出现的"属性-DP 从站"对话框中单击"连接"按钮连接从站到主站的 PROFIBUS 网络上。

连接完成后，在硬件目录刚才的 CP342-5 项中选择"16 bytes DI/ Total consistency"和"16 bytes DO/ Total consistency"插入到从站的列表中，如图 8-35 所示，即插入了 16B 的输入和 16B 数据的输出。

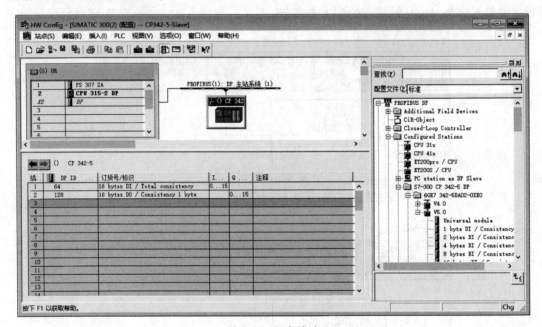

图 8-35　组态从站

此处按字节通信，在主站中不需要对通信进行编程。组态完成保存编译下载到 CPU 中。

由图 8-35 可以看到主站发送到从站的数据区为 QB0~QB15，主站接收从站的数据区为 IB0~IB15，从站需要调用 FC1 和 FC2 建立通信区。从站编程如图 8-36 所示。

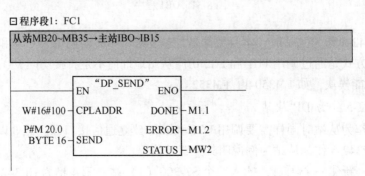

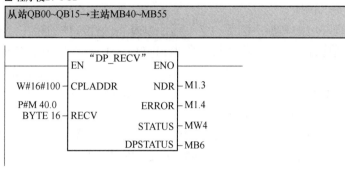

图 8-36 从站程序

8.4 工业以太网通信及其应用

以太网指的是由 Xerox 公司创建并由 Xerox、Intel 和 DEC 公司联合开发的基带局域网规范，是现代局域网采用的最通用的通信协议标准。以太网协议定义了一系列软件和硬件标准，从而将不同的计算机设备连接在一起。以太网按传输速率大致分为标准以太网（10Mbit/s）、快速以太网（100Mbit/s）以及 10G 以太网（10Gbit/s）。

8.4.1 工业以太网通信简介

随着信息技术的不断发展，信息交换技术覆盖了各行各业。越来越多的企业需要建立包含从工厂现场设备层到控制层、管理层等各个层次的综合自动化网络管控平台，建立以工业控制网络技术为基础的企业信息化系统。因此，工业以太网技术得到快速发展。

8.4.1.1 工业以太网与传统以太网的比较

工业以太网是应用于工业控制领域的以太网技术，在技术上与商用以太网（即 IEEE 802.3 标准）兼容，但是实际产品和应用却又完全不同。普通商用以太网的产品在材质的选用、产品的强度、适用性以及实时性、可互操作性、可靠性、抗干扰性、本质安全性等方面不能满足工业现场的需要。工业以太网与传统办公室网络相比，有一些不同之处，见表 8-1。

表 8-1 工业以太网与传统办公室网络比较

项　　目	办公室网络	工业网络
应用场合	普通办公场合	工业场合，工况恶劣，抗干扰性要求较高
拓扑结构	支持线形、环形、星形等结构	支持线形、环形、星形等结构并便于各种结构的组合和转换，简单的安装
可用性	一般的实用性需求，允许网络故障时间以秒或分钟计	极高的实用性需求，允许网络故障时间<300ms 以避免生产停顿
网络监控和维护	网络监控必须有专人使用专用工具完成	网络监控成为工厂监控的一部分，网络模块可以被 HMI 软件如 Win CC 监控，故障模块容易更换

工业以太网产品的设计制造必须充分考虑并满足工业网络应用的需要。工业现场对工业以太网产品的要求包括：

工业生产现场环境的高温、潮湿、空气污浊以及腐蚀性气体的存在，要求工业级的产品具有气候环境适应性，并要求耐腐蚀、防尘和防水。工业生产现场的粉尘、易燃易爆和有毒性气体的存在，需要采取防爆措施保证安全生产。工业生产现场的振动、电磁干扰大，工业控制网络必须具有机械环境适应性（如耐振动和耐冲击）、电磁环境适应性或电磁兼容性（Electro Magnetic Compatibility）等。

工业网络器件的供电，通常是采用柜内低压直流电源标准，大多的工业环境中控制柜内所需电源为低压 24V 直流。采用标准导轨安装，安装方便，适用于工业环境安装的要求。工业网络器件要能方便地安装在工业现场控制柜内并且容易更换。

8.4.1.2　工业以太网电缆接法

用于 Ethernet（以太网）网络的双绞线有 8 芯和 4 芯两种，双绞线的电缆连接有正线（标准 568B）和反线（标准 568A）两种方式，其中正线也称为直通线，反线也称为交叉线。

如图 8-37 所示，正线接线两端的线序一样，从下至上线序是：白橙、橙、白绿、蓝、白蓝、绿、白棕、棕。PC（计算机）与集线器（HUB）、PC 与交换机（SWITCH）、PLC 与交换机（SWITCH）、PLC 与集线器（HUB）常采用正线连接。如图 8-38 所示，反线接法的一端和正线线序一样，另一端从下至上线序是：白绿、绿、白橙、蓝、白蓝、橙、白棕、棕。PC（计算机）与 PC、PLC 与 PLC 常采用反线连接。对于千兆以太网，用 8 芯双绞线，但接法不同。

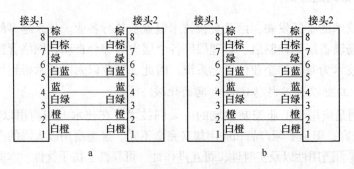

图 8-37　双绞线正线接线图

a—8 芯线；b—4 芯线

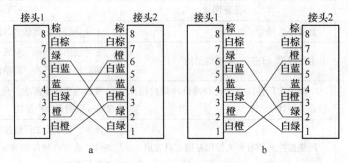

图 8-38　双绞线反线接线图

a—8 芯线；b—4 芯线

8.4.2 S7-300 PLC 之间的工业以太网通信

西门子公司在工业以太网领域有着非常丰富的经验和领先的解决方案。其中 SIMATIC NET 工业以太网基于经过现场验证的技术，符合 IEEE 802.3 标准并提供 10Mbit/s 以及 100Mbit/s 快速以太网技术。经过多年的实践，SIMATIC NET 工业以太网的应用已多于 400000 个节点，遍布世界各地，用于严酷的工业环境，并包括有高强度电磁干扰的地区。

网络通信需要遵循一定的协议，以下对西门子工业以太网通信进行介绍。

8.4.2.1 标准通信

标准通信（Standard Communication）运行于 OSI 参考模型第 7 层的协议，包括表 8-2 中的协议。

MAP（Manufacturing Automation Protocol，制造业自动化协议）提供 MMS 服务，主要用于传输结构化的数据。MMS 是一个符合 ISO/IES 9506-4 的工业以太网通信标准，MAP 3.0 的版本提供了开放统一的通信标准，可以连接各个厂商的产品，现在很少应用。

表 8-2　标准通信协议

子网（Subnets）	Industrial Ethernet	PROFIBUS
服务（Services）	标准通信	
协议	MMS~MAP3.0	FMS

8.4.2.2 S5 兼容通信（S5-compatible Communication）

SEND/RECEIVE 是 SIMATIC S5 通信的接口，在 S7 系统中，将该协议进一步发展为 S5 兼容通信"S5-Compatible Communication"。该服务包括表 8-3 中的协议。

表 8-3　S5 兼容通信

子网（Subnets）	Industrial Ethernet	PROFIBUS
服务（Services）	S5 兼容通信	
协议	IOS transport ISO-on-TCP UDP TCP/IP	FDL

（1）ISO 传输协议。ISO 传输协议支持基于 ISO 的发送和接收，使得设备在工业以太网上的通信非常容易。该服务支持大数据量的数据传输（最大 8KB）。ISO 数据接收由通信方确认，通过功能块可以看到确认信息。用于 SIMATIC S5 和 SIMATIC S7 之间的工业以太网连接。

（2）ISO-on-TCP。ISO-on-TCP 提供了 S5 兼容通信协议，通过组态连接来传输数据和变量长度。ISO-on-TCP 支持第四层 TCP/IP 协议的开放数据通信，但相对于标准的 TCP/IP，还附加了 RFC 1006 协议，RFC 1006 是一个标准协议，该协议描述了如何将 ISO 映射到 TCP 上去。ISO-on-TCP 协议用于支持 SIMATIC S7 和 PC 以及非西门子支持的 TCP/IP 以太网系统。

（3）UDP（User Datagram Protocol，用户数据保护协议）。UDP 提供了 S5 兼容通信协

议，适用于简单的、交叉网络的数据传输，没有数据确认报文，不检测数据传输的正确性。属于 OSI 参考模型第 4 层的协议。UDP 支持基于 UDP 的发送和接收，使得设备（例如 PC 或非西门子公司设备）在工业以太网上的通信非常容易。该协议支持较大数据量的数据传输（最大 2KB），数据可以通过工业以太网或 TCP/IP 网络（拨号网络或因特网）传输。

SIMATIC S7 通过建立 UDP 连接，提供了发送/接收通信功能，与 TCP 不同，UDP 实际上并没有在通信双方建立一个固定的连接。除了上述协议，FETCH/WRITE 还提供了一个接口，使得 SIMATIC S5 或其他非西门子公司控制器可以直接访问 SIMATIC S7 CPU。

（4）TCP。TCP 即 TCP/IP 中传输控制协议，提供了数据流通信，但并不将数据封装成消息块，因而用户并不接收到每一个任务的确认信号。TCP 支持面向 TCP/IP 的 Socket。

TCP 支持给予 TCP/IP 的发送和接收，使得设备（例如 PC 或非西门子设备）在工业以太网上的通信非常容易。该协议支持大数据量的数据传输（最大 8KB），数据可以通过工业以太网或 TCP/IP 网络（拨号网络或因特网）传输。通过 TCP，SIMATIC S7 可以通过建立 TCP 连接来发送/接收数据。

8.4.2.3　S7 通信（S7 Communication）

S7 通信集成在每一个 SIMATIC S7/M7 和 C7 的系统中，属于 OSI 参考模型第 7 层应用层的协议，它独立于各个网络，可以应用于多种网络（MPI、PROFIBUS、工业以太网）。S7 通信通过不断地重复接收数据来保证网络报文的正确。在 SIMATIC S7 中，通过组态建立 S7 连接来实现 S7 通信，在 PC 上，S7 通信需要通过 SAPI-S7 接口函数或 OPC（过程控制用对象链接与嵌入）来实现。

在 Step 7 中，S7 通信需要调用功能块 SFB（S7-400）或 FB（S7-300），最大的通信数据可以达 64KB。对于 S7-400，可以使用系统功能块 SFB 来实现 S7 通信，对于 S7-300，可以调用相应的 FB 功能块进行 S7 通信。

8.4.2.4　S7-300 PLC 之间通信实例

当一台 S7-300 PLC（PLC1）发出启停信号时，另一台 S7-300 PLC（PLC2）收到信号，并对一台电动机进行启停控制，PLC2 向 PLC1 反馈电动机的运行状态。

以下采用 TCP/IP 连接方式进行 S7-300 PLC 之间通信介绍。

A　软硬件配置

S7-300 PLC 间的以太网通信硬件配置如图 8-39 所示。本例中用到的软硬件如下：

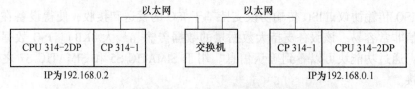

图 8-39　S7-300 PLC 间的以太网通信硬件配置图

（1）两台 CPU 314-2DP；

（2）两台 CP 314-1 以太网模块；

（3）一根 PC/MPI 适配器（USB 口）；

（4）一台 PC（含网卡）；

（5）一台8口交换机；

（6）两根带水晶接头的8芯双绞线（正线）；

（7）一套 Step 7 v5.6 编程软件。

B 硬件组态

（1）新建工程。插入两个站点分别为 PLC1 和 PLC2。每个站点上配置一台 CP 314-1 以太网模块，如图 8-40 所示。

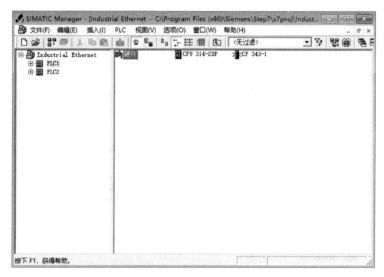

图 8-40 新建工程

（2）PLC1 工业以太网组态。选中 PLC1 之后双击"硬件"，弹出图 8-41 所示界面。选中"CP 343-1"之后双击，弹出图 8-42 所示界面。点击图 8-42 中的"属性"，弹出图 8-43 所示界面。

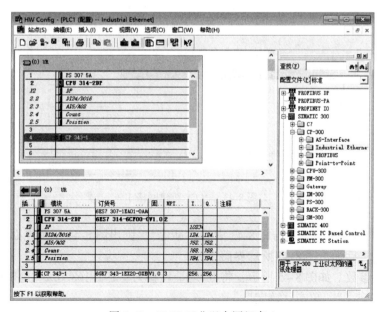

图 8-41 PLC1 工业以太网组态 1

图 8-42 PLC1 工业以太网组态 2

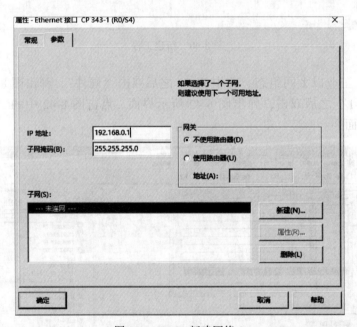

图 8-43 PLC1 新建网络 1

（3）PLC1 新建网络。单击图 8-43 中的"新建"，弹出图 8-44 所示界面。单击图 8-44 中的"确定"之后弹出图 8-45 所示界面。

（4）设置参数。如图 8-45 所示，将 IP 地址设置为"192.168.0.2"，将子网掩码设置为"255.255.255.0"，单击"确定"。

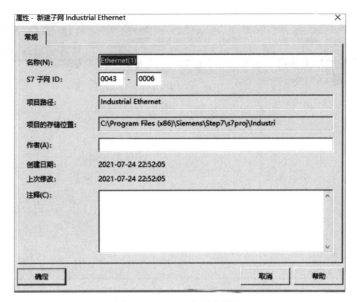

图 8-44 PLC1 新建网络 2

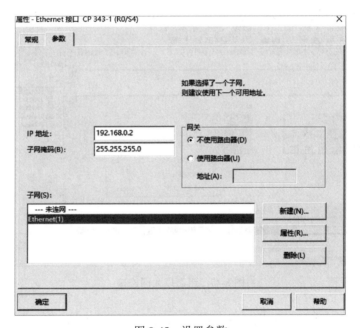

图 8-45 设置参数

（5）按上述步骤完成 PLC2 的以太网模块配置。由于同一网络中 IP 地址是唯一的所以在配置 PLC2 的以太网模块时，将图 8-45 所示界面中的 IP 地址设置为"192.168.0.1"。

（6）打开网络连接。返回管理界面，如图 8-46 所示，选中"Ethernet（1）"之后双击，弹出 8-47 所示界面。

（7）组态以太网连接。如图 8-47 所示，选中"PLC2"中的"CPU 314-2DP"，单击鼠标右键，之后单击"插入新连接"，弹出图 8-48 所示界面。

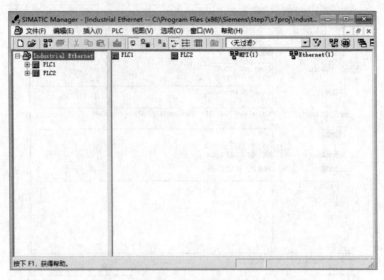

图 8-46　打开网络连接

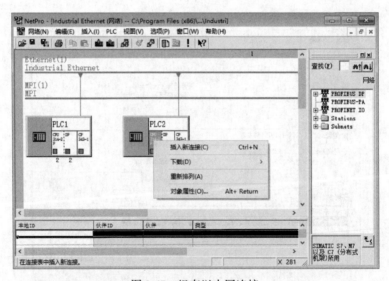

图 8-47　组态以太网连接

（8）添加 TCP 连接。如图 8-48 所示，先选中"CPU 314-2DP"，之后将"类型（T）"改为"TCP 连接"，单击"应用"，弹出图 8-49 所示界面。

（9）设置网络连接参数。如图 8-49 所示，先勾选"激活连接的建立"，再单击"确定"。通信双方其中一个站必须激活"激活连接的建立"选项，以便在通信连接初始化中起到主动连接的作用。块参数中的标识号（ID）是组态时的连接号，LADDR 是模块硬件组态地址，地址相同才能通信，在编程时要用到。如果单击"地址"选项会出现图 8-50 所示界面，可以看到双方通信的 IP 地址。占用的端口号可以使用默认值，也可以自己设置。编译后存盘，到此硬件组态完成。

图 8-48 添加 TCP 连接　　　　　　　　图 8-49 设置网络连接参数

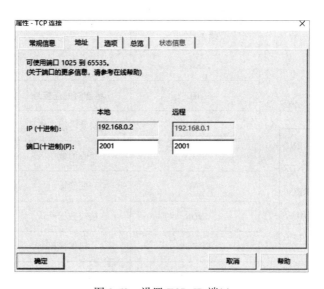

图 8-50 设置 TCP/IP 端口

C 指令介绍

AG_SEND 块用于在一个已组态的 ISO 传输连接上进行传输，将数据传送给以太网 CP。所选择的数据区可以是一个位存储器区或一个数据块区。当可以在以太网上发送整个用户数据区时，指示无错执行该功能。AG_SEND 指令的各端子说明见表 8-4。

表 8-4　AG_SEND 指令

LAD	输入/输出	含义	数据类型
	EN	使能输入	BOOL
	ACT	发送请求	BOOL
"AG_SEND" —EN　　ENO— —ACT　　DONE— —ID　　ERROR— —LADDR　　STATUS— —SEND —LEN	ID	组态时的连接号	INT
	LADDR	模块硬件组态地址	WORD
	SEND	发送的数据区	ANY
	LEN	发送数据长度	INT
	ENO	使能输出	BOOL
	DONE	发送是否完成	BOOL
	ERROR	错误代码	BOOL
	STATUS	返回数值（如错误值）	WORD

AG_RECV 功能（FC）接收以太网 CP 在已组态的连接上传送的数据。为数据接收指定的数据区可以是一个位存储区或一个数据块区。当可以从以太网 CP 上接收数据时，指示无错执行该功能。AG_RECV 指令的各端子说明见表 8-5。

表 8-5　AG_RECV 指令

LAD	输入/输出	含义	数据类型
	EN	使能输入	BOOL
	ID	组态时的连接号	INT
"AG_RECV" —EN　　ENO— —ID　　NDR— —LADDR　　ERROR— —RECV　　STATUS— 　　　　LEN—	LADDR	模块硬件组态地址	WORD
	RECV	接收的数据区	ANY
	ENO	使能输出	BOOL
	NDR	接收数据确认	BOOL
	ERROR	错误代码	BOOL
	STATUS	返回数值（如错误值）	WORD
	LEN	接收数据长度	INT

D　程序编写

在编写程序时，双方都需要编写发送 AG_SEND（FC5）指令和接收 AG_RECV（FC6）指令，PLC1（IP 地址为 192.168.0.2）的程序如图 8-51 所示，PLC2 的程序如图 8-52（IP 地址为 192.168.0.1）所示。

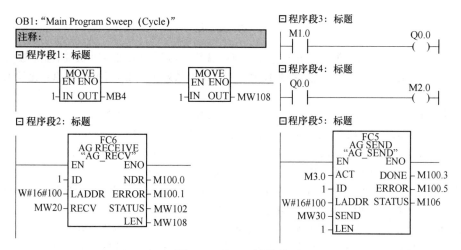

图 8-51　PLC1 的程序

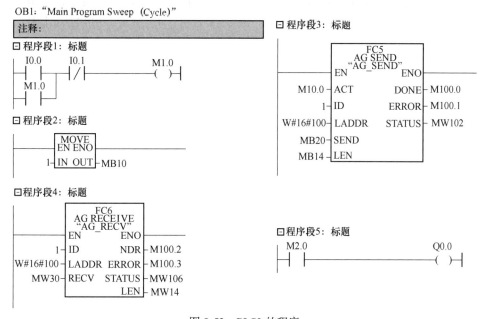

图 8-52　PLC2 的程序

习　题

8-1　简述 S7-300 的基本通信网络有哪几种，并对它们各自的通信特点进行说明。

8-2　串行通信和并行通信分别适用于什么工作场合？

8-3　如何组件 MPI 网络？

8-4　试说明工业以太网通信的优点。

8-5　试采用 S7 通信协议进行 S7-300 PLC 之间工业以太网通信，要求如下：当一台 S7-300 PLC（PLC1）发出启停信号时，另一台 S7-300 PLC（PLC2）收到信号，并对一台电动机进行启停控制，PLC2 向 PLC1 反馈电动机的运行状态。

参 考 文 献

［1］刘华波，刘丹，赵岩岭，等. 西门子 S7-1200 PLC 编程与应用 ［M］. 北京：机械工业出版社，2011.

［2］夏田，陈婵娟，祁广利. PLC 电气控制技术——CPM1A 系列和 S7-200 ［M］. 北京：化学工业出版社，2010.

［3］范国伟. 电气控制与 PLC 应用技术 ［M］. 北京：人民邮电出版社，2012.

［4］廖常初. 跟我动手学 S7-300/400 PLC ［M］. 北京：机械工业出版社，2010.

［5］李方园. 图解西门子 S7-1200 PLC 入门到实践 ［M］. 北京：机械工业出版社，2010.

［6］巫莉. 电气控制与 PLC 应用 ［M］. 北京：中国电力出版社，2011.

［7］郭风翼，金沙. 图解西门子 S7-200 系列 PLC 应用 88 例 ［M］. 北京：电子工业出版社，2009.

［8］薛士龙. 电气控制与可编程控制器 ［M］. 北京：电子工业出版社，2011.

［9］朱文杰. S7-1200 PLC 编程设计与案例分析 ［M］. 北京：机械工业出版社，2011.

［10］王占富，谢丽萍，起兴明. 西门子 S7-300/400 系列 PLC 快速入门与实践 ［M］. 北京：人民邮电出版社，2010.

［11］陈海霞. 西门子 S7-300/400 PLC 编程技术及工程应用 ［M］. 北京：机械工业出版社，2013.

［12］王仁详，王小曼. 西门子 S7-1200 PLC 编程方法与工程应用 ［M］. 北京：中国电力出版社，2011.